Arena-Taschenbuch
Band 2344

Malcolm Rose

war bis 1996 Chemie-Dozent an der Universität. Sein anstrengender Beruf ließ ihm wenig Zeit zum Schreiben von Romanen, und der Großteil seiner Texte damals ist deshalb nach Mitternacht entstanden. Inzwischen ist Malcolm Rose ein hauptberuflicher Jugendbuchautor, der für packende Thriller mit wissenschaftlichem Hintergrund bekannt ist und in England schon zahlreiche Bücher veröffentlicht hat. Aber er ist der Meinung, dass das Schreiben guter Bücher gar nicht so verschieden von der Arbeit eines Chemikers ist – beides »kann hochexplosiv sein«!

Ein äußerst spannender und beunruhigender Thriller, der auf der Höhe der Diskussion ist.
BULLETIN JUGEND & LITERATUR

Malcolm Rose

LAB 47

Gefahr aus dem Labor

Aus dem Englischen
von Petra Koob-Pawis

Nominiert von der Jugendjury für
den Deutschen Jugendliteraturpreis 2003

Arena

In neuer Rechtschreibung

2. Auflage als Arena-Taschenbuch 2004

Die Originalausgabe erschien 2002 unter dem Titel *Bloodline* bei
Scholastic Children's Books, London.

Aus dem Englischen von Petra Koob-Pawis
Umschlaggestaltung: Constanze Spengler
Gesamtherstellung: Westermann Druck Zwickau GmbH
ISSN 0518-4002
ISBN 3-401-02344-6

Das menschliche Genom wird voraussichtlich im Jahr 2005 vollständig entschlüsselt sein. Es wird erwartet, dass die daraus gewonnenen Erkenntnisse völlig neue Behandlungsmethoden für eine Vielzahl von Krankheiten ermöglichen. Ebenso wenig ist jedoch auszuschließen, dass sie dazu benutzt werden, neuartige Waffen zu entwickeln, die sich gezielt gegen spezifische ethnische Gruppen oder Rassen richten.

Britischer Beitrag zum Hintergrundpapier der Vereinten Nationen über neue wissenschaftliche und technologische Entwicklungen im Zusammenhang mit der Biowaffen-Konvention, 1996.

Und es gibt eine weitere entsetzliche Variante der genetischen Forschung: die Entwicklung einer Waffe, die sich gegen eine spezielle ethnische Gruppe richtet. So könnte beispielsweise eine Mixtur aus Krankheitserregern von Influenza oder Diphtherie kreiert werden, die ausschließlich Schwarze befällt, oder ein Designergift, das nur gegen Serben eingesetzt wird, oder die Alzheimer-Krankheit nur für Menschen mit blauen Augen.

Wendy Barnaby in: The Plague Makers, Vision Paperbacks, London, 1999.

Herstellungsrezepte für biologische Substanzen sind frei im Internet verfügbar. Und je mehr die genetische Manipulation sich zum Standardverfahren in den Labors entwickelt, desto einfacher wird es, die hierfür nötigen Informationen zu beschaffen. Daher wird es in den kommenden fünf bis zehn Jahren von entscheidender Bedeutung sein, wirksame Kontrollsysteme für unsere zukünftige Sicherheit zu entwickeln.

Bericht der British Medical Association: Biotechnology, Weapons and Humanity, 1999.

Anmerkung des Autors:

Die Verbrechen, die in Kapitel 7 beschrieben werden, sind nicht meiner Phantasie entsprungen. Sie haben in Südafrika stattgefunden. Nur die Namen der Täter sind abgeändert. Die Internet-Seite, die in Kapitel 9 beschrieben wird, lehnt sich an tatsächlich existierende, vergleichbare Websites an, von denen es über 1.000 gibt, den Großteil davon in den USA. Verschiedene Institutionen, die in diesem Buch erwähnt werden, existieren tatsächlich. Die im Zusammenhang mit diesen Institutionen geschilderten Ereignisse sind jedoch frei erfunden.

Für den Malcolm-Rose-Fanclub der
Denbigh School, Milton Keynes

Mein besonderer Dank geht an:

Carol Barac
Wendy Barnaby (The Plague Makers)
Peter Krugg (Fire in the City)
MC 900ft Jesus (The City Sleepers)
Siouxsie & the Banshees (Shadowtime)

Prolog

Die breite Allee mit ihren großen, strahlend weißen Häusern und den üppigen Vorgärten war eine Beleidigung. Der luxuriöse weiße Lexus war eine Beleidigung.

Shadow kniete neben der Tanköffnung des Wagens. Auf seiner Stirn und seinen Armen glitzerten Schweißperlen. Wie Regen auf getöntem Glas rann ein Schweißtropfen über seine linke Wange und den muskulösen Hals bis unter sein altes, abgetragenes T-Shirt. Für einen fünfzehnjährigen Jungen war Shadow groß und kräftig. Neben ihm stand seine Ausrüstung: ein Benzinkanister und ein alter Putzlappen. In seiner Hosentasche befand sich das, was er für sein Zauberkunststück noch brauchte: eine Schachtel Streichhölzer.

Die Nacht war nicht nur heiß, sie war stickig, schwül und schwer, wie nur die Nächte in den Südstaaten es sind. Es war eine Nacht, in der sich die Gemüter schnell erhitzten. Eine Nacht, in der man ständig feuchte Hände hatte. Eine Nacht, in der die Weißen in ihren klimatisierten Häusern blieben. Nur kein Schweiß.

Kein Lüftchen wehte. Die Straße lag verlassen da. Shadow sog den Geruch des Benzins ein. Die reine Wonne. Dieser Duft allein trug ihn bis ins Paradies. Rasch stopfte er den Lappen in die Öffnung an der Seite des Wagens, die sich ihm wie eine offene Wunde präsentierte. Das eine Ende des Stofffetzens ließ er heraushängen. Das war sein Docht. Damit das Feuer genug Nahrung hatte, goss Shadow Benzin über Lappen und Fahrzeug. Dann ging er langsam rückwärts und hinterließ eine Benzinspur auf dem Asphalt. Ein Teil des Benzins verdampfte in der Luft und erfüllte sie mit einem süßen, gierigen Duft. Nach ungefähr zwanzig Metern hielt Shadow inne.

Er konnte es kaum erwarten, die hungrigen Flammen zu sehen. Doch noch zögerte er. Er wollte den Augenblick genießen, bevor ein weiteres Mal das geschah, was seiner Existenz Bedeutung gab. Er nannte es *Shadowtime.* Seine Finger umschlossen die kleine Schachtel. Dann holte er ein Streichholz hervor. So ein winziges Ding. Wie ein Ausrufezeichen. Eine einzige Handbewegung, ein kurzes Drehen des Handgelenks genügte und die Säuberung begann. Die gelbe Flamme war so anmutig wie eine brennende Kerze vor dem Kirchenaltar. Shadow spürte ein erwartungsvolles Kribbeln. Sein Herz schlug schneller. Gleich würde sich ihm das herrlichste Schauspiel der Welt bieten. Er ließ das brennende Streichholz fallen. Ungeduldig leckte das Benzin nach der Flamme und nahm Shadows Geschenk in sich auf.

Lautlos, fast tänzelnd glitt die Flamme die Straße entlang auf das weiße Auto zu. Die flackernden gelben Finger des Feuers griffen nach dem Fahrzeug, schmolzen den Lack, verweilten für einige Sekunden bei dem durchtränkten Lappen und fraßen sich dann ins Innere der Tanköffnung.

Die Zeit stand still. Das war der Augenblick, den Shadow jedes Mal herbeisehnte. Dabei müsste er eigentlich schon längst weglaufen, müsste alles tun, um rechtzeitig zu entkommen, bevor die Weißen von seinem Meisterstück geweckt wurden. Aber er brachte es nicht fertig. Er konnte dem, was nun kommen würde, ebenso wenig den Rücken zudrehen wie einem farbenprächtigen Feuerwerk. Und genau in das würde sich das Auto gleich verwandeln.

Wie flatternde gelbe Vögel stiegen die Flammen in die dunkle Nacht und holten sich Sauerstoff als Nahrung. Andere krochen unter den Lexus, der nun aussah, als würde er über einem Gaskocher brutzeln. Nach einem wundervollen Moment der Stille, der die Vollendung hinauszögerte, barsten die Fenster. Die Explosion war so gewaltig, dass das Fahrzeug hoch in die Luft geschleudert wurde. Ein greller Feuerschein hüllte es ein, so als würden himmlische Heerscharen herabschweben und es umkreisen. Eine Stichflamme schoss empor und erhellte den nächtlichen Himmel. Die Schockwelle erfasste Shadow und ein ohrenbetäubendes Röhren klang in seinen Ohren. Den Bruchteil einer Sekunde später spürte Shadow die unnatürliche Hitze, die wie eine Welle über ihn hinwegfegte, spürte sie auf seiner bloßen Haut. Er blinzelte nicht einmal. Das war es, wofür er lebte. Vergiss die Schule. Das hier war es, worum es ging.

Erst als die Menschen aus den Häusern gerannt kamen, entschied er, dass es Zeit für den Rückzug war. Und selbst dann noch ging er rückwärts, um weiter auf das brennende Fahrzeugwrack schauen zu können, so als sollte sich der Anblick für alle Zeit auf seiner Netzhaut einbrennen. In den nächsten Tagen würde er sich das Bild immer wieder in Erinnerung rufen. So lange, bis die Sehnsucht nach einem neuen erwachte. Und das neue würde ein ebenso großartiges Spektakel in Gelb und Schwarz sein wie dieses hier. Die hell erleuchtete Nacht, der goldene Schimmer auf der Haut und Flammen, die zwischen verkohlten Überresten wüteten.

Egal, wohin er sah, die Flammen leuchteten ihm entgegen. Das Feuer spiegelte sich in den Fenstern der Häuser und den Scheiben der geparkten Autos. Es war wie ein Traum. Die ganze Welt stand in Flammen.
Als jemand aus der Menschenmenge, die sich um das brennende Fahrzeug versammelt hatte, laut schrie und auf ihn deutete, rannte er endlich los. Höchste Zeit, das weitläufige Wohlstandsviertel von Memphis zu verlassen und in seine eigene Welt zurückzukehren – in die Schwarzenviertel im Zentrum der Stadt. Shadow drehte sich um und verschwand in der Dunkelheit. Er lief leichtfüßig, wie von Engeln getragen.

Kapitel 1

Kyle schaute sich noch einmal sorgfältig um. Er stand weder in der Nähe eines Waschbeckens oder eines Wasserhahns, noch hantierte jemand in seiner Nähe mit Wasser. Sogar die mit Wasser gefüllten Teströhrchen hatte er an das äußerste Ende des Labortisches gestellt. Er tropfte das Öl auf den grauen Würfel aus Weichmetall. Es erstaunte ihn jedes Mal aufs Neue, wie mühelos man das Metall mit einem stumpfen Spatel schneiden konnte. Und er war immer wieder überrascht von der wunderschönen glänzenden Farbe, die zum Vorschein kam, so als würde er unter unscheinbarem Gestein einen spektakulären Fossilienfund machen. Die frische Kaliumschnittfläche schimmerte wie reines Silber. Doch sobald sie mit Luft in Berührung kam, trübte sich der Glanz ein. Das Metall nahm Sauerstoff aus der Luft auf und lief an. Aber war das im Leben nicht immer so? Der erste Atemzug hatte unweigerlich immer auch den Verfall zur Folge.

Kyle schwitzte. Er spürte, dass sein Hemd am Rücken feucht war. Der Schutzanzug, den er im Labor trug, war sicher nicht dazu angetan, diesem Zustand abzuhelfen, aber in Wirklichkeit war nicht die Hitze daran schuld. Lab 47 war ein voll klimatisierter und mit allen modernen Sicherheitsvorkehrungen ausgestatteter Raum. Nein. Es war die Prozedur, die er durchführte. Er arbeitete nicht gern mit Kalium. Es war ein reaktionsfreudiges und unberechenbares Metall. Natürlich hatte er das COSHH-Formular ausgefüllt, aber ein Stück Papier garantierte noch keine Sicherheit. Kalium konnte nun mal nicht lesen. Das Formular, das man laut Verordnung vor der Arbeit mit Gefahrstoffen ausfüllen musste, lag auf dem Labortisch und Kyles Blick fiel auf das, was er in Großbuchstaben notiert hatte: KALIUM REAGIERT AGGRESSIV BEI KONTAKT MIT WASSER. BEI DER DURCHFÜHRUNG DES EXPERIMENTS DARF KEIN WASSER IN DER NÄHE SEIN!

Erneut sah er sich im Labor um. Es waren kaum noch Mitarbeiter da, aber es war ja auch schon spät. Niemand in seiner Nähe brauchte für seine Arbeit Wasser. Der einzige Wasserhahn, der aufgedreht war, befand sich weit entfernt auf der gegenüberliegenden Seite des biotechnischen Labors. Jill hatte einen Vakuumverdampfer laufen. Kein Problem. Um sich zu entspannen, ging Kyle in Gedanken die neue Melodie durch, die er komponiert hatte.

Kyle Proctor arbeitete für den Pharmakonzern *Yttria Pharmaceutical International,* kurz YPI. Der britische Ableger der Firma hatte seinen Sitz im Wissenschaftspark von Cambridge. Kyle war der Neue von Lab 47. Er war zweiundzwanzig Jahre alt, kam frisch von der Universität, wo er sein Chemiestudium mit Auszeichnung abgeschlossen hatte. Ein junger, talentierter Mann, in den man hohe Erwartungen setzte. Zurzeit beschränkten sich seine Aufgaben allerdings darauf, die niederen Arbeiten zu verrichten, die die älteren Mitarbeiter nur zu gerne an ihn delegierten. Kyle kam sich wie ein junger Fußballer vor, der nicht spielen, sondern nur die Fußballschuhe der Topspieler polieren durfte. Nun gut. Es würde nicht für immer sein. Die Dinge würden sich bald ändern, wenn die Bosse erst einmal erkannten, was in ihm steckte, und sahen, was für eine gute Arbeit er leistete. Momentan schätzten ihn seine Kollegen vor allem, weil er Teströhrchen mit unterschiedlichen Mengen Wasser füllte und damit Musik machte. Erst an diesem Morgen hatte er Jill mit einer jazzigen Variante von *Happy Birthday to you* überrascht.

Von Jill kam ein verärgertes Stöhnen. »Verflixt noch mal!«, rief sie. Der Verdampfer war nicht mehr vollkommen luftdicht und der Rotierkolben war in das Wasserbad gefallen. Einen Augenblick lang schaukelte er auf der Wasseroberfläche, dann sank er zügig nach unten. Die Reste des Lösungsmittels flossen heraus und bildeten einen Film auf dem heißen Wasser, das sofort zu brodeln anfing. Rasch breitete sich der entzündliche Dampf aus. Dann erreichte er die elektrischen Kontakte. Jill konnte nicht mehr rechtzeitig eingreifen. Sie machte einen Schritt zurück. Allerdings reagierte sie besonnen genug und versuchte nicht über den Apparat hinweg die Stromversorgung zu unterbrechen. Käme es zu einer entzündlichen Reaktion, würde das Feuer sofort ihren Arm erfassen. Sie griff nach der am anderen Ende des Labortisches liegenden Brandschutzdecke. Die ersten Flammen tänzelten bereits über dem Wasserbad. Es sah aus, als hätte ein übereifriger Chefkoch seinen Kochtopf in Brand gesetzt. Der Kollege am Labortisch gegenüber fing an zu lachen. Ein anderer stand nur da und schaute zu. Es war nichts Ernstes, allenfalls ärgerlich. Doch noch bevor Jill die graue Decke über die Flammen werfen konnte, ging der Feueralarm los.

Alle seufzten entnervt und schauten nach oben an die Decke, wo Rauchmelder angebracht waren. Rauchentwicklung gab es zwar keine, aber die Sensoren reagierten auch auf das Flackern von offenem Feuer.

»Ziemlich empfindlich, was?«

»Viel zu empfindlich.«

Ohne Vorwarnung setzte sich die komplette Maschinerie

moderner Sicherheitstechnik in Gang. Die Sprinkler schalteten sich ein, um ein Feuer zu löschen, das schon längst mit der Decke erstickt worden war.

»Verflixt!«, wiederholte Jill.

Jemand fing an zu singen: »Raindrops keep falling on my . . .«

Lab 47 wurde von oben mit Wasser besprenkelt.

Als es auf Kyles Arbeitsplatz herabregnete, entzündete sich das Kalium in seiner Hand. Wie betäubt stand er da, unfähig zu reagieren. Für den Bruchteil einer Sekunde beobachtete er entsetzt, wie die hellrote Flamme seine Finger ergriff. Seltsamerweise spürte er nichts. Er fühlte keinerlei Schmerz. Dann riss ihm die Explosion die Kuppen von Zeigefinger, Mittelfinger und Daumen weg.

Kapitel 2

Als die Krankenschwester im Addenbrooke's Hospital Stuart Urling-Clark zu Kyles Krankenbett führte, sagte sie: »Er ist psychisch angeschlagen – verständlicherweise –, aber seine Genesung macht gute Fortschritte. Wenn er nicht einen Schock erlitten hätte, könnte er mittlerweile bereits wieder zu Hause sein.«

Der junge Wissenschaftler saß aufrecht in seinem Bett und las in der neuesten Ausgabe des *New Scientist*. Vor ihm auf der Bettdecke lag eine Ausgabe des *New Musical Express*. An seiner rechten Hand trug er einen Verband.

»Wie geht es Ihnen?«, fragte Urling-Clark.

Kyle legte die Zeitschrift weg und zuckte mit den Schultern. »Geht so.« Sein Tonfall sprach jedoch eine andere Sprache.

»Sicher?«

»Ich mag Krankenhäuser nicht.«

Kyles Chef bei Yttria nickte verständnisvoll. »Wer tut das schon?«

»Nein, ich meine, ich kann wirklich nicht ... ach, was soll's.«

Urling-Clark begriff sofort, dass Kyle ihm nicht erzählen würde, was ihn bekümmerte. Er setzte sich auf einen Stuhl neben dem Bett. »Hat Ihre Familie – Ihre Mutter und Ihr Vater –, haben sie Sie schon besucht?«

Kyle schüttelte den Kopf. »Nein.«

An seinem Gesichtsausdruck konnte Urling-Clark eine trotzige Enttäuschung, ja sogar einen tief sitzenden Groll ablesen. Wie es aussah, ging der junge Chemiker auch nicht davon aus, dass seine Eltern ihn besuchen würden. Nachdem sein Versuch, belanglos zu plaudern, fehlgeschlagen war, beschloss Kyles Vorgesetzter zur Sache zu kommen.

»Die Hand?«, fragte er.

»Sie haben mich mehrmals operiert«, antwortete Kyle. »Das, was sie nicht wieder herstellen konnten, werden sie, wenn der Heilungsprozess abgeschlossen ist, mit Silikon nachbilden. Tolles Zeug.«

»Wir werden die besten plastischen Chirurgen für Sie auftreiben, Kyle. YPI macht da keine halben Sachen.«

Das hätte er Kyle nicht erst zu sagen brauchen. Kyle war nicht dumm. Er wusste, dass die Manager von Yttria kräftig ins Schwitzen kämen, falls ein in Ausübung seiner Tätigkeit verletzter Mitarbeiter die Juristen in ihren Designeranzügen auf sie hetzte. Kein Wunder, dass sie alles unternahmen, um ihn zu beruhigen.

»Das ist ja alles schön und gut, aber ich werde nie mehr ein Gefühl in den Fingern haben.«

Urling-Clark nickte mitfühlend. »Es wird Ihre Karriere beeinflussen.«
Kyle drehte den Kopf zur Seite. Er konnte es nicht ertragen, dass sein Besucher so ungerührt den Finger in die offene Wunde legte. Als er Urling-Clark wieder ansah, drückte Kyles Miene deutlich aus, dass er das Gespräch geschäftsmäßig und sachlich halten wollte.
»Sie wollen sicher von mir etwas über den Unfall erfahren.«
»Wenn Sie dazu in der Lage sind, ja.«
»Abgesehen davon . . .«, sagte Kyle und hob seine bandagierte Hand, »war es beinahe komisch.«
Mit wenigen Worten hatte Kyle alles erzählt. So wie die meisten Laborunfälle hatte auch dieser sich ebenso plötzlich wie unvorhersehbar ereignet.
»Ein bedauerliches Unglück also, an dem niemand die Schuld trägt«, sagte Urling-Clark, wobei er die Betonung auf den zweiten Teil des Satzes legte.
»Immerhin hat es die leitenden Manager auf den Plan gerufen. Warum eigentlich?«
Urling-Clark wirkte verwundert. »Weil wir uns um unsere Leute kümmern. Unsere Mitarbeiter sind unser größtes Kapital.«
»Und warum sind Sie dann . . . ach, vergessen Sie's.« Wieder wandte Kyle den Blick ab.
Urling-Clark erriet, was er sagen wollte, beließ es jedoch dabei.
Als der Alarm in Lab 47 losgegangen war, waren tatsächlich einige der hohen Tiere herbeigeeilt. Sie hatten zunächst den Safe überprüft, bevor sie sich um Kyle gekümmert hatten. Wenn er tatsächlich ein so wertvoller Mitarbeiter war, warum waren sie dann nicht sofort zu ihm gerannt? Was

war an dem Safe so wichtig, dass sie das Blut, das auf den Boden gespritzt war, ignorierten und sich stattdessen auf den Metallkasten stürzten?
Kyle hatte nicht die geringste Ahnung, was sich in dem Safe befand. Es war ein ehernes Prinzip bei YPI, dass der einzelne Mitarbeiter nur das wusste, was für seine eigene Arbeit von Belang war. Das große Ganze blieb ihm verborgen. In einer Branche, in der ein einziges erfolgreich am Markt platziertes Produkt mehrere hundert Millionen Pfund einbrachte, verwunderte es nicht, dass die Unternehmensleitung ein Interesse daran hatte, die entsprechenden Rezepturen unter Verschluss zu halten. Kyle bekam zwar sämtliche Informationen, die er für seine zwei Versuche, an denen er im Labor arbeitete, brauchte, mehr aber auch nicht. Er wusste nur, dass die Chemikalien, die er herstellte, bei der Entwicklung eines neuen Medikaments gegen Blutarmut eingesetzt wurden. Möglicherweise lag in dem Safe ja die streng gehütete Formel für dieses Medikament. Trotzdem irritierte ihn das merkwürdige Verhalten der Yttria-Leute nach seinem Unfall. Und da seine Fingerspitzen der Arbeit bei Yttria zum Opfer gefallen waren, hatte er, so fand Kyle zumindest, ein Recht darauf, die Wahrheit zu wissen.
»Übrigens«, sagte Urling-Clark. »Warum haben Sie unbeschriftete Teströhrchen an Ihrem Arbeitsplatz stehen? Sie enthielten eine Flüssigkeit in unterschiedlicher Menge.«
Kyle musste lachen. »Es ist eine Art Xylofon. Wenn ich ein Stück Plastik oder Holz als Klöppel benutze, kann ich den Röhrchen ganz anständige Töne entlocken. Den Kollegen im Labor gefallen meine Melodien jedenfalls.«
Urling-Clark runzelte die Stirn. Improvisierte Musikinstru-

mente hatten in einem Forschungsunternehmen nichts zu suchen.

»Nun ja, wenn Sie erst wieder zu uns zurückgekehrt sind . . .«

Kyles Anflug von Humor verflüchtigte sich. Mit einem Blick auf seine unbrauchbar gewordene Hand murmelte er: »Was für einen Nutzen könnte ich denn noch haben?«

»Yttria lässt seine Leute nicht fallen, Kyle. Wir haben da eine positive Einstellung. Es wird nicht schwer sein, eine neue Aufgabe für Sie zu finden, vorausgesetzt, Sie zeigen sich kooperativ und lassen die Presse aus dem Spiel. Wir können keine neugierigen Journalisten oder Juristen gebrauchen. Also seien Sie ganz beruhigt. Wir werden uns um Sie kümmern.«

Kyle wollte keine neue Aufgabe. Er wollte das, was er nicht haben konnte: eine heile und intakte Hand.

Stuart erhob sich. »Gibt es noch etwas, das Sie mir gerne sagen möchten?«

Kyle griff nach der Musikzeitschrift und sagte: »Danke für Ihren Besuch.«

Urling-Clark verlor keine Zeit. Als er das Krankenhaus verlassen hatte und in seinem Firmenwagen nur langsam durch die verstopften Straßen von Cambridge kam, rief er über sein Handy das Pressebüro des Konzerns an.

»Die Medien dürfen auf keinen Fall Wind von der Sache bekommen«, sagte er. »Das fehlte uns gerade noch. Ich kann mir die Schlagzeilen vorstellen: *YPI setzt Leib und Leben ihrer Angestellten aufs Spiel.«*

»Diese Victoria Scates schnüffelt auch schon wieder hier herum.«

»Wir müssen sie uns vom Hals schaffen. Und falls sie etwas von der Sache mit Proctor weiß, darf sie die Story unter keinen Umständen veröffentlichen. Nehmt Kontakt zu den entsprechenden Leuten auf. Ich will, dass die Angelegenheit so rasch wie möglich erledigt ist, verstanden?« Er legte das Telefon beiseite und schaltete die Scheibenwischer ein. Es war Ende September und es sah ganz danach aus, als würde der feine Nieselregen in einen heftigen Dauerregen übergehen, der dann vermutlich bis in den Oktober hinein anhalten würde.

Kapitel 3

Für eine kurze Zeit hatte Dwight Grant einfach alles gehabt. Er hatte eine Kreditkarte und sogar ein Auto gehabt, zum ersten Mal in seinem Leben. Jetzt hatte er so gut wie nichts – nicht einmal mehr seine Freiheit. Nur sein gesunder Körper war dem fünfzehnjährigen Jungen geblieben und einer der begehrten Plätze in der Jugendfußballmannschaft von Westland. Was er nicht wusste, war, dass er beides an einem regnerischen Sonntag im Dezember ebenfalls verlieren würde.

Verglichen mit einigen anderen Mannschaften in Cambridge war das Team der Westland-Jugendstrafanstalt gut ausgestattet. Dank eines finanzkräftigen Sponsors hatte es nagelneue Trikots für Heim- und Auswärtsspiele, ein Fußballfeld, das bei jedem Wetter bespielt werden konnte, ein Clubhaus und eine Flutlichtanlage. Auf den Trikots für die Heimspiele war vorne *YPI* aufgedruckt, die für die Auswärtsspiele trugen hinten die Aufschrift *Yttria*. Aber die Westland Jugendstrafanstalt profitierte auch auf andere Weise von dem Pharmagiganten. Die reich bestückte Bibliothek, die Krankenstation und die Sporthalle waren ebenfalls durch Spenden von YPI finanziert worden. Umso überraschender war es, dass Westland trotz dieser geradezu beneidenswert guten Ausstattung eine überdurchschnittlich hohe Selbstmordrate zu verzeichnen hatte. Die Tatsache, dass es sich bei den Betroffenen zumeist um Schwarze handelte, hatte bereits die Vereinigung der *Black and Asian Defenders* auf den Plan gerufen, die ihre Besorgnis über diesen Sachverhalt zum Ausdruck brachte.

Es war kalt, aber noch nicht so kalt, dass man schon von Winter sprechen konnte. Außerdem spürte Dwight die Kälte sowieso nicht, wenn er die gegnerische Abwehr mit seinen unermüdlichen Attacken auf das Tor in Atem hielt. Beim Spielstand von 1 : 0 gab es einen Zusammenstoß zwischen ihm und seinem Manndecker im Strafraum. Der gegnerische Spieler machte sofort einen Satz zurück, aber Dwight vollführte einen Hechtsprung und landete auf dem Boden.

Der Verteidiger warf seine Arme hoch in die Luft. »Ich hab ihn nicht berührt!«, rief er. »Das war 'ne Schwalbe.« Und er ahmte Dwights akrobatischen Sprung nach.

Der Schiedsrichter griff in seine Hemdtasche.

Der Spieler protestierte: »Das ist nicht Ihr Ernst!«

»Immer mit der Ruhe«, sagte der Schiedsrichter. »Die Strafe geht an ihn – für die Schwalbe.« Die gelbe Karte in der Hand beugte er sich über Dwight. Dann hielt er stirnrunzelnd inne. Der junge Schwarze lag regungslos da. Dabei war der Sturz nicht allzu hart gewesen. Mit plötzlicher Besorgnis drehte der Schiedsrichter sich um und winkte den Trainer der Westland-Mannschaft auf das Spielfeld.

Offen gesagt, hatte Dr. Crear nicht die leiseste Ahnung. Sie hatte Bluttests durchgeführt, eine Computeraufnahme des Schädels machen lassen und verschiedene Toxizitätsnachweise veranlasst. Dabei hatte sie festgestellt, dass Dwight Grant die Anlage für Sichelzellenanämie von einem Elternteil vererbt bekommen hatte, aber statistisch gesehen hatte das ein Zwölftel der Schwarzen auf der ganzen Welt. Er hatte die genetische Anlage dafür, aber das musste nicht bedeuten, dass die Krankheit jemals zum Ausbruch kommen würde. Das war also nicht der Grund für seinen Zusammenbruch. Soweit sie es beurteilen konnte, zeigten seine Gehirnaktivitäten keine Unregelmäßigkeiten und es gab auch keinerlei Hinweise auf die Einnahme gängiger Drogen. Es half alles nichts. Dr. Crear wusste schlichtweg nicht, was der Grund dafür war, dass Dwight jetzt im Addenbrooke's Hospital lag und künstlich beatmet werden musste.
Einen winzigen Hinweis gab es allerdings. Dwight hatte an einem Freiwilligen-Versuchsprogramm des Pharmaunternehmens Yttria teilgenommen. Wie es aussah, erhielten junge Straftäter, die in Westland einsaßen, eine bevorzugte Behandlung – beispielsweise wenn ihr Verfahren in die Berufung ging –, wenn sie sich bereit erklärten, sich als Versuchskaninchen für neu entwickelte Medikamente zur Verfügung zu stellen. Ob Dwights gegenwärtiger Zustand etwas mit der Medikamenteneinnahme zu tun hatte, konnte Helen Crear nicht mit Gewissheit sagen, aber sie hielt es für ihre Pflicht ihrem Patienten gegenüber, der Sache nachzugehen. Nach drei vergeblichen Versuchen gelang es ihr end-

lich, den Leiter der Abteilung für klinische Tests bei YPI ans Telefon zu bekommen. Er hieß Cameron Ingoe und er hielt sich mindestens so gut bedeckt wie ein Preisboxer.

Ingoe zeigte sich sehr bestürzt, als er von Dwight hörte, aber Helen wusste, dass die zur Schau gestellte Besorgnis eben genau das war: eine Show.

»Grant ist ins Koma gefallen? Armer Kerl. Aber ich weiß nicht, was das mit uns zu tun hat.«

»Ich wollte zunächst einmal von Ihnen wissen, ob Sie bestätigen können, was mir Dwights Eltern gesagt haben, nämlich dass er einer Ihrer Probanden bei einer Testreihe für ein neues Medikament war?«

»Ja, das stimmt. Aber . . . Was ist eigentlich passiert?«

»Es geschah ganz plötzlich. Gerade spielte er noch Fußball und im nächsten Augenblick lag er da und rührte sich nicht mehr«, erklärte Helen.

»Ziemlich übel, was?«

»Um es kurz zu machen – wenn wir die Geräte abschalten, ist das gleichbedeutend mit seinem Tod. Und nun«, sagte die Ärztin betont forsch, »möchte ich gerne von Ihnen wissen, welches Medikament Sie ihm verabreicht haben.«

»Selbstverständlich würde ich Ihnen gerne weiterhelfen, aber mir ist nicht klar, was für einen Zusammenhang . . .«

»Das weiß ich ebenso wenig wie Sie«, unterbrach ihn Helen ungeduldig. »Aber genau das möchte ich herausfinden. Und dafür brauche ich Ihre Unterstützung, indem Sie mir sagen, was der Junge eingenommen hat.«

»Es tut mir Leid, aber das kann ich nicht.«

»Und warum nicht?«

»Lassen Sie uns offen sprechen, Dr. Crear. In meiner Branche ist strikte Geheimhaltung der Schlüssel zum Erfolg. Zu meinen Aufgaben gehört es, zu verhindern, dass die Konkurrenz in den Besitz von wertvollen Informationen kommt.«

»Und zu meinen gehört es, einen Patienten zu retten.«

»Dafür habe ich volles Verständnis, aber . . .«

»Hat sich etwas Ähnliches schon einmal ereignet?«, unterbrach Helen ihn erneut.

»Es gehört nicht zu unseren Gepflogenheiten, unsere Testpersonen zu vergiften«, erwiderte Cameron Ingoe bissig. »Das wäre schlecht fürs Geschäft, verstehen Sie? Aber ich kann Ihnen versichern, dass das Medikament völlig harmlos ist. Wenn ich Ihnen raten darf, sollten Sie Ihre Suche auf andere Dinge konzentrieren und Ihre Zeit nicht unnütz vergeuden. Damit wäre Ihnen und auch dem Jungen am meisten gedient.«

Helen schluckte hart und bemühte sich ruhig zu bleiben. Sie entschloss sich ihre Taktik zu ändern. Cameron Ingoe mochte zwar unempfänglich für die menschliche Seite des Falles sein, aber die juristischen Aspekte der Angelegenheit würden ihn sicher nicht ganz unbeeindruckt lassen. Das war die Sprache, die solche Leute verstanden. Sie musste es mit einer Drohung versuchen.

»Falls Dwight stirbt, wird seine Familie Yttria verklagen, um so viel wie möglich herauszuholen. Und sie wird die Medien einschalten. Egal, wie es ausgeht, die Publicity wird Ihrem Unternehmen in jedem Fall schaden. Aber sowohl seine Familie als auch ich würden Ihre Kooperation zu schätzen wissen.«

Mit aufreizender Gelassenheit erwiderte Ingoe: »Keine Sorge, das wird nicht geschehen. Dwight – und auch alle anderen Probanden – haben eine Einverständniserklärung unterschrieben. Darin versichern sie unter anderem ausdrücklich, nichts an die Öffentlichkeit weiterzugeben und im Fall einer gesundheitlichen Beeinträchtigung auf eine Klage gegen uns zu verzichten.«

»Wie praktisch für Sie. Um was für eine Art von Medikament handelt es sich? Können Sie mir wenigstens das sagen?«

»Ich kann nur wiederholen, dass es mir Leid tut«, erwiderte er prompt. »Aber meine Hände sind gebunden. Sie werden sicher verstehen, Dr. Crear, dass unsere Versuchsreihen streng vertraulich sind. Die rechtliche Lage dafür ist klar. Pharmaunternehmen sind nicht verpflichtet ihre Forschungsergebnisse offen zu legen, weder Ärzten noch Testpersonen oder der allgemeinen Öffentlichkeit gegenüber. Wenn Sie mich nun bitte entschuldigen würden, ich bin ein viel beschäftigter Mann.«

»Und ich habe den lieben langen Tag nichts anderes zu tun, als meine Füße hochzulegen, während meine Patienten wie die Fliegen umfallen«, erwiderte Helen pampig. »Für jemanden, der im Gesundheitswesen tätig ist«, fuhr sie wütend fort, »ist Ihre Haltung nicht nur empörend, sie stinkt zum Himmel. Ich jedenfalls habe nichts unterschrieben und Sie können sicher sein, dass man davon erfahren wird, wie hilfsbereit Sie sich gezeigt haben.«

»Das wäre sehr unklug«, warnte Ingoe sie. »Die Krankenhausleitung weiß unsere Großzügigkeit zu schätzen. Sie bekommt von uns modernste Produkte zu außerordentlich günstigen Bedingungen zur Verfügung gestellt.«

»Mit anderen Worten: Das Krankenhaus erlaubt Ihnen hoffnungslose Fälle als Versuchskaninchen zu missbrauchen, nicht wahr?«

»Dr. Crear«, sagte er tadelnd, als sei er ein Lehrer und sie eine aufsässige Schülerin.

»Zur Hölle mit Ihnen!«, rief sie, warf den Hörer auf das Telefon und eilte zurück auf die Intensivstation.

KAPITEL 4

Der Gebäudekomplex, in dem Yttria in Cambridge residierte, war erst vor einigen Jahren errichtet worden und glich einem riesigen, futuristisch anmutenden Dom. Außen präsentierte er sich als ein Stahlgerüst, das von oben bis unten verglast war. Im Inneren machte das Gebäude einen weitläufigen und lichtdurchfluteten Eindruck, aufgelockert durch Grünpflanzen und Springbrunnen. Alles war so perfekt inszeniert, dass einem fast schlecht davon werden konnte. Der vollkommene Eindruck wurde einzig von dem Obdachlosen getrübt, der die Nächte vor den Firmentoren verbrachte, selbst an nass-kalten und trüben Dezembertagen. Auf dem Weg zur Arbeit gab Kyle dem armen Kerl oft das Wechselgeld, das er in der Tasche hatte, bevor die Wachleute der Firma ihn drängten weiterzugehen. Hinter der eleganten Architektur des Yttria-Gebäudes verbarg sich ein Sicherheitssystem, das selbst MI5 alle Ehre gemacht hätte. Um an der Rezeption vorbeizugelangen, musste man einen Ausweis vorzeigen und einen Netzhautscan über sich ergehen lassen. Die Labore und die Versuchstieranstalt waren eine Festung, eine äußerlich ansprechende zwar, aber dennoch eine Festung.

Kyle Proctor stand an der Tür, während die diskret versteckte Kamera die Netzhaut seines linken Auges scannte. Dann folgte ein leises Klicken und die Sicherheitsschranke spuckte seinen Ausweis aus wie ein Scheckkartenautomat. Die Tür öffnete sich, jedoch nur für wenige Sekunden, und für den Fall, dass ihm irgendein aberwitziger Eindringling ein Messer an die Kehle hielt, zeichnete die Überwachungskamera, die an der Decke montiert war, alles auf. Hätte er tatsächlich jemanden bei sich, würde der Wachposten in seinem Dienstraum aufmerksam werden, den automatischen Türöffnungsmechanismus unterbrechen und ihnen den Zutritt erst dann gestatten, wenn der unbekannte Besucher sich ausgewiesen hätte und seine Angaben überprüft worden wären. Andernfalls würde er festgenommen und abgeführt werden.

Kyles neuer Arbeitsplatz war kein Labor, sondern ein Computerraum. Auf den Tischen standen keine Flaschen mit Chemikalien, keine Glaskolben und Vakuumverdampfer, sondern Computer. Und an den Wänden standen keine Abzugswannen, Inkubatoren und Chromatografen, sondern Regale mit Büchern, CD-ROMs und noch mehr Bildschirme. Hier ließ sich keine Musik aus Teströhrchen hervorzaubern. Stuart Urling-Clark bemühte sich aus der Not eine Tugend zu machen. Er versuchte Kyle davon zu überzeugen, dass er Glück im Unglück gehabt hatte. Letztendlich, so Urling-Clark, habe Kyles Verletzung dazu geführt, seiner Karriere eine entscheidende Wendung zu geben. »Richtige Forschung findet heutzutage am Computer statt. Hier werden die wirklich wichtigen Entdeckungen gemacht, Kyle, nicht im Labor.«

»Tatsächlich?«

»Wenn ich es Ihnen sage.«

Sie spielten ein Spiel. Stuart hatte sich einen Plan ausgedacht, wie er Kyle am besten vom Labor fern hielt, wo er mit seiner versehrten Hand nur eine Gefahr darstellen würde. Er war auf einen Arbeitsplatz in der EDV-Abteilung verfallen und tat nun sein Möglichstes, Kyle den neuen Job schönzureden. Was er sagte, war natürlich der blanke Unsinn. Stuart wusste das und Kyle wusste es auch. Die wirklichen Entdeckungen wurden genau dort gemacht, wo sie schon immer gemacht worden waren: in einem richtigen Labor mit echten Chemikalien und echtem genetischen Material. Trotzdem sprach Urling-Clark von dem neuen und aufregenden Arbeitsfeld, das Kyle erwartete.

Und die Spielregeln erforderten es, dass Kyle mitmachte. Es wurde von ihm erwartet, sich dankbar und zuversichtlich zu zeigen, aber leider wollte ihm das nicht so recht gelingen. Er widersetzte sich dem Spiel zwar nicht, aber seine unverhüllte Gleichgültigkeit war schuld daran, dass das Gespräch in einer für beide Seiten unangenehmen Atmosphäre verlief.

»Mit ein wenig Übung werden Sie sogar in zwei Bereichen tätig sein können«, sagte Urling-Clark munter. »Sie werden an Molekularstrukturen arbeiten, um den genetischen Ursprung von Krankheiten besser lokalisieren zu können – eine Aufgabe, die spannend und aufregend ist –, und Sie werden die wissenschaftliche Literatur durchforsten auf der Suche nach neuen chemischen Produkten, die unseren Laborchemikern bei ihrer Arbeit von Nutzen sein könnten. Denken Sie doch nur – keine lästigen COSHH-Formulare und keine langwierigen praktischen Erwägungen mehr, keine Beschränkungen Ihrer Vorstellungskraft und keine schmutzigen Hände. Na, was sagen Sie?«

Was für eine Wahl hatte er denn schon? Kyle nickte mäßig begeistert. »Klingt so weit ganz gut, denke ich.«

»Wenn Sie sich erst einmal in die Materie eingearbeitet haben, werden Sie sich fragen, was Sie jemals an der experimentellen Chemie gefunden haben.«

»So wird es wohl sein.«

»Wie geht's denn so?« Jill deutete mit einer Kopfbewegung auf Kyles Hand.

Kyle, der glaubte, dass sie auf die Computertastatur deuten wollte, murmelte: »Prima. Keine lästigen COSHH-Formulare und keine langwierigen praktischen Erwägungen mehr, keine Beschränkungen meiner Vorstellungskraft und keine schmutzigen Hände.«

Jill begriff, dass es noch zu früh war, um von ihm echte Begeisterung für seinen neuen Job erwarten zu können. »Ich meinte deine Hand«, sagte sie.

»Oh. Tut mir Leid. Na ja . . . Es ist irgendwie seltsam. Meine Finger sind länger, als sie sich anfühlen. Andauernd stoße ich an. Es dauert wohl eine Zeit, bis man sich an die künstlichen Dinger gewöhnt. Mein Hirn hat sie noch nicht als Teil meines Körpers akzeptiert.«

»Heißt das, du hängst die Gitarre an den Nagel?«, sagte Jill mit einem Lächeln.

Die scherzhaft gemeinte Bemerkung hatte den gegenteiligen Effekt. Kyle verzog das Gesicht und drehte sich abrupt weg.

»Was ist das?«, fragte Jill und zeigte auf ein Symbol, das auf dem Bildschirm zu sehen war.

»Ein Virenschutzprogramm. Und zwar ein ziemlich leistungsfähiges. Wenn man unseren Technikern Glauben schenkt, müssen sie durchschnittlich fünfmal pro Tag einen Hackerangriff auf unser System abwehren. Viele der Hacker versuchen einen Virus einzuschleusen.«

»Und das Ding funktioniert?«

»Meistens tut es das. Falls nicht, muss ich mir auch keine Gedanken machen, denn sofort tauchen unsere EDV-Spezialisten auf und bringen den Schlamassel wieder in Ordnung.« Und wieder wünschte sich Kyle, es mit richtigen biologischen Viren zu tun zu haben und nicht mit virtuellen.

»Ich muss zurück an meine Arbeit«, sagte Jill. »Ich wollte nur mal kurz vorbeischauen, um zu sehen, wie es dir . . . na ja, du weißt schon, wie es dir so geht.«

»Danke.«

Eigentlich hätte Kyle sofort die Techniker benachrichtigen müssen, aber die mysteriöse Datei, die plötzlich in seiner Mailbox aufgetaucht war, hatte sein Interesse geweckt. Als er die Datei *BAD Vibes* mit einem Doppelklick öffnete, hatte er eine Nachricht der *Black and Asian Defenders* vor sich. Darin war die Rede von Medikamententests, die Yttria an Versuchspersonen in Cambridge durchgeführt hatte und bei denen etwas schief gelaufen war. Er war froh, dass er den Mut gehabt hatte, das Dokument zu öffnen, denn der letzte Name auf der Liste erregte seine Aufmerksamkeit. Offensichtlich war einer der Probanden, ein gewisser Dwight Grant, ins Koma gefallen und lag nun auf der Intensivstation des Addenbrooke's Hospital. Diese Station befand sich auf dem gleichen Stockwerk, auf dem er selbst noch vor einigen Monaten gelegen hatte. Aber es war nicht so sehr sein eigener Aufenthalt dort, der ihn aufschreckte. Er musste vielmehr an seinen Bruder denken. Dwight Grant lag der

Mail zufolge in demselben Zimmer, in dem vor vier Jahren Kyles älterer Bruder nicht nur seine Fingerkuppen, sondern sein Leben verloren hatte.
Bevor Kyle noch überlegen konnte, ob er es wagen sollte, die E-Mail auszudrucken, kamen bereits ein paar Techniker und scheuchten alle Mitarbeiter von ihren Bildschirmen weg. Während die Wissenschaftler diszipliniert wie bei einer Feuerschutzübung den Raum verließen, verschwand *BAD Vibes* vom Bildschirm.

Den größten Teil seiner Arbeitszeit verbrachte Kyle damit, für die Kollegen im Labor Fachliteratur zu sichten. Sie baten ihn beispielsweise in den entsprechenden Veröffentlichungen nach neuen Möglichkeiten zu suchen, um bestimmte Stoffe herzustellen. Für Kyle war es eine todlangweilige Angelegenheit. Man hatte ihm eine Fortbildung für die grafische Darstellung von Molekularstrukturen in Aussicht gestellt, aber daraus war bisher noch nichts geworden. Er konnte nicht einmal im Internet surfen, um so ein wenig Zeit totzuschlagen. Sein Computer wurde von der Sicherheitsabteilung überwacht. Wenn er also MP3-Files herunterladen oder auf der Website vom *New Musical Express* Rezensionen von neuen Musik-CDs lesen würde, hätte er sofort die Aufpasser am Hals. Die einzige Abwechslung waren die gelegentlichen Hackerangriffe von Computerfreaks, für die das Sicherheitssystem von Yttria eine Herausforderung darstellte, und die anklagenden E-Mails von Tierschutzgruppen und Umweltschützern. Aber auch die wurden meist sehr schnell von den wachsamen EDV-Kontrolleuren entdeckt und gelöscht.
Der Raum, in dem er arbeitete, war ein Art Großraumbüro.

Kyle hatte den Verdacht, dass das so war, damit die Mitarbeiter gar nicht erst auf die Idee kamen, die hochmodernen Rechner für ihre Privatzwecke zu missbrauchen. Es war schwierig, sich bei einer Website einzuloggen, die nichts mit der eigenen Arbeit zu tun hatte, wenn jeder, der vorbeikam, es sofort bemerken konnte, dass auf dem Bildschirm etwas anderes zu sehen war als dreidimensionale Molekularmodelle, biochemische Fachartikel oder firmeninterne Rundschreiben.

Bei seiner täglichen Routinearbeit machte Kyle schließlich eine weitere irritierende Beobachtung. Um eine E-Mail mit den Ergebnissen einer Literaturrecherche an die Chemiker in Lab 47 zu schicken, wollte er sich die Adressenliste der Mitarbeiter auf den Bildschirm holen. Er kopierte die Adressen, an die er seine Nachricht versenden wollte. Dabei fiel ihm zweierlei auf. Die Adressliste war nicht aktualisiert worden, denn sein Name wurde immer noch unter den Mitarbeitern des Labors geführt. Was aber noch viel interessanter war: Am Ende der Liste stand ein Vermerk über einen gewissen Professor Brandon Fleetwood. In Klammern dahinter stand die Bezeichnung: *Leiter des Labors, zurückgetreten*. Kyle hatte noch nie etwas von einem Biochemiker dieses Namens gehört. Einige Proberöhrchen im Labor hatten allerdings eine Codenummer, die mit den Buchstaben *BF* anfing. Vermutlich handelte es sich dabei um die Initialen dieses Mannes. An der Sache war allerdings eines merkwürdig: Der Chef von Lab 47 hatte sein Amt aufgegeben. Aber bei YPI gab es so etwas einfach nicht. Niemand in der Firma ließ eine gut dotierte Position sausen, erst recht nicht in der Chefetage.

Yttria hatte kein Interesse daran, seine Mitarbeiter an ein

anderes Pharmaunternehmen zu verlieren. Hohe Gehälter und reizvolle Ruhestandsregelungen verhinderten, dass die Angestellten von YPI zur Konkurrenz überliefen und geheim gehaltene Informationen weitergaben. Wenn die Firmenbosse also großzügig waren, diente das allein den Interessen des Unternehmens. Aber dieser Brandon Fleetwood war offensichtlich trotzdem ausgestiegen.
Der merkwürdige Abgang des Laborchefs und der junge Schwarze im Koma waren mehr als mysteriös. Sie weckten Kyles Neugier.

KAPITEL 5

Mr und Mrs Grant waren ausgesprochen beunruhigt. Ihr Dwight war kein schlechter Junge. Zugegeben, man hatte ihn in die Jugendstrafanstalt gesteckt, aber das allein machte ihn doch nicht zu einem schlechten Kerl. Hätte ein weißer Junge das angestellt, was Dwight getan hatte, wäre er mit einer Geldstrafe davongekommen. In einigen Teilen Englands war die falsche Hautfarbe gleichbedeutend mit einem Schuldbeweis. Und Dwight hatte die falsche Hautfarbe. In Cambridge wurden Schwarze viel häufiger von der Polizei angehalten, durchsucht oder festgenommen als Weiße und sie wurden auch viel häufiger verurteilt und inhaftiert. Zugegeben, Dwight hatte eine Kreditkarte bei sich gehabt, die nicht ihm gehörte, und seine Fingerabdrücke waren auf dem gestohlenen Auto gewesen, aber er war nur durch seine Freunde in die Sache reingerutscht. Seine Mum und sein Dad hätten ihm schon ausgeredet sich weiter mit diesen Jungs zu treffen. Die Polizei hätte ihn doch einfach zu seiner Familie zurückbringen können. Der Gürtel seines Vaters und ein ausgedehnter Hausarrest hätten die Sache schon wieder in Ordnung gebracht. Aber nein. Die Polizei habe ihre Vorschriften, hatte es geheißen. Nur merkwürdig, dass die offensichtlich bei Weißen nicht galten.

Gut, Dwight hatte einen Fehler gemacht. Mr und Mrs Grant wussten das. Sie glaubten sogar zu wissen, was der Grund dafür war. Dwight bewunderte seinen Onkel Akoda. Denn der hatte einen tollen Job im Internetgeschäft, einen tollen Lebensstil und natürlich ein tolles Auto. Dwight sprach immer davon, ein berühmter Fußballer werden zu wollen, Unmengen von Geld zu scheffeln und einen ebenso tollen Lebensstil und ein ebenso tolles Auto zu haben wie sein Onkel. Vielleicht hatten seine Freunde ihm vorgegaukelt, dass es eine Abkürzung auf dem Weg zu Reichtum und schnittigen Autos gab. Dwight hatte nicht überlegt, was für Folgen sein Handeln haben könnte. Und als die Polizisten einen Schwarzen in einem schicken Auto sahen, dachten sie sofort: Ein Schwarzer kann sich so einen Schlitten doch gar nicht leisten. Wenn ein Schwarzer in einem solchen Auto sitzt, dann hat er es geklaut.

Innerhalb von drei Monaten war selbst Akoda siebenundzwanzigmal von der Polizei angehalten worden, als er mit seinem Wagen unterwegs gewesen war. Das war absoluter Rekord. Akodas Reaktion kam prompt. Er nahm sich einen cleveren Anwalt, verklagte die Polizei und gewann den Fall. Und das war's. Oder hätte es zumindest sein können, wenn er nicht auf dem Rückweg vom Gericht schon wieder von einer Polizeistreife angehalten und wegen Verdacht auf Autodiebstahl vorläufig festgenommen worden wäre.

Dwight hatte solche Geschichten jedoch nicht hören wollen. Er träumte weiter von einem tollen Lebensstil und tollen Autos. Und um sein Ziel zu erreichen, ließ er sich mit einigen üblen Burschen ein.

Sie hatten Dwight in die Jugendstrafanstalt gesteckt. Und die Leute dort schickten ihn zu YPI. Danach bekam er einen Platz in der Fußballmannschaft von Westland und darüber war er so glücklich gewesen, wie man an einem solchen Ort überhaupt nur sein konnte. Doch dann war er mitten auf dem Spielfeld zusammengebrochen und nicht wieder aufgestanden.

Er war ein ganz normaler, gesunder Junge gewesen, kein schwacher, alter Mann, also warum ging es ihm so schlecht? Seine Mutter und sein Vater waren davon überzeugt, dass es etwas mit den Medikamententest von YPI zu tun hatte. Sie wollten sich nicht auf rechtliche Auseinandersetzungen einlassen wie Akoda, aber als eine Vereinigung namens BAD Kontakt mit ihnen aufnahm, ließen sie ihrem Zorn freien Lauf und berichteten dem Mann, der sich ihnen nur als Linton vorstellte, alles, was sie über Dwight und YPI wussten. Später bereuten sie es, denn nun fürchteten sie, dass BAD die Angelegenheit für ihre Zwecke missbrauchen könnte. Daher wechselten sie sich mit Akoda an Dwights Krankenbett ab. Sie bewachten ihren Sohn rund um die Uhr, um sicherzustellen, dass die Leute von BAD nicht ohne ihr Wissen an den bewusstlosen Dwight herankamen.

Sie wollten das Schicksal ihres Sohnes nicht politisch ausschlachten. Sie wollten nur eines: dass er wieder gesund wurde.

An Dwights Bett herrschte Unruhe. Es waren eindeutig zu viele Besucher da. Neben seinen besorgten Eltern, einem lautstarken Onkel mit Sonnenbrille und Dwights Schwester standen zwei junge Männer Anfang zwanzig. Alle sprachen aufgeregt und schnell aufeinander ein, in einem Dialekt, den Helen Crear nicht verstand.

Sie hob die Hand. »Ruhe bitte! Das wird Dwight auch nicht helfen.« Sie schaute hinunter auf den reglos daliegenden fünfzehnjährigen Jungen, den nur die Schläuche, Drähte und Maschinen mit dieser Welt verbanden. »Was geht hier vor?«

Alle Köpfe wandten sich einem der Besucher zu. Er stellte sich mit knappen Worten vor, so als gäbe es Wichtigeres zu sagen. »Linton Okri von den *Black and Asian Defenders.«*

Helen hatte von dieser Vereinigung, die sich abgekürzt BAD nannte, schon gehört. Sie seufzte tief.

»Hören Sie, ich werde nicht zulassen, dass Sie den Jungen für Ihre politischen Zwecke missbrauchen. Ich bin Ärztin und ich versuche alles, um ihn wieder gesund zu machen. Der Rest interessiert mich nicht. Wenn Sie nun bitte . . .«

Doch Linton unterbrach sie einfach. »Gut. Auch wir wollen, dass er gesund wird. Und wir haben einige Informationen für Sie, die Ihnen – und ihm – weiterhelfen können.«

Skeptisch, aber auch neugierig fragte Helen: »Und was sind das für Informationen?«

»Weitere Fälle in Westland«, sagte Linton.

Der zweite Vertreter von BAD hielt demonstrativ einen Aktenordner hoch.

Helen sah die beiden jungen Männer nachdenklich an. »Sie sprechen von Krankheitsfällen, die so ähnlich sind wie bei Dwight?«

»Nicht ganz«, erwiderte Linton. »Aber dahinter steckt ein System. Es steht alles da drin.«
»Lassen Sie uns woanders hingehen, wo wir ungestört reden können.«

»Ich muss vorausschicken, dass ich weder Arzt noch Wissenschaftler bin«, erklärte Linton Okri, als sie in einem kleinen, für das Krankenhauspersonal reservierten Raum waren. »Aber ich rieche es, wenn etwas faul ist. Und Westland stinkt, glauben Sie mir.« Er schob den Aktenordner über den Tisch und sprach nicht weiter, damit sie einen kurzen Blick hineinwerfen konnte. Dann sagte er: »Das ist eine vollständige Auflistung der Vorfälle bei den Strafgefangenen, die an Tests von YPI teilgenommen haben. Es fängt an bei Übelkeit und geht bis zu Selbstmord.«
Helen nickte. Sie blätterte die Seiten durch. »Interessant und auch beunruhigend, aber was hat das mit Dwight zu tun? Über das Stadium von Schwindelgefühl und Ohnmacht ist er hinaus, und soweit ich weiß, trägt er sich nicht mit Selbstmordgedanken.«
»Es muss aber eine Verbindung geben. Nehmen Sie zum Beispiel die Depressionen. Neunzig Prozent der Inhaftierten, bei denen dieser Befund diagnostiziert wurde, sind schwarz, während aber nur fünfundsechzig Prozent aller Insassen Schwarze sind. Und von den Schwarzen, die unter Depressionen leiden, nahmen bis auf eine Ausnahme alle an den Testreihen von YPI teil. Und erzählen Sie mir bitte nicht, dass das nur ein Zufall ist.«
Helen hatte nicht vor ihm irgendetwas zu erzählen. Alles, was sie wollte, waren Informationen. Außerdem hatte Dwight nicht unter Depressionen gelitten. Seine Eltern

hatten ihr gesagt, dass er sogar richtig glücklich gewesen war, seit er zur Fußballmannschaft von Westland gehört hatte.

»Wissen Sie, was die Jugendlichen eingenommen haben? Um was für ein Medikament handelte es sich?«

»Man hat ihnen alles Mögliche erzählt. Alles Quatsch. Aber diese Jungs fragen nicht nach Zahlen und Fakten. Das interessiert sie nicht.«

»Warum melden sie sich dann als Freiwillige?«

»Sie sind verzweifelt, Dr. Crear. Das Einzige, was sie interessiert, sind die Monate, die sie noch absitzen müssen, und die Hafterleichterung, die ihnen in Aussicht gestellt wird. Sie unterschreiben jeden Wisch, wenn man ihnen Geld verspricht oder eine bessere Zelle ohne Zellennachbarn, besseres Essen, bessere Jobs. Außerdem bekommen sie nach den Tests Ausgang. Es heißt sogar, dass man eventuell früher entlassen wird. Und dafür würden sie alles schlucken.«

Helen hatte ihm aufmerksam und mitfühlend zugehört, daher fügte er noch hinzu: »Unsere Freunde in Amerika haben einen Bericht verfasst, der sich mit ähnlichen Vorfällen bei Yttria in Atlanta, Georgia, befasst.«

Helen fragte: »Wissen Sie zufällig, ob auch Weiße an den Tests teilnehmen?«

Linton lächelte triumphierend. Wie es aussah, hatte er seine Gesprächspartnerin überzeugt, dass an der Sache etwas dran war. »Ja, aber es sind nur wenige. Sie wollen vor allem Schwarze.«

»Ihre Informationen könnten nützlich sein, aber . . .« Sie zuckte die Schultern und sah ihn ratlos an. Dann fragte sie ihn, ob sie den Bericht behalten könne, dankte ihm für seine Hilfe und ging zurück zu ihrem Patienten.

Onkel Akoda nahm seine Brille ab.
»Ich glaube, deine Mum und dein Dad geben mir die Schuld«, sagte er bedrückt und klang dabei gar nicht so selbstbewusst wie sonst. Obwohl Dwight ihn nicht hören konnte, redete Akoda weiter. »Ihrer Meinung nach habe ich dir ein schlechtes Beispiel gegeben, aber das stimmt nicht. Ganz und gar nicht.« Er sah sich um, dann setzte er sich seine Sonnenbrille auf, damit niemand seinen qualvollen Gesichtsausdruck sah. »Ich wünschte, du würdest aufwachen. Komm schon, Dwight. Du musst weiterspielen.« Er schüttelte den Kopf und ließ sich auf einen Stuhl neben dem Bett fallen. »Was ist denn überhaupt passiert? Wieso liegst du hier?«
Dwight wäre kein echter Kerl gewesen, wenn er an jenem Abend nicht mit seinen Freunden losgezogen wäre. Bevor er ging, hatte er sich fest vorgenommen sich nicht auf irgendwelche krummen Touren einzulassen. Aber dann hatten sie ihm erzählt, was sie beim letzten Mal gemacht hatten. Es klang recht einfach und aufregend. Sie hatten sich mit heißen Klamotten, Schuhen, Handys und CDs eingedeckt, alles Dinge, die Dwight sich nicht leisten konnte. In seiner Familie hatte nur sein Onkel Akoda solche scharfen Sachen. Außerdem war es kein richtiger Diebstahl, denn sie holten es sich von den reichen Weißen, die es sich leisten konnten, in einem großen, teuren Hotel zu wohnen. Sie waren wie schwarze Robin Hoods, die es von den Reichen nahmen und es den Armen gaben. Und Robin Hood war ein guter Kerl gewesen.
Dwight hatte auf dem Parkplatz Schmiere gestanden, während die anderen in gerade mal fünfzig Sekunden einen BMW aufbrachen. Eine Minute und fünfzehn Sekunden spä-

ter schnurrte der Motor. Es dauerte insgesamt nicht mehr als drei Minuten, bis sie mit quietschenden Reifen den Parkplatz des Hotels verlassen hatten und auf die Hauptstraße eingebogen waren. Für die nächsten Stunden war Dwight der Besitzer des phantastischen Schlittens gewesen. Er beschleunigte, jagte die Tachonadel nach oben, legte sich in die Kurve und vollführte die tollsten Fahrmanöver. Und dabei spürte er das Adrenalin in seinem Körper und genoss das Gefühl, etwas zu bekommen, ohne dafür zu bezahlen.
Es war ihre Glücksnacht gewesen. Als sie etwas abseits der Straße, verdeckt hinter Bäumen, anhielten und den Kofferraum öffneten, fanden sie einen Aktenkoffer. Und als sie ihn aufbrachen, lagen darin eine Reihe von Kreditkarten, ein Handy und etwas Cash. Einer von Dwights Freunden behielt das Handy und überließ dafür den anderen das Geld. Dwight bekam eine Kreditkarte. Ein anderer baute Autoradio und CD-Spieler aus. Eigentlich wollten sie den BMW anzünden, aber dann fanden sie ihn zu schade dafür. Außerdem hätte es womöglich die Polizei auf den Plan gerufen. Also ließen sie den Wagen einfach stehen, wo er war.
Etwas später, als Dwight allein durch die Straßen gezogen war, wollte er den Adrenalinstoß noch einmal spüren. Er wollte Geld und alles das, was die Reichen hatten, was Onkel Akoda hatte. Er wollte etwas, ohne dafür zu bezahlen. Er versuchte es mit der Visa-Card in einem Geldautomaten, doch das mit der PIN-Nummer kriegte er nicht hin. Um doch noch auf seine Kosten zu kommen, ging er auf eine nächtliche Einkaufstour. Das war gut. Er schnappte sich alles, was ihm gerade in den Sinn kam, und bezahlte mit der Kreditkarte. Besser gesagt, jemand anderer bezahlte dafür. Jemand, der genug Geld hatte. Dwight merkte nicht, dass so-

wohl bei dem Bargeldautomaten als auch in zwei der Geschäfte eine Überwachungskamera installiert war und sein Gesicht gleich dreimal klar und deutlich zu sehen war.

Es war alles andere als Dwights Glücksnacht. Aber woher hätte er auch wissen sollen, dass der BMW einem hochrangigen Polizeibeamten gehörte, der den Diebstahl seines Wagens und seiner Kreditkarten ganz bestimmt nicht zu den Aktenstößen mit unaufgeklärten Eigentumsdelikten legen würde. Woher hätte er wissen sollen, dass der rachedurstige Beamte die Macht hatte, einen ganzen Stab von Polizisten auf diesen einen Fall anzusetzen? Und wie einfach die Überwachungsanlage es den Beamten machen würde, ihn zu fassen, wusste er auch nicht. Der Fall war in wenigen Tagen aufgeklärt und Dwight fand sich in einer Zelle wieder. Seine Aussicht, mit einer Verwarnung oder wenigstens einer Strafe auf Bewährung davonzukommen, waren gleich null. Es war klar, dass die Polizei sich in dieser Sache stur stellen würde. Außerdem war Dwight der Einzige, den sie schnappen konnten, da er sich weigerte seine Freunde zu verpfeifen und stattdessen lieber allein die Schuld auf sich nahm.

Das war der Beginn von Dwights Unglück. Das Ende war das Koma gewesen, in dem er jetzt lag. Wenn er nicht vom Reichtum anderer geblendet und von der falschen Sorte Freunde beeinflusst worden wäre, hätte er nie bei dem Raubzug mitgemacht. Er wäre nie festgenommen und verurteilt worden und wäre nie nach Westland gekommen. Er hätte nie an diesen pharmazeutischen Versuchen teilgenommen. Er würde leben und mit seiner Familie zusammen sein – und nicht hier liegen und vor sich hin dämmern.

Sein einziger Fehler war gewesen, ehrgeiziger zu sein und

sich mehr vom Leben zu erwarten, als die Gesellschaft ihm zubilligen wollte.
Onkel Akoda seufzte tief, dann zog er ein Bündel zerknitterter Scheine aus der Hosentasche. Verstohlen schob er einen Zehner unter das Kopfkissen seines Neffen. »Das ist für dich, wenn du wieder aufwachst«, flüsterte er. Dann stand er auf und ließ Dwight still und regungslos in seinem Bett zurück.

Kapitel 6

Paul Turrell öffnete den gepolsterten Briefumschlag, auf den er bereits gewartet hatte. Er zog ein verschlossenes Röhrchen heraus und hielt es einen Augenblick in seiner Hand, als hätte er etwas besonders Wertvolles vor sich. Auf seinem gut geschnittenen Gesicht lag ein wehmütiges Lächeln. Er war Anfang dreißig, weiß, groß gewachsen und sportlich. Gekleidet war er leger, aber sorgfältig.
Turrell wandte sich an seinen Assistenten und sagte: »Das ist die Blutprobe aus dem Addenbrooke's Hospital, von der ich dir erzählt habe.«
»Und wir sollen sie auf alles Mögliche untersuchen? Wirklich auf alles?«
Paul nickte. »Sieh es als eine Herausforderung! Helen hat mir erklärt, dass es eine Blutprobe von einem Jungen ist, der im Koma liegt. So wie es aussieht, war er Proband bei einem Arzneimitteltest, was ihm offensichtlich nicht sehr gut bekommen ist. Wenn das stimmt, stellt sich die Frage, ob noch Spuren der Substanz in seinem Blut vorhanden sind.«

»Warum hat sie die Leute, die ihm das Zeug verabreicht haben, nicht einfach gefragt, worum es sich handelte?«, wollte der Assistent wissen.

»Gute Frage. Und wie lautet die Antwort?«

»Ah. Es handelt sich um ein viel versprechendes neues Produkt aus der Pharmaindustrie und ist deshalb topsecret, ja?«

»Genauso ist es«, erwiderte Paul. »Auf diesem Weg kommt sie also nicht weiter.«

»Also gut. Ich fange schon mal an. Aber ohne den geringsten Anhaltspunkt wird es nicht leicht sein.«

»Stimmt. Aber wenn du etwas findest und die Substanz auch noch identifizieren kannst, wird Helen das in einer gemeinsamen Publikation veröffentlichen. Auf diese Weise macht sie die Informationen allen zugänglich und landet einen Treffer gegen das Unternehmen, das sich ihr gegenüber so unkooperativ gezeigt hat. Mal ganz abgesehen davon, dass du dazu beiträgst, einem Jungen das Leben zu retten.«

Pauls Assistent hielt das versiegelte Röhrchen in die Höhe. »Ist es . . . sicher?«

»Das hat Helen schon überprüft. Ihr Patient ist nicht HIV-positiv. Trotzdem solltest du vorsichtig sein. Vielleicht hat ein Giftstoff den Jungen ins Koma fallen lassen und Spuren davon sind noch im Blut vorhanden.«

Als der Assistent gegangen war, legte Paul seine Arbeit beiseite und trat ans Fenster. Die Aussicht war nicht gerade berauschend. Vom Fenster seines Büros aus konnte man auf die Ringstraße sehen, die das Universitätsgelände umgab, und auf das graue Betongebäude gegenüber. Gedankenverloren beobachtete er, wie drei Autos vorbeifuhren, ohne sie wirklich wahrzunehmen. Er wünschte sich, dass Helen nicht nur deshalb mit ihm Kontakt aufgenommen hätte, weil er an der Universität von Warwick in Coventry eines der renommiertesten Analyselabors des Landes leitete. Vor Jahren hatten sie zusammen in Cambridge ihre Ausbildung gemacht. Ihre Beziehung hatte sich nicht nur darauf beschränkt, dieselben Kurse zu besuchen. Aber dann hatte etwas sie auseinander gebracht. Besser gesagt, waren es viele Dinge, die sie auseinander gebracht hatten. Man hatte ihm die attraktive Stelle in Coventry angeboten. Helen hingegen wollte nicht aus Cambridge weggehen und bekam eine Stelle als Assistenzärztin im Addenbrooke's Hospital. Zwei anspruchsvolle Aufgaben, zwei viel versprechende Karrieren, neunzig Meilen dazwischen. Warum, so fragte er sich jetzt, hatten sie es damals zugelassen, dass dieses Hindernis – das ja nicht unüberwindbar war – zum Ende ihrer Beziehung führte? Im Nachhinein kam es ihm so vor, als hätten sie vorschnell aufgegeben. Immer war etwas dazwischengekommen, wenn sie sich besuchen wollten. Entweder hatte Helen gerade Dienst, wenn Paul sein freies Wochenende hatte, oder er war umgekehrt auf einer Konferenz, wenn sie freihatte. Es schien, als lägen Coventry und Cambridge jeweils am anderen Ende der Welt.

Kapitel 7

Die fünf verdrossen aussehenden, korpulenten Männer vertrieben sich ihre Zeit auf der schattigen Holzveranda des riesigen, schmucken Hauses. Sie blickten auf die Maisfelder, die sich endlos weit erstreckten und nur von einigen schmalen, staubigen Straßen durchzogen wurden. Die nächstgelegene Farm war siebenundzwanzig Meilen entfernt. Vier der fünf Männer hatten Handwaffen bei sich und an der Wand des Hauses lehnten drei Gewehre. Es war Sommeranfang in Südafrika und die Luft war stickig. Das Quecksilber des Barometers zeigte bereits über dreißig Grad an, aber der aufkommende Wind und die Wolken am Himmel waren Vorboten eines heftigen Regenschauers, der zumeist zwischen einer halben und einer Stunde dauerte. Er würde große Wasserpfützen zurücklassen, die jedoch unter der kräftigen Sonne bald wieder verdampft sein würden.

Es war der sechzehnte Dezember – der Jahrestag der Schlacht am Blood River – und überall im Land kamen die Weißen zusammen, um das Ereignis aus dem Jahr 1838 zu feiern. Genau genommen hatte sich der Kampf zwischen den Buren und den eingeborenen Zulus am Buffalo River zugetragen, aber seit der Auseinandersetzung war der Fluss unter dem Namen *Blood River* bekannt, denn damals hatte das Blut der dreitausend abgeschlachteten Zulus das Wasser rot gefärbt. Säbel und Speere waren keine guten Waffen gegen Kanonen und Gewehre. Vier Buren wurden in dem Gefecht verletzt. Der Ausgang der Schlacht wurde als Zeichen dafür gewertet, dass Gott der Allmächtige die Schwarzen in die Welt gesetzt hatte, um den Weißen zu dienen.

Esron nahm einen Schluck von dem gekühlten Bier. Er war der schmächtigste der Männer, aber dafür hatte er die größte Waffe. Früher hatte er nie Waffen bei sich getragen, aber dann hatten aufgebrachte Schwarze seine Farm überfallen und ihn eines Besseren belehrt.

»Überall nichts als Verbrechen«, sagte er. Seine Augen waren hinter einer dunklen Sonnenbrille verborgen. »In der

Stadt gibt es niemanden mehr, der es wagt, an einer roten Ampel anzuhalten – jedenfalls keinen Weißen, geschweige denn eine Frau.« Ein an einer Kreuzung haltender Kombiwagen wurde geradezu als Aufforderung angesehen, eine Waffe durchs Fenster zu halten und den Fahrer auszurauben oder – wenn es eine Frau war – sie zu überfallen. In Südafrika war die Anzahl der Vergewaltigungen um vierzig Prozent höher als in einer durchschnittlichen europäischen Stadt. Und Mord stand mehr oder weniger auf der Tagesordnung.

»Hier auf dem Land ist es sogar noch schlimmer«, fuhr Esron fort. »Niemand kann die Hilferufe hören, wenn eine Farm überfallen wird. Sie nehmen alles mit, sogar die Bodendielen reißen sie heraus und machen daraus Möbelstücke, die sie verkaufen. Wisst ihr noch, wie die Schwarzen eine Schule geplündert haben – Tische, Stühle, Dachziegel, Wände? Außer dem Betonfundament haben sie einfach alles mitgehen lassen.«

Pieter Fourie spuckte über die Brüstung hinweg auf die rissige Erde, die auf den ersehnten Regen wartete.

»Du bist selbst schuld daran, dass sie deine Farm angegriffen haben, Esron. Das habe ich dir schon einmal gesagt.«

Eine Woche vor dem Überfall hatte Esron ein Pärchen erwischt, wie es eine Abkürzung über sein Land genommen hatte. Als Strafe hatte er die beiden Schwarzen gezwungen sich auszuziehen. Dann hatte er den Mann von oben bis unten mit Silberfarbe besprüht. Die nackte Frau musste sich fünf Stunden lang in einen Sarg legen. Als die Polizei endlich kam, nahmen sie das zu Tode entsetzte Paar mit. Es wurde später zu einer Strafe von drei Monatslöhnen wegen unbefugtem Betreten fremden Grund und Bodens verurteilt.

Das, was Esron mit den beiden gemacht hatte, wurde nicht strafrechtlich verfolgt. In Hartswater, wo die Grenzen von Free State, Northern Cape und der Nordwest-Provinz aneinander stießen, war das Gesetz den Farmern freundlich gesonnen. Die weißen Landbesitzer, die alten Polizeischergen und Richter waren sich einig. Es war eine tief verwurzelte Übereinstimmung, eine Vereinbarung, gegen die selbst das neue demokratische Regime machtlos war. Die neue Polizei – Schwarze, die man direkt aus der Armee des ANC rekrutiert hatte – kam gegen die Verbrechen in der Stadt nicht an und war demoralisiert. Die Chance eines Polizisten auf Nachstreife, seinen Dienst heil und unversehrt zu überstehen und wieder nach Hause zurückzukehren, war sehr viel niedriger als anderswo auf der Welt. An einem Ort, wo ein elfjähriger Junge wegen einer Fußballausrüstung ermordet wurde und seine Körperteile für magische Tränke benutzt wurden, konnte man nicht von der Polizei erwarten, dass sie jedes Mal auftauchte, wenn ein Farmer seine Arbeiter schlug – oder schwarze Eindringlinge bestrafte. Die personellen Kräfte der Polizei waren schließlich begrenzt. Man musste Prioritäten setzen. Wenn also gelegentlich die alte Garde weißer Polizisten wieder zum Einsatz kam, um in ländlichen Gebieten Verbrechen aufzuklären, war es von vornherein klar, dass sie in erster Linie die Übergriffe und Diebstähle von Schwarzen ahndete.

Die Probleme waren offensichtlich. Es war alles Mandelas Schuld. Unter dem Apartheidsystem war es undenkbar gewesen, dass Schwarze einfach so – ohne entsprechende Erlaubnis – durch die Provinz zogen. Daher sahen sie auch nicht, in welchem Reichtum die Weißen lebten, und hatten keinen Grund, neidisch zu sein. Aber dann hatte Nelson Mandela diese Regelung abgeschafft und nun konnten Schwarze gehen, wohin sie wollten. Und sie konnten mit eigenen Augen sehen, welcher Luxus den Weißen vorbehalten war. Sie konnten weder lesen noch schreiben – der alte südafrikanische Staat hatte ihnen Schulen verweigert –, hatten also kaum Hoffnung, ihre Lage zu verbessern. Die einzige Möglichkeit, sich ein Stück von dem Kuchen abzuschneiden, war es sich mit Gewalt zu beschaffen. Gewehre und Messer waren billig und wurden an jeder Straßenecke verkauft. Waffenscheine wurden wahllos verteilt und dem Besitzer einer solchen Berechtigung war es zudem gestattet, seine Waffe einem anderen zu leihen. Fast jeder war bewaffnet. Die eleganten Landhäuser der reichen weißen Farmer lagen abseits der Siedlungen – also geradezu ideal für einen Überfall. Selbst wenn die Polizei alarmiert werden konnte, dauerte es doch viel zu lange, bis sie auf den unwegsamen Buschstraßen zum Ort des Verbrechens kam, um dort noch irgendeinen Verdächtigen vorzufinden.

»Du hast die Leute gegen dich aufgebracht, Esron«, fuhr Pieter fort. »Nachdem du den Kaffer besprüht hattest, war er so fotogen, dass die Geschichte ein gefundenes Fressen für die Presse war. Das hättest du dir vorher überlegen müssen. Es war klar, dass sie zurückkommen würden – und diesmal mit Verstärkung –, um sich zu rächen. Warum hast du die beiden Eindringlinge nicht gleich umgelegt? Keine hübschen Bildchen, keinen Aufruhr. Früher haben wir sie für so ein Vergehen gleich erschossen.«

Die anderen murmelten zustimmend.

Pieter Fourie war ein großer, schwergewichtiger Mann in den Fünfzigern mit einem zotteligen Bart, mit dichtem schwarzem Haar, großen Ohren, langen Gorilla-Armen und einer breiten Brust. Seine Sicht der Dinge war einfach. Er war ein reicher Landbesitzer und ein überzeugtes Mitglied der rechtsgerichteten Freiheitsfront. Man hatte ihn zu einer Bewährungsstrafe verurteilt, weil er einem jugendlichen schwarzen Tunichtgut, der dabei erwischt wurde, wie er Obst stahl, eine Kugel durch den Kopf gejagt hatte.

Pieters Bruder Wouter fehlte bei dem Treffen. Er verbüßte eine Gefängnisstrafe, weil er einen seiner schwarzen Arbeiter geschlagen, gewürgt und schließlich geköpft hatte, weil der ihn mit seinem Vornamen angeredet und nicht *Baas* zu ihm gesagt hatte.

»Ja, es ist einfach nicht zu fassen«, beschwerte sich Nicholas. »Jetzt können diese verdammten Kaffern ihr Land zurückverlangen, in das wir so viel Mühe und Arbeit gesteckt haben. Sie müssen nur lange genug auf einer Farm leben, um das Bleiberecht zu bekommen.« Er schüttelte empört den Kopf.

Hendrick sagte: »Wenn einer meiner Arbeiter das Zeitliche segnet, lasse ich es nicht mehr zu, dass er auf meinem Grund und Boden verscharrt wird, denn unter dieser wahnsinnigen Regierung ist es ja sogar möglich, dass seine Familie das Stück Land, in dem er liegt, für sich beansprucht.«

Die Polizei hatte sich geweigert Hendrick festzunehmen, nachdem er den Arbeiter getötet hatte, der versehentlich seinen Hund mit einem Traktor überfahren hatte. Hendrick hatte mit Erfolg argumentiert, dass das Leben seines Hundes wertvoller sei als das seines Arbeiters.

»Es wird Zeit, dass wir die alten Zustände wieder herstellen.«

Ihr Gast, Eugene Knobel, hatte die ganze Zeit still da gesessen. Aber bei diesen Worten lächelte er.
Nicolas warf eine leere Bierdose hoch in die Luft und Hendrick nahm sein Gewehr, zielte, schoss und verfehlte. Als die Blechdose auf der Erde lag, feuerte Hendrick, wie um seine Schlappe damit wettzumachen, zwei schnelle Salven hintereinander ab, sodass die Dose nur so über die trockene Erde hüpfte.
Ein Traktor ratterte vorbei. Am Steuer saß einer von Pieters Leuten. Er war auf dem Weg zu den Arbeiterquartieren. Eigentlich war es noch ein Junge. Pieter kannte seinen Namen nicht.
Pieters Blick folgte nicht dem Traktor, sondern richtete sich auf den Horizont, wo eine dunkle Wolkenwand zu sehen war.
»Ah. Es ist so weit. Endlich.«
Auch Hendrick betrachtete die näher kommenden Regenwolken.
»Wenn es eine Möglichkeit gäbe, die Uhr zurückzudrehen«, murmelte er, »würde ich sie nutzen, koste es, was es wolle.«
Er war vom Geist der Schlacht am Blood River durchdrungen – und vom Geist mehrerer Dosen Bier.
Natürlich waren die alten Zeiten passé. Für immer. Jeder wusste das. Aber die Männer, die sich hier versammelt hatten, sahen sich als die letzte weiße Bastion der Apartheid und trauerten immer noch der Vergangenheit nach.
Ruhig fragte Eugene: »Was ist das Wertvollste hier draußen?«
Sofort richtete sich die Aufmerksamkeit auf ihn. Die Männer sahen ihn respektvoll an. Sie dachten an verschiedene Dinge – an Waffen, die Ernte, Landbesitz, Geld, Gold, Dia-

manten, eine weiße Haut. Es war Pieter, der die richtige Antwort wusste. Das Wertvollste war das, was ihren Reichtum überhaupt erst ermöglichte. Er räusperte sich und sagte: »Wasser.«

Eugene lehnte sich in seinem Stuhl zurück und spielte mit den Bügeln seiner Brille, die er in der Hand hielt. Er nickte zufrieden.

Sie waren geradezu besessen von Wasser. Wasser war das Wichtigste. Ohne das Vaalhart Bewässerungssystem gäbe es das, was sie hier draußen errichtet hatten, nicht. Ohne das Bewässerungssystem wären sie auf Regen und auf das Bohren nach Grundwasser angewiesen, beides unzuverlässig und ungenügend. Jeder hier in der Runde würde sein Wasser mit allem verteidigen, was er hatte, denn ihre Farmen und ihr Lebensunterhalt hingen davon ab.

»Wasser«, wiederholte Eugene leise. Er musste seine Stimme nicht erst erheben; ein Mann wie er konnte sich der Aufmerksamkeit seiner Zuhörer sicher sein. »Euer Bewässerungssystem versorgt euch mit Wasser. Die Schwarzen müssen sich im Sommer mit Regenwasser begnügen und im Winter graben sie in der Erde.«

»Ja, und deswegen werfen die Kaffer auch begehrliche Blicke auf unser Wasser«, erwiderte Pieter.

»Gut«, sagte Eugene sehr zum Erstaunen der anderen.

Dicke Regentropfen fielen herab. Pieter und Nicholas rückten ihre Stühle von der Brüstung der Veranda weg.

Mit der gleichen leisen Stimme fuhr Eugene fort. »Ihr solltet euren guten Willen zeigen und sie mit einer Wasserleitung versorgen.«

Verblüfft beugten seine Zuhörer sich vor und warteten auf eine Erklärung. Der Sturm hatte den Himmel verdunkelt. In dem düsteren Licht glitzerten Eugenes Augen geheimnisvoll. »Meint ihr es wirklich ernst damit, die alten Zustände wieder herstellen zu wollen?«, fragte er. Als sie nickten, sagte er: »Es gibt einen Weg, das zu erreichen.«

Niemand – nicht einmal auf einer einsamen, abseits gelegenen Farm, wo keine unerwünschten Lauscher zu befürchten waren – wagte es, Eugenes richtigen Namen auszusprechen, obwohl alle wussten, wer er war. Ihr Respekt und ihre Furcht vor ihm waren so groß, dass sie seinen Namen nicht einmal flüstern, geschweige denn seine Identität preisgeben würden. Eugene war für sie viel zu wertvoll, um so ein Risiko einzugehen.

»Die Sache ist doch die . . . Wenn ihr ihnen Wasser gebt, besitzt ihr gleichzeitig auch das Instrument sie . . . zu kontrollieren.« Er blickte in ihre erstaunten Gesichter, um zu sehen, ob sie ihn verstanden hatten.

»Sie zu kontrollieren?«, wiederholte Nicholas.

Pieter lehnte sich zurück. Hinter seinem buschigen Bart machte sich ein Lächeln breit.

»Gift«, sagte er langsam und betont.

Eugene nickte. »Wasser als Mittel, um zu tun, was immer man will.«

»Um was genau zu tun?«, drängte Pieter.

Eugene zuckte die Schultern und lächelte versonnen. »Wasser ist ein Geschenk des Himmels. Es gibt so viele Möglichkeiten . . .«

Eugene Knobel war nicht das einzige Pseudonym des Dr. Adriaan W. Bresson. Der Öffentlichkeit war er bekannt als Dr. Death. Dank moderner plastischer Chirurgie hatte der eigentlich kahlköpfige Adriaan einen lockigen schwarzen

Haarschopf, eine schmalere Nase als ursprünglich und außerdem viel Gewicht verloren. Seinen Bart hatte er abrasiert. Er trug jetzt eine Brille, aber da er sie meistens in der Hand hielt, während er mit seinen Freunden sprach, war sie vermutlich aus Fensterglas. Wie bei Superman war sie dazu da, zu maskieren, und nicht, um die Sehkraft zu verbessern. Nur etwas hatte sich nicht verändert seit jenen glorreichen Tagen, als er noch der einflussreiche und berüchtigte Arzt des früheren Präsidenten P. W. Botha gewesen war: seine wild glitzernden Augen. Sie ließen sich nicht verbergen. Er hatte die leuchtenden Augen eines unartigen und frechen Kindes.

Die Liste der Verbrechen des Adriaan W. Bresson war beinahe endlos. Er wurde von der Polizei gesucht wegen Mordes und Verschwörung zum Mord, wegen Diebstahls, Betrugs und Drogenhandels. Den Informationen der Wahrheitskommission zufolge hatte er unter anderem ein Projekt geleitet, das es sich zum Ziel gesetzt hatte, durch Einsatz biologischchemischer Kampfstoffe Schwarze zu sterilisieren. Des Weiteren hatte er einen russischen Berater des African National Council ermordet, indem er dessen Essen mit Anthrax vergiftete. Er war verantwortlich für den Tod von etwa zweihundert Aktivisten der Befreiungsbewegung Namibias und versorgte die Sicherheitspolizei des Apartheidsystems mit Muskelrelaxanzien, die sie einsetzten, um Swapo-Aktivisten zu ersticken. Er war auch derjenige gewesen, der den Befehl gegeben hatte, die Leichen schwarzer Strafgefangener aus Hubschraubern über dem Meer abzuwerfen. Steve Biko, einen der Führer der Freiheitsbewegung, ließ er mit Thallium vergiften und auch mehrere fehlgeschlagene Versuche, Nelson Mandela und ein früheres Mitglied des

südafrikanischen Kirchenrates zu vergiften, gingen auf sein Konto.
Mit Hilfe von betrügerischen Machenschaften, Drogenhandel und der Veruntreuung von Forschungsgeldern der Regierung hatte Dr. Bresson eine Gesellschaft gegründet, um die Entwicklung und den Einsatz biologisch-chemischer Waffen zu finanzieren. Er hatte Beziehungen zu Pharmaunternehmen geknüpft – in den USA, in Großbritannien, Serbien, Kroatien, Israel und dem Irak. Der Sturz des Apartheidregimes hatte ihn jedoch daran gehindert, sein erklärtes Ziel zu verwirklichen: biologische Kampfstoffe und chemische Waffen zu entwickeln, die sich ausschließlich gegen Schwarze richteten.
Die vier Farmer, die jetzt mit Adriaan zusammensaßen, waren jeder für sich allein durchaus in der Lage, ihre eigenen schwarzen Arbeiter in Schach zu halten. Als Organisation aber waren sie uneffektiv, wenig schlagkräftig, ohne straffe Zielsetzung – eine Lachnummer. Nun aber, mit einem Mann wie Adriaan Bresson an der Seite, wurde aus ihnen eine finstere, verschworene Gemeinschaft, die so gefährlich war wie ein tollwütiges Tier.

»Ihr seht«, sagte Eugene im Plauderton, »es hängt einzig und allein davon ab, was ihr tun wollt: Krankheiten verbreiten, die Leute außer Gefecht setzen – oder mehr. Alle diese Dinge sind technisch durchführbar, manche davon sofort. Trinkwasser ist ein wunderbares Transportmittel.«
»Was, wenn es in unsere eigenen Wasservorräte gelangt?«, wollte Esron wissen.
»Ah! Ich sehe schon, ihr verlangt nach verfeinerten Methoden. Da ist Gentechnik gefragt.« Eugene sprach das Wort so

ehrfürchtig und bewundernd aus wie ein Teenager den Namen seines Popidols. »Sie dringt zu den Geheimnissen des Lebens vor, ja sie ist die Mutter aller Entdeckungen. Gentechnik wird alles verändern. Sie ist der Schlüssel, um Krebs zu besiegen, dem Alterungsprozess ein Schnippchen zu schlagen und die Persönlichkeiten von Menschen zu korrigieren. Bereits jetzt stellt sie uns Arzneimittel zur Verfügung – und auch Gifte –, die nur bei ganz bestimmten Personengruppen wirksam werden. Wäre es da nicht auch denkbar, dass es jemandem gelungen ist, biologische oder chemische Waffen zu entwickeln, die nur Schwarze angreifen?«

»Nur Schwarze?« Pieter setzte sich aufrecht hin. Seine Haltung war angespannt. »Und wer ist dieser Jemand?«

Eugene nahm einen Schluck von seinem eisgekühlten Wasser. Er rührte keinen Tropfen Alkohol an, denn er war Gift für den menschlichen Körper.

»Ich habe gute Kontakte zur Pharmaindustrie«, wiederholte er. »Es wird zwar eine Stange Geld kosten, aber ich bin sicher, dass sich jemand finden wird, der euch dienlich sein kann.«

Ein Blitz schlug in einiger Entfernung in die Erde ein und hüllte die fünf Männer in ein grelles Licht. Er sah aus wie ein Fluss mit vielen Verästelungen, der auf einer Landkarte eingezeichnet war. Lautes Donnergrollen folgte. Der dumpfe Widerhall ließ die Männer in ihrem abgeschiedenen Refugium noch näher zusammenrücken.

Duma hatte vier Schwestern. Vier Schwestern! Das war nicht nur Pech, sondern das reinste Unglück. Vier davon! Der reinste Alptraum. Zwei ältere und zwei jüngere. Duma war der Mittlere. Und er war zwölf Jahre alt. Eigentlich hätte er ja einen kleineren Bruder gehabt, einen Verbündeten im Kampf gegen den übermächtigen Feind, aber der war wenige Wochen nach der Geburt gestorben. Jetzt konnten ihn seine Schwestern herumkommandieren. Immer wussten sie alles besser. Immer saßen sie zusammen und tuschelten miteinander. Und wenn es Ärger gab, schoben sie ihm die Schuld dafür in die Schuhe. Na ja, zugegeben, so ganz falsch lagen sie damit nicht. Ihm fielen eben einfach ständig dumme Sachen ein. Trotzdem ärgerte es Duma, wenn sie sofort mit dem Finger auf ihn zeigten. »Duma war's!«, riefen sie dann im Chor, statt einen Teil der Schuld auf sich zu nehmen. Genau das nämlich, so stellte er sich gerne vor, würde ein Bruder tun. Aber nein, es war einzig und allein Dumas Schuld. Das war das Problem, wenn man vier Schwestern hatte. Dafür spielte er ihnen allerdings bei jeder passenden Gelegenheit Streiche. Und das, obwohl er sozusagen zahlenmäßig unterlegen war. Aber was wussten Duma und seine Familie schon von Demokratie? Außerdem war er ein Junge, und das allein zählte.

Er hüpfte von dem Fahrersitz des Traktors und breitete seine Arme aus. Innerhalb weniger Sekunden verdunkelte sich das helle Tageslicht. Selbst als die ersten Blitze zuckten und das Donnergrollen seinen Körper erbeben ließ, rührte Duma sich nicht. Er sah aus wie eine Vogelscheuche.

Duma dachte nicht an die Gefahr. Er dachte nur an Wasser, kostbares Wasser. Wenige Augenblicke später war er vollkommen durchnässt. Der Regen wusch den Schmutz von seinen schäbigen Kleidern, rann über Arme, Beine, Gesicht. Duma blinzelte die Tropfen an seinen Wimpern weg und spürte, wie der Regen über sein Haar, die Nase und die Ohren lief. Es war ein herrliches Gefühl und es half, einen klaren Kopf zu bekommen. Die Badewannen und Tonnen, die man am Rand des Dorfes aufgestellt hatte, würden voll werden. Ohne Zweifel würde man ihn und die anderen Kinder am Abend dort hinschicken, um mehrere Eimer voll Wasser nach Hause in die Baracke zu bringen. Wasser war etwas, mit dem man keinen Spaß trieb. Es war eine Sache von Leben und Tod für die Schafe, Schweine, Ziegen und Esel und auch das Leben der Menschen hing davon ab. Duma hatte schon Eselsdung in die Schreibtischschublade des Lehrers gefüllt, und wenn er sich mutig genug fühlte, scheuchte er die Strauße oder versetzte die Getränke seiner Schwestern mit dem Alkohol seines Vaters, aber er würde nie auch nur einen Tropfen Wasser vergeuden.

Hier ließ man sich keine Gelegenheit entgehen, um Wasservorräte zu horten. Gerade in diesem Moment würden überall im Dorf Eimer, Töpfe und Pfannen ins Freie gestellt werden. Nur in einer Nachbarhütte ging etwas vor sich, das wichtiger war als Wasser. Niemand kam heraus, niemand trat vor die Tür, um den ersehnten Regen zu begrüßen. Denn drinnen lag das Oberhaupt der Familie und kämpfte mit dem Tod.

Kapitel 8

Im Gemeindesaal, wo sonst nur betuliche Seniorenveranstaltungen mit Walzer und Bingo-Spiel stattfanden, war eine ausgelassene Party im Gange. Die Drums dröhnten, die Bässe wummerten, das Keyboard und die Gitarren kreischten und die Stimme des Sängers drang bis in die letzte Ecke des Saals. Am Rand der Tanzfläche waren Tische und Stühle aufgestellt und eine lange Schlange Wartender stand an der Theke an. Am anderen Ende des Saals war eine Bühne aufgebaut, auf der die *Short Cuts* spielten. Die meisten Partygäste tanzten ekstatisch auf der Tanzfläche. Sie bemerkten es nicht, wenn der Lead-Gitarrist hin und wieder in die falschen Saiten griff.

Es war keine große Sache. Auf die *Short Cuts* wartete keine steile Karriere und auch nicht das große Geld. Aber darum ging es auch gar nicht. Es ging einfach um einen Auftritt hier, einen da, und darum, dass fünf Freunde beim Spielen Spaß hatten und anderen Leuten damit Spaß bereiteten. Da reichten schon eine kleine Gage und freie Getränke für alle. Wenn also der neue Gitarrist daneben griff, dann war das keine Katastrophe. Wenn er die Lieder erst einmal besser beherrschte, würde es ohnehin nicht mehr so oft vorkommen.

Am Eingang zum Saal, etwas abseits von den anderen Gästen, stand ein einsamer, mürrisch aussehender Mann. Er beobachtete die Band und zuckte bei jedem Misston zusammen, als sei er eine persönliche Beleidigung für ihn. Nach einigen Minuten wandte Kyle sich traurig und mit gesenktem Kopf ab. Jills gedankenlos dahingesagte, aber darum nicht weniger verletzende Worte dröhnten lauter in seinem Kopf als die Musik im Saal. »Heißt das, du hängst die Gitarre an den Nagel?« Sie hatte verdammt noch mal Recht. Seine Verletzung zwang ihn dazu, die Musik aufzugeben. Er würde nie mehr wieder bei den *Short Cuts* mitspielen.

Das Online-Telefonverzeichnis listete zwar fünf Fleetwoods in und um Cambridge auf, aber keinen B. Fleetwood. Kyle beschloss es auf einem anderen Weg zu versuchen. Ein Blick auf die biochemische Wissenschaftsliteratur der letzten zehn Jahre ergab vierzehn Veröffentlichungen eines Professor B. N. Fleetwood, FRSC. Als Adresse war die Universität von East Anglia angegeben. Seit zirka sechs Jahren gab es jedoch keinerlei Publikationen mehr unter diesem Namen. Kyle schloss daraus, dass Fleetwood vor sechs Jahren seine akademische Laufbahn in Norwich aufgegeben und zu Yttria gekommen war. YPI erlaubte es seinen Beschäftigten nicht, die Ergebnisse ihrer Forschungen der Allgemeinheit zugänglich zu machen.

Nach seinem Fortgang von Yttria schien Brandon Fleetwood nicht wieder an eine Universität gegangen zu sein, denn sonst hätte er vermutlich die eine oder andere wissenschaftliche Abhandlung verfasst. Aber vielleicht war er in die Gegend von Norwich zurückgekehrt. Vielleicht hatte er sich aufs Altenteil zurückgezogen und verbrachte seine Zeit mit seiner Familie oder in seinem Garten. Rasch durchsuchte Kyle das Verzeichnis noch einmal. Diesmal fand er zwei Einträge unter *Fleetwood, B.* im Norden von Norfolk. Heute Abend, wenn er zu Hause war, würde er dort sein Glück versuchen.

Kyle hatte es sich angewöhnt, seine verletzte Hand in die Hosentasche zu stecken, wenn er sie nicht brauchte. Das war völlig unnötig, denn niemand bemerkte, dass er nur an zwei Fingern der Hand Fingernägel hatte und dass die anderen drei etwas anders aussahen als normal. Trotzdem war *er* sich ständig dieser Tatsache bewusst.

Unruhig trat er von einem Bein aufs andere, während er vor dem Eingang zur Intensivstation wartete. Er hatte keine Ahnung, ob sie ihn überhaupt hineinlassen würden. Und eigentlich wollte er auch gar nicht hinein. Er erinnerte sich noch gut an das schrecklich mulmige Gefühl im Bauch, als er vor vier Jahren zusammen mit seiner Mum und seinem Dad und der schwangeren Oonagh vor genau derselben Tür gewartet hatte. Es war aber nicht so sehr der Gang oder das Zimmer oder das Krankenbett, die sich ihm ins Gedächtnis gebrannt hatten, sondern der Gesichtsausdruck seiner Eltern, der starre Blick der leichenblassen Oonagh und seine eigene furchtbare Angst.

Es war bereits die fünfte Krankenschwester, die an ihm vorbeieilte, jedoch die erste, die nach wenigen Schritten stehen blieb und fragte: »Kann ich Ihnen helfen?«

»Ich würde gerne Dwight Grant besuchen.«

»Dwight Grant.« Sie zögerte. »Er ist Dr. Crears Patient und ich bezweifle, dass sie Ihnen erlauben wird ihn zu sehen. Gehören Sie zur Familie oder sind Sie ein Freund des Patienten?«

»Ein Freund, könnte man sagen«, antwortete er. Dann fügte er hinzu: »Die Sache ist die, ich arbeite bei YPI, wissen Sie, und ich wollte nur . . .« Er hielt inne und fragte sich, warum er der Schwester das erzählte. Um herauszufinden, was mit diesem Jungen geschehen war, wäre es besser, sich als engen Freund auszugeben. Mit seiner Hautfarbe konnte er ja schlecht Dwights Bruder sein.

»Sie arbeiten für das Pharmaunternehmen?«, fragte die Schwester, als wollte sie sich vergewissern, dass sie ihn richtig verstanden hatte.

»Ja.«

»Warum warten Sie nicht im Aufenthaltsraum?« Die Schwester deutete auf die entsprechende Tür. »Ich hole inzwischen

Dr. Crear. Ich könnte mir vorstellen, dass sie sich mit Ihnen unterhalten möchte.«

In dem Raum herrschte eine stille Atmosphäre. Die Wände waren mit bunter Weihnachtsdekoration geschmückt, die allerdings ein wenig schief hing, so als käme sie sich selbst etwas deplatziert vor. Es war gut möglich, dass Kyle schon einmal in diesem Raum gewesen war, aber er konnte sich nicht daran erinnern. Damals war er zu schockiert gewesen, um seine Umgebung richtig wahrzunehmen. In der Ecke saßen drei ältere Leute vor einem Fernsehapparat und schauten sich lustlos eine australische Soap an. Einer von ihnen hustete pausenlos. Es klang so trocken, als sei seine Lunge eingerostet. Die beiden anderen dösten mehr oder weniger vor sich hin. In einer anderen Ecke saß eine Patientin mit einem bandagierten Bein. Um sie herum hatte sich ihre Familie versammelt. Neben der Frau stand eine Gehhilfe. Einige Plätze weiter saß ein junges Mädchen. Es bekam offensichtlich eine Krebstherapie, denn sein Kopf war fast kahl. Kyle setzte sich etwas abseits auf einen Stuhl, gleich in der Nähe der Tür, und bemühte sich krampfhaft darum, nicht an seinen Bruder zu denken.

Kyle war in der Schule gewesen, als damals der furchtbare Telefonanruf kam. Er wusste sofort, dass es sich um etwas Ernstes handelte, als einer der Lehrer anbot ihn ins Krankenhaus zu fahren. Vor dem Eingang zur Intensivstation warteten bereits Oonagh und seine Eltern. In ihren Augen stand blankes Entsetzen. Sein Bruder lag in einem Spezialbett, von dem er nicht mehr aufstehen sollte. Das Opfer eines Verkehrsunfalls, so wie tausend andere auch. »Es tut mir Leid«, hatte eine mitfühlende Stimme gesagt. »Die Verletzungen waren einfach zu schwer . . .«

Und das war's. Kyles Bruder wurde von einem halbtonnenschweren Geschoss getötet, das sich Auto nannte. Oonagh verlor ihren Mann und ihre noch ungeborene Tochter würde ihren Vater niemals kennen lernen. Das Unglück zerstörte die ganze Familie. Kyles Vater versuchte ihr normales Leben aufrechtzuerhalten, aber Kyles Mutter brach innerlich entzwei. Sie gab ihren Beruf als Lehrerin auf. Kyle selbst bemühte sich redlich darum, in die Normalität zurückzufinden. Seine Lieder auf der Gitarre waren düster und bedrohlich. Es war seine Art, sich den Zorn von der Seele zu spielen.

Was Kyle am meisten schmerzte, was ihn auch jetzt noch schockierte und in der Nacht schweißgebadet hochschrecken ließ, war seine Mutter. Seit dem Tod ihres ältesten Sohnes hatte ihr jüngster keinen Platz mehr in ihrem Herzen. Sie war innerlich leer. Kyle glaubte zu wissen, was in ihr vorging. Aber wenn sie einfach nicht aufhören konnte an den Sohn zu denken, den sie verloren hatte, und wenn ihr zweiter Sohn ihr nicht den erhofften Trost spenden konnte, warum hatte sie dann überhaupt noch einen?

Zu seiner Überraschung tauchte Dr. Helen Crear nach einer halben Stunde auf und entschuldigte sich bei ihm, dass sie ihn hatte warten lassen. Sie musterte ihn mit einer Mischung aus Misstrauen und Hoffnung.

»Wie ich gehört habe, sind Sie von YPI und wollen Dwight Grant besuchen.«

Kyle nickte.

»Handelt es sich dabei um einen offiziellen Besuch?«

Verblüfft, dass sie so etwas überhaupt in Erwägung zog, sagte Kyle: »Nein, ganz und gar nicht. Ich wollte nur . . . Ich bin einfach so gekommen.«

»Ist Ihnen nicht gut?«, fragte sie. »Sie sehen so blass aus.«

»Nein, nein, es ist alles in Ordnung«, log Kyle und bemühte sich die schreckliche Erinnerung an den Tod seines Bruders abzuschütteln.

»Was für eine Beziehung haben Sie zu Dwight Grant?«

»Er ist ein Freund«, antwortete Kyle wenig überzeugend.

»Wenn Sie sein Freund sind«, sagte Helen Crear, »dann wissen Sie sicher, wie viele Schwestern er hat.«

Kyle spürte, wie ihm das Blut ins Gesicht schoss. »So eng befreundet waren wir auch wieder nicht, dass ich seine Familie kenne.«

»Wissen Sie vielleicht, bei welcher Fußballmannschaft er spielte?«

Kyle gab sich geschlagen. Er seufzte, zog seine rechte Hand aus der Hosentasche und streckte sie der Ärztin entgegen. Sie besah sich die Verletzung und die künstlichen Fingerkuppen.

»Gut gemacht. Aber was . . .?« Ihr verwunderter Gesichtsausdruck sagte ihm, dass sie sich fragte, was das mit seinem Besuch hier im Krankenhaus zu tun hatte.

Ruhig berichtete er von dem Unfall im Labor und davon, dass man ihn an einen neuen Arbeitsplatz versetzt hatte. Er erzählte von der E-Mail-Nachricht der BAD, auf die er nur einen kurzen Blick hatte werfen können, und gab dann der Hoffnung Ausdruck, dass Dwight Grant inzwischen vielleicht das Bewusstsein wiedererlangt habe. Wenn ja, könne Dwight ihm ja möglicherweise sagen, was für ein Mittel er eingenommen habe, damit er nachforschen könne, ob es eventuell einen Zusammenhang mit seinem Unfall gebe. Das war zwar ein Schuss ins Blaue, aber Kyle spürte ein wachsendes Verlangen, herauszufinden, wofür er seine Kar-

riere und seine Musik eigentlich geopfert hatte. Vielleicht war Dwight der Schlüssel dazu.
Die Ärztin schüttelte den Kopf. »Es tut mir Leid, aber Dwight kann Ihnen da nicht weiterhelfen. Er liegt noch immer im Koma. Aber Sie können *ihm* helfen – und mir. Sie müssen doch wenigstens einen Anhaltspunkt haben, welche Substanzen Yttria bei seinen jüngsten Medikamententests eingesetzt hat.«
»Leider nicht. In meinem Labor wurde an einem Mittel gegen Blutarmut gearbeitet . . .«
»Blutarmut?«
Für die Ärztin ergab das durchaus einen Sinn. Dwight Grant war zwar nicht an Sichelzellenanämie erkrankt, trug die genetische Anlage dazu jedoch in sich. Das machte ihn zu einer geeigneten Versuchsperson für ein Mittel gegen Blutarmut. Sichelzellenanämie wurde durch einen abnorm hohen Hämoglobinanteil im Blut verursacht und befiel ausschließlich Schwarze. Also benötigte Yttria für entsprechende Tests in erster Linie Freiwillige, die die passende Hautfarbe hatten. Sicher würde man auch einige Weiße in den Test einbeziehen – als Kontrollfaktor, um zu überprüfen, ob das Medikament auch keine negativen Auswirkungen auf Menschen hatte, die von vornherein nicht unter Sichelzellenanämie litten. Helen Crear war sich sicher, dass sie der Substanz, die Dwight eingenommen hatte, damit auf der Spur war. Aber ob das etwas mit seinem Koma zu tun hatte, und wenn ja, wie sie ihn zu behandeln hatte, wusste sie trotzdem nicht.
Helen berichtete Kyle knapp von ihren Überlegungen und fügte hinzu: »Ich brauche einen Beweis für meine Vermutungen. Sie arbeiten bei YPI, vielleicht könnten Sie mir weiterhelfen . . .«

»Warum analysieren Sie nicht einfach sein Blut?«
»Das habe ich ja versucht. Ich habe eine Probe an das beste Analyselabor des Landes geschickt. Es ist an der Warwick-Universität, der Leiter heißt Paul Turrell. Aber auch die hatten kein Glück. Zumindest bei den ersten Testläufen.«
Kyle seufzte. »Also gut. Ich werde sehen, was ich tun kann.«
Als er das Krankenhaus verließ, schüttelte er verblüfft den Kopf. Da war er nun hierher gekommen, um für sich selbst etwas herauszufinden, um sich selbst zu helfen, und es endete damit, dass man ihn nötigte einem anderen zu helfen. Und zwar auf eine Weise, die ihn in große Schwierigkeiten bringen konnte.

Am Abend zu Hause schenkte Kyle sich einen eisgekühlten Drink ein. Er nahm das Glas fest in die rechte Hand. Nur ein Teil seiner Hand fühlte die Kälte. Er musste die Vergangenheit vergessen und sich ganz auf die Zukunft konzentrieren. Den Telefonapparat auf den Knien, legte er los. Bald hatte er herausgefunden, dass keiner der Fleetwoods im Norden von Norfolk etwas mit einem Professor Brandon Fleetwood zu tun hatte. Auch hier also Fehlanzeige. Er lehnte sich zurück und nahm einen tiefen Schluck. Es war einer dieser langen Abende, an denen er nicht zur Ruhe fand und früher die Mitglieder der Band angerufen und sie zu einer improvisierten Probe zusammengetrommelt hätte. Es war nicht so sehr das Gitarrespielen, das ihm jetzt fehlte, sondern die Gemeinschaft.
Gedankenverloren nahm er ein Gummiband, das auf dem Telefontischchen lag, spannte es über die Stuhllehne und fing an mit dem unversehrten kleinen Finger seiner rechten Hand daran zu zupfen. Vor vielen Jahren – als Kind – hatte

er entdeckt, dass sich dem elastischen Band Töne entlocken ließen. Schon damals faszinierten ihn Schwingungen, Spannungen, Geräusche und nicht umsonst hatte er sich später vor allem mit Physik, Chemie und Musik beschäftigt.
Abrupt wandte er sich wieder der Suche nach dem Wissenschaftler zu. Der Mann, der Lab 47 geleitet hatte, war in der wissenschaftlichen Literatur als B. N. Fleetwood, FRSC ausgewiesen. Die Abkürzung bedeutete *Fellow of the Royal Society of Chemistry* und zeigte, dass er Mitglied dieser renommierten Gesellschaft war. Kyle ging an seinen Computer und suchte im Internet nach der Website der Royal Society of Chemistry. Es dauerte nicht lange und er fand, was er suchte. Der Name Brandon Fleetwood tauchte viele Male auf, zuletzt jedoch auf der Seite mit den Nachrufen prominenter Mitglieder der Gesellschaft.
In dem Artikel war die Rede von Professor Fleetwoods beeindruckender Laufbahn. Studienabschluss und Doktortitel in Oxford, England; Forschungsjahre in Harvard, USA; Lehrauftrag in Bath, England; Institutsleiter in East Anglia; Leiter des Forschungslabors bei YPI, Cambridge; Rücktritt; Tod. Die Todesursache wurde nicht genannt, es war nur die Rede von einem tragischen Unfall. Die letzten beiden Sätze lauteten: *Brandon hinterlässt eine Ehefrau, Ellie Fleetwood, und drei Töchter. Sowohl die wissenschaftliche Welt als auch seine Familie werden ihn schmerzlich vermissen.*
Jetzt wusste Kyle, warum er im Telefonverzeichnis keinen Brandon Fleetwood gefunden hatte. Vermutlich hatte Mrs Fleetwood die Eintragung nach dem Tod ihres Mannes abändern lassen. Kyle stellte sein Glas ab und schnappte sich das Telefonbuch. Es gab einen Eintrag E. J. Fleetwood in Cambridge. Bevor er die Nummer wählte, überlegte er sich

genau, was er sagen würde, falls E. J. Fleetwood sich tatsächlich als Brandon Fleetwoods Witwe herausstellte. Er durfte keine falsche Bemerkung machen und sie aufregen. Am liebsten hätte er die Sache auf sich beruhen lassen, aber dann dachte er an Dwight Grant, der im Koma lag, und an den Augenblick, als die Explosion ihm die Fingerkuppen zerfetzt hatte. Er dachte an sein eigenes Blut, wie es auf den Boden gespritzt war. Und er dachte daran, dass die *Short Cuts* an Silvester ohne ihn spielen würden.

Kapitel 9

Am Mississippi River, dort, wo die Staatsgrenzen von Arkansas, Tennessee und Mississippi aneinander stießen, lag Memphis – die Heimat des Blues, die Stadt des Elvis Presley, des Karnevals, der Baumwollpflücker. Aber auch die Stadt, in der das Lorraine Motel stand, in dem der schwarze Bürgerrechtler Martin Luther King 1968 von der Kugel eines Attentäters getötet wurde. Die Rassentrennung war offiziell zwar seit vielen Jahren aufgehoben, aber das hieß nicht, dass es sie nicht mehr gab. Die schwarze und weiße Bevölkerung trennte auch jetzt noch das gegenseitige Misstrauen und das Geld: Die weiße Minderheit lebte in den eleganten Vorstadtvierteln, die schwarze Mehrheit saß verarmt auf engstem Raum im Zentrum der Stadt. Überall waren Barrieren. Sie waren vielleicht nicht sichtbar, aber es gab sie trotzdem.

Und weil es sie gab, war Nathan McQueen berühmt geworden. Nathan war nicht der einzige Schwarze, der von weißen Polizisten verprügelt worden war, aber er war der Einzige, den sie auf einer Straße in der Innenstadt von Memphis aufgelesen und so fürchterlich zusammengeschlagen hatten, dass sogar die internationalen Fernsehsender es in ihren Nachrichten gebracht hatten – nicht zuletzt deshalb, weil ein Passant mit einer Videokamera den Zwischenfall gefilmt hatte. Seit im Sommer diese Aufnahmen auf allen Kanälen ausgestrahlt worden waren, war die Atmosphäre in Tennessee und im tiefen Süden sehr angespannt. Und seit dieser Zeit führte Shadow seinen Rachefeldzug.

Der Radiomoderator schaffte es kaum, in den ungebremsten Redefluss seines Interview-Partners hinein eine Frage zu stellen, denn Nathan sprach so schnell wie ein Rapper sang.

»Denk doch nur mal drüber nach, Mann. Zahl der Weißen, die in diesem Jahr von der Polizei auf der Flucht erschossen wurden: einer. Zahl der Schwarzen, die von der Polizei auf der Flucht erschossen wurden: dreizehn. Ist das nicht komisch? Dabei fanden die meisten der Schießereien nachts statt, wo man die Weißen doch viel besser erkennen kann, oder?« Die Radiohörer konnten Nathans ironisches Grinsen natürlich nicht sehen. »Die Polizei schaut also viel genauer hin, wenn der Verdächtige ein Schwarzer ist. Was sonst noch? Nun, da ist zunächst mal der offensichtliche Widerwille der Polizei, sich mit rassistischen Verbrechen auseinander zu setzen, dazu Druck gegenüber den Beamten, die es für ihre Pflicht halten, Rassisten unter ihren Kollegen zu melden, unnötige Gewalt gegen junge schwarze Männer, die sich einer Gang angeschlossen haben, übereifrige Durchsuchungen bei Schwarzen, die im Verdacht stehen, mit Drogen zu dealen . . .«

Der Radiomoderator unterbrach an dieser Stelle. »Das ist uns ja allen hinlänglich bekannt. Aber entschuldigt das die Taten jenes Mannes, der sich Shadow nennt?«

»Shadow hat sich am Eigentum einiger Leute vergriffen. Aber er hat Autos zerstört und nicht Menschenleben.«

»Es ist nur eine Frage der Zeit, bis er das tut«, erwiderte der Moderator scharf. Um eine eindeutige Antwort auf seine Frage zu bekommen, fragte er noch einmal: »Rechtfertigt eine korrupte Polizei seine Taten?«

»Vielleicht nicht«, antwortete Nathan. »Aber es erklärt, warum er es tut. Für uns geht es nicht nur um korrupte Polizisten, Mann, sondern auch darum, dass die Ausbildung an den Schulen sich an der weißen Mittelklasse ausrichtet, dass Schwarze im Berufsleben Tag für Tag diskriminiert werden, dass weiße Extremisten ihre Hassparolen im Internet verbreiten können, als wäre es ihre private Fernsehshow . . .«

Storm Force operierte in ganz Tennessee, Alabama, Mississippi und Georgia. Die Mitglieder waren Einzelpersonen, die anonym blieben. Sie trugen weder in der Öffentlichkeit noch privat lächerliche Kapuzen wie der Ku-Klux-Klan, sie hatten weder ein Abzeichen noch eine Tätowierung und es gab auch kein spezielles Begrüßungsritual als Erkennungszeichen. Sie sahen völlig normal aus, waren alt oder jung, attraktiv oder hässlich, groß oder klein, reich oder arm. Sie waren überzeugte Christen, Farmer, Beamte, Manager, Polizisten, Großmäuler, selbst ernannte Prediger, was auch immer. Sie würden sich gegenseitig nicht einmal erkennen, wenn sie einander auf der Straße begegneten, denn ihre Zusammenkünfte fanden meist im World Wide

Web statt. Was also verband diese Leute? Ihre weiße Haut und der Hass.
Auf ihrer rechtsradikalen Website nutzten sie das verbriefte Grundrecht auf freie Rede in extremer Weise aus. *Wie sieht eure Welt aus? Ihr habt Überfälle aus vorbeifahrenden Autos, Drogenhandel, Autodiebstahl, Brandstiftung, Verbrecherbanden. Und wer sind die Übeltäter? Eure Nigger.* Die Website enthielt auch eine Liste von schwarzen Aktivisten, Juden, Schwulen und Lesben. Und sie enthielt eine Seite für »arische Kontaktsuche«, auf der man Gleichgesinnte für die Erhaltung und den Fortbestand der arischen Rasse finden konnte. Daneben wurden rassistische Bücher angeboten und CDs rechtsradikaler Gruppen, die ungeniert den Rassenhass besangen. Und nicht zuletzt gab es Tipps für das Herstellen von Brandsätzen und Anweisungen zum Gebrauch von Waffen. Zwei Schüler, die mit ihren Automatikwaffen eine Highschool gestürmt und unter ihren Mitschülern und Lehrern ein Blutbad angerichtet hatten, hatten zuvor wiederholt die Website von *Storm Force* aufgesucht und sich dort ihr Wissen über Waffen geholt.
Storm Force hatte im Internet Namen, Bild und Adresse von Nathan McQueen veröffentlicht. Sie hatten 500 Dollar Preisgeld für denjenigen ausgesetzt, der den Schlägen der Polizei noch eins draufsetzte, und 10.000 Dollar für den weißen Bundesbruder, der McQueen umbrachte, damit dieser nicht länger seine unverschämten Lügen verbreiten konnte. Um erst gar keine Zweifel aufkommen zu lassen, nannte *Storm Force* die entsprechende Seite nicht Bulletin Board, sondern *Bullet Board*.
Das Kopfgeld für den Brandstifter Shadow betrug sogar 25.000 Dollar und immerhin 1.000 Dollar winkten demjeni-

gen, der die Identität, die sich hinter diesem Pseudonym verbarg, aufdeckte.
Die Reaktion kam prompt, und zwar in Form einer E-Mail aus Atlanta.
Wie bekämpft man Schatten? Natürlich mit Licht. Ich verachte diese Nigger, die behaupten, ihre Verbrechen seien nur eine Reaktion auf ein weißes, rassistisches Amerika. Indem dieser Shadow Weiße zu seiner Zielscheibe macht, ist er selbst der größte Rassist von allen. Solange er in unseren Straßen sein Unwesen treibt, ist niemand vor ihm sicher. Ich weiß nicht, wer er ist, aber es wird nicht mehr lange dauern und ich werde ihn und den Rest dieses Gesindels auslöschen. Also haltet Augen und Ohren offen! Es tut sich was!
Mit Wut im Bauch,
Light.
Die Antwort darauf war kurz und bündig:
Schnapp ihn dir, Light!
Mit besten Grüßen,
Storm Force.

Kapitel 10

Die Begrüßung an der Haustür war irgendwie eigenartig. Seit dem Unfall scheute sich Kyle jemandem die Hand zu schütteln und auch jetzt tat er das nicht.
»Hallo«, sagte er und sein Atem stieg in kleinen Wölkchen auf. »Ich bin Kyle Proctor. Ich habe Sie gestern Abend angerufen. Es ist sehr nett von Ihnen, dass Sie mich empfangen.«
Ellie Fleetwood war ein Frau in den Fünfzigern und noch

immer attraktiv für ihr Alter, wenngleich sie ein wenig erschöpft wirkte. Sie musterte Kyle aufmerksam, dann trat sie zur Seite.

»Kommen Sie doch herein, Mr Proctor. Es ist so kalt draußen.« Sie führte ihn in das Wohnzimmer, nahm seinen Mantel entgegen und fragte: »Kann ich Ihnen eine Tasse Kaffee oder Tee anbieten? Oder vielleicht etwas anderes?«

»Kaffee wäre wunderbar, danke.«

Sie verschwand durch eine Tür.

Es war ein großes, elegantes Haus. Von der Eingangshalle aus führte eine große Treppe nach oben in zwei weitere Stockwerke, eine andere führte in ein Untergeschoss. An das Wohnzimmer grenzte ein großer Wintergarten, dessen Fenstertüren wiederum den Blick auf einen sehr gepflegten, terrassenförmig angelegten Garten freigaben. Kyle registrierte die antiken Vasen im Wohnzimmer und die teure Hi-Fi-Anlage. Fernseher und DVD-Player waren vom Feinsten. In einer Ecke stand ein Weihnachtsbaum, dessen Kerzen jedoch nicht brannten. Abgesehen davon war der Raum spärlich eingerichtet und machte einen sehr ordentlichen Eindruck. Der für ein Wohnzimmer ungewöhnliche Steinboden strahlte Kälte aus, die jedoch durch die kräftigen Farben eines echten türkischen Teppichs gemildert wurde. Offensichtlich hatte YPI Brandon Fleetwood gut bezahlt.

Als Mrs Fleetwood nach einigen Minuten zurückkehrte, trug sie ein Tablett. Sie hatte eine natürliche Eleganz und wirkte nicht im Geringsten arrogant.

»Für Milch und Zucker bedienen Sie sich bitte selbst«, sagte sie.

»Vielen Dank.«

Sie könnte gut eine Lehrerin sein, dachte Kyle. Oder vielleicht sogar Schuldirektorin. Sie strahlte genau die richtige Mischung aus Autorität, Energie und Entschlossenheit aus. Mrs Fleetwood setzte sich und sah ihm dabei zu, wie er sich mit der linken Hand Milch eingoss.

»Also, Mr Proctor . . .«

»Kyle.«

»Also, Kyle, was kann ich für Sie tun? Am Telefon sagten Sie mir, dass Sie bei YPI arbeiten und über etwas besorgt seien, das im Zusammenhang mit der Arbeit meines Mannes steht.«

»Ja, ich . . . ähm . . .«

»Sie können ganz offen sprechen«, unterbrach sie ihn. »Ich habe mich bereit erklärt, mit ihnen zu reden, weil Brandon selbst seine Bedenken hatte. Aus diesem Grund ist er ja auch zurückgetreten. Ich frage mich, ob Sie nicht etwas mit Brandon gemeinsam haben.«

Kyle nahm einen Schluck. »Mmm. Sehr gut. Was genau hat Ihr Mann bei YPI gemacht?«

»Anfangs war er sehr stolz auf seine Arbeit. Die Firma hat ihn eingestellt, um ein Mittel gegen Sichelzellenanämie zu entwickeln. Brandon war begeistert sich dafür einsetzen zu können, dass eine schwere, weltweit gefürchtete Krankheit endgültig besiegt wird. Er hatte sich auf Gentechnik spezialisiert und dachte . . .« Sie unterbrach sich und setzte ihre Tasse ab. »Warum wollen Sie das eigentlich wissen, Kyle? Wenn Sie bei YPI arbeiten, dürfte Ihnen das ohnehin bekannt sein.«

Kyle wusste natürlich, dass YPI wie die meisten anderen Pharmaunternehmen auch viel Zeit und Geld in das so genannte Genomprojekt investiert hatte, um einen genauen Bauplan des menschlichen Lebens entwerfen zu können.

Gleichzeitig wurde dieses Vorhaben dazu benutzt, eine neue Generation von Arzneimitteln zu entwickeln. Wissenschaftler wie Brandon Fleetwood nannten es Gentherapie, kritisch eingestellte Gruppen bezeichneten es als »dem Herrgott ins Handwerk pfuschen«. Kyle beschloss das, was er wusste, herunterzuspielen, um von Fleetwoods Witwe ein möglichst genaues Bild seiner Arbeit zu erhalten.

»Nein«, erwiderte er. »Das ist es nicht. Als einfacher Mitarbeiter erfährt man leider nicht sehr viel.«

Mrs Fleetwood nahm ihre Tasse und umschloss sie mit beiden Händen. Sie trug noch immer ihren Ehering.

»Einer von Brandons Lieblingssätzen war, dass der Mensch, was sein genetisches Erbe betrifft, auch ein Schimpanse sein könnte. Das war einer seiner Partywitze. Neunundachtzig Komma fünf Prozent der Schimpansen-DNA ist völlig identisch mit Ihrer, pflegte er seinen Gästen zu erklären. Und meistens fügte er hinzu: Und die Unterschiede zwischen den Menschen sind noch viel geringer. Er benutzte dieses Argument, um zu belegen, dass wir Menschen eine einzige große Familie sind. Er war sehr . . . menschenfreundlich. Nur ein winziger genetischer Unterschied – null Komma fünf Prozent – ist dafür verantwortlich, was für eine Hautfarbe, Größe oder Nasenform wir haben. Es ist wie ein Tropfen in einem riesigen Ozean. Und dieser Tropfen bestimmt darüber, zu welcher Rasse wir gehören. Er nannte in diesem Zusammenhang einige Beispiele, an die ich mich nicht mehr genau erinnern kann. Es hatte, glaube ich, damit zu tun, dass der kaukasische Typ irgendeine Substanz in der Milch nicht verdauen kann, im Gegensatz zu den Menschen in Afrika, Asien und Lateinamerika. Stimmt das in etwa? Wie dem auch sei, der deutlichste Unterschied, so sagte er, läge in der Sichelzellenanämie. Sie wird vererbt und betrifft ausschließlich Schwarze. Offenbar haben sie ein defektes Gen, das Weiße nicht haben. Brandon war überzeugt davon, dass es ihm gelingen würde, ein *intelligentes Heilmittel,* wie er es nannte, zu entwickeln, das an diesem Gen ansetzt. Ergibt das für Sie einen Sinn?«

Als sie sah, dass Kyle nickte, fuhr sie fort. »Er behauptete, er habe eine sensationelle Methode entdeckt, wie man dieses defekte Gen reparieren könne. Und hier wird es sehr speziell, fürchte ich. Ich bin Mathematikerin und keine Wissenschaftlerin, aber soweit ich ihn verstanden habe, entwickelte er ein Stück der DNA, das sich an das Sichelzellen-Gen anbinden lässt. Ich erinnere mich, dass er sagte, er würde dieses Teilstück über einen Virus in den Körper einführen. Das hat mich sehr verwundert. Gemeinhin sind Viren doch etwas Gefährliches und wir tun alles, um sie zu bekämpfen, aber offensichtlich gibt es auch welche, die sich als Trägersubstanz für ein Arzneimittel eignen. Jedenfalls hängt sich dieses DNA-Stück an das entsprechende Gen an und setzt auf diese Weise einen körpereigenen Prozess in Gang, der dazu führt, dass der Defekt behoben wird. Das war es, was er entdeckt hatte: eine Möglichkeit, ein ganz spezielles Gen anzusteuern und zu reparieren. Er konnte mit Vergleichen aus dem militärischen Bereich nicht viel anfangen, aber er nannte es ein *intelligentes Heilmittel* in Anlehnung an diese Lenkwaffen, von denen man immer wieder in den Nachrichten hört. Sie werden so genannt, weil sie, wie es heißt, die Zivilbevölkerung verschonen. Mit Brandons Mittel sollte es ganz ähnlich sein: Es sollte die Ursache der Krankheit angreifen, ohne Nebeneffekte hervorzurufen und ohne eine unerwünschte Wirkung auf diejenigen zu haben, die das defekte Gen nicht in sich trugen.«

»Ja, das passt alles zusammen«, erwiderte Kyle. »Sie sprachen von *einer Möglichkeit,* das Gen zu reparieren. War es nur das oder hat Ihr Mann tatsächlich den Beweis erbracht?«

»Eines Tages kam er sehr geschockt nach Hause. Die Methode hatte im Reagenzglas funktioniert und auch die Tierversuche waren erfolgreich verlaufen. Aber mit den Versuchen an Menschen war das eine andere Sache. Bei weißen Testpersonen gab es keine Probleme, sie tragen das Sichelzellen-Gen ja auch nicht in sich. Aber bei den schwarzen Freiwilligen führte das Mittel, das sie eigentlich heilen sollte, zu schweren Krankheitssymptomen. Danach sprach er mit mir nicht wieder über seine Arbeit, aber ich wusste auch so, dass etwas vor sich ging, das ihn beunruhigte. Und zwar so sehr beunruhigte, dass er beschloss die Firma zu verlassen. Ich kann mich daran erinnern, wie er, kurz bevor er aufgab, zu mir sagte: ›Es ist zwar ein Job, der die Brieftasche füllt, aber ich bin nicht bereit meine Prinzipien am Werkstor abzugeben.‹«

»Was meinte er damit?«, fragte Kyle. »Dass es bei dem Versuch, ein Heilmittel für eine Krankheit zu finden, auch Rückschläge gibt, ist nichts, weswegen man sich schämen müsste. Das gehört doch dazu.«

Mrs Fleetwood zuckte die Schultern.

»Er hat es mir nicht genauer erklärt, aber ich weiß, dass er tief enttäuscht war.«

Kyle stellte seine leere Tasse ab. Er holte tief Luft, dann sagte er: »Glauben Sie, er machte sich Sorgen darüber, dass jemand aus seinem intelligenten Heilmittel ein intelligentes

Gift machen könnte? Verstehen Sie, worauf ich hinauswill? Die Gentechnik in der Medizin unterscheidet sich in nichts von der zur Entwicklung biologischer Waffen. Menschen so wie Ihr Ehemann und Unternehmen wie YPI, deren Anliegen die menschliche Gesundheit ist, können dazu beitragen, diese Waffen herzustellen, ob sie es nun wollen oder nicht. Ihr Mann hatte das Pech, YPI ein Mittel in die Hand zu geben, das keine Wirkung auf Weiße hat, sich aber gegen Schwarze einsetzen lässt. Das nenne ich ein intelligentes Gift.«

Mrs Fleetwood seufzte. »Das ist mir auch schon in den Sinn gekommen. Brandon hasste jede Art von Waffen. Wenn er befürchten musste selbst dazu beigetragen zu haben, eine zu entwickeln . . .« Sie schüttelte bekümmert den Kopf. Dann hellte sich ihre Miene auf. »Wenn YPI tatsächlich eine Waffe statt eines Heilmittels in Händen hielt, hat der Rücktritt meines Mannes sie zumindest dazu gebracht, ihre Haltung zu überdenken. Als er die Firma verließ, versprach man ihm, seinen Ansatz nicht weiter zu verfolgen.«

Kyle war sich sicher, dass Ellie Fleetwood, was die Praktiken der Pharmabranche anging, viel zu naiv war. Yttria hatte gewaltige Summen in die Entwicklung dieser Gentherapie gesteckt. Jetzt brauchte man einen Verkaufsschlager, um das Geld nicht nur wieder hereinzubekommen, sondern auch noch Profit zu machen. Kein Unternehmen der Welt konnte es sich leisten, eine Entdeckung wie die Fleetwoods ungenutzt zu lassen, wenn es sie stattdessen Gewinn bringend verkaufen konnte – und sei es als intelligente Waffe. Abgesehen davon war allein schon die Tatsache, dass man nun wusste, wie man biologische Waffen herstellen konnte, ein Vermögen wert. Ethnisch bedingte Auseinandersetzungen

gab es auf dieser Welt genug. An allen Ecken und Enden gab es Brandherde, überall loderte der Hass.
Kyle begriff, dass Mrs Fleetwood in dem Gedanken Trost fand, dass der Rücktritt ihres Mannes zu etwas Gutem geführt hatte, aber dennoch musste er seine Befürchtungen zur Sprache bringen.
»Ich glaube nicht, dass dieses Versprechen sehr viel wert ist«, sagte er.
»Wie bitte?«, rief sie.
»Die Tests gehen weiter. Und den Freiwilligen geht es danach schlecht. In einem speziellen Fall sogar sehr schlecht. Es handelt sich dabei um einen Jungen namens Dwight Grant. Ich kann zwar nicht mit absoluter Sicherheit sagen, ob bei ihm die Sichelzellen-Therapie angewendet wurde, trotzdem gehe ich davon aus . . .«
Mrs Fleetwood starrte an die Decke, dann sah sie eine Weile zum Fenster hinaus. Als sie sich schließlich wieder umwandte, sagte sie: »Vielleicht versuchen sie Brandons Entdeckung weiterzuentwickeln, um doch noch ein Heilmittel daraus zu machen.«
Kyle zuckte die Schultern. »Möglich wäre es. Aber genauso gut könnten sie es weiterentwickeln, um eine Waffe daraus zu machen.«
Mrs Fleetwood Gesicht sprach Bände. Der Gedanke, dass YPI das Versprechen gebrochen und das Lebenswerk ihres Mannes missbraucht haben könnte, entsetzte sie zutiefst.
Kein guter Start in ein neues Jahr, dachte Kyle und entschloss sich nun auch noch den Rest zur Sprache zu bringen.
»Darf ich Sie nach den Umständen des Unfalls fragen, bei dem Ihr Mann umgekommen ist?«, begann er vorsichtig.

Irritiert richtete Mrs Fleetwood sich auf und starrte ihren Besucher an.
»Wollen Sie etwa andeuten, dass es da eine Verbindung zu YPI gibt?«
Er zuckte die Schultern. »Ich weiß es nicht.«
Sie räusperte sich und schluckte ein paar Mal, um ihre Fassung zurückzugewinnen, dann sagte sie: »Brandon lebte für drei Dinge: die Chemie, seine Familie und das Fliegen. Er war Pilot, wissen Sie. Er flog eine Cessna 150. Das ist ein kleines Übungsflugzeug – und eines der sichersten, die es je gab. Wie dem auch sei . . . Es ging offenbar alles sehr schnell. Die Leute, die den Unfall untersuchten, waren jedenfalls sehr verwundert. Er war nur wenige Minuten in der Luft, gerade mal drei Meilen von der Startbahn weg, und legte sich in eine Kurve. Ein Zeuge sagte aus, er habe gesehen, wie das Flugzeug plötzlich ins Trudeln geriet.« Sie nahm hastig einen Schluck aus ihrer Tasse. »Das Flugzeug stürzte kopfüber nach unten und explodierte beim Aufprall. Er . . . ähm . . . er hatte nicht die geringste Chance.«
»Ich verstehe. Es tut mir Leid. Was für ein schrecklicher Verlust. Was hat die Untersuchung ergeben?«
»Nichts Konkretes. Man sprach von einem Rätsel, einem völlig unerklärlichen Unfall.«
»Haben sie nicht die . . . wie heißt das noch gleich? . . . die Blackbox gefunden?«
»Das ist auch so ein Rätsel. Wissen Sie, kleinere Flugzeuge müssen nicht notwendigerweise mit so einem Gerät ausgerüstet sein, aber manche sind es. Ich bin sicher, dass Brandon mir gegenüber erwähnt hat, dass das Flugzeug, mit dem er immer flog, eine Blackbox hatte, aber nach dem Unfall erklärte man mir, das sei nicht der Fall gewesen. Ich bin

immer noch der Meinung, dass man die Untersuchung nicht mit der nötigen Sorgfalt durchgeführt hat. Gerade, weil dieses Flugzeug im Allgemeinen so verlässlich ist, haben sie den Absturz als Pilotenfehler abgetan.«

Kyle erwiderte nichts darauf. Zwischen ihm und Mrs Fleetwood herrschte eine stillschweigende Übereinstimmung. Wenn YPI befürchten musste, dass ein ehemaliger Mitarbeiter mit seinem Wissen über eine biologische Waffe an die Öffentlichkeit ging – selbst wenn es sich dabei um eine Zufallsentdeckung handelte –, dann hätte das Unternehmen ein Interesse daran, diesen Mitarbeiter aus dem Weg zu schaffen. Es konnte nicht sehr schwierig sein für jemanden, der sich mit Flugzeugen auskannte, eine Cessna zu manipulieren. In diesem Licht betrachtet, stellte sich Fleetwoods Unfall mit einem Mal ganz anders dar.

Kyle war auch noch aus einem anderen Grund beunruhigt. Wenn die Polizei und die Flugbehörde tatsächlich vor einem Rätsel standen, dann ließ das nur den Schluss zu, dass die Sabotage höchst professionell durchgeführt worden war oder dass es eine Verschwörung auf höchster Ebene gab, um eine gründliche Untersuchung zu verhindern. Oder beides.

Mrs Fleetwoods Worte kamen ihm in den Sinn. *Ich frage mich, ob sie nicht etwas mit Brandon gemeinsam haben*. Wenn es ihm gelang, die Geheimnisse von Lab 47 aufzudecken, und er sich dazu entschloss, etwas dagegen zu unternehmen und sie publik zu machen, würde ihn dann das gleiche Schicksal ereilen wie Professor Fleetwood? Er schauderte bei diesem Gedanken.

Kapitel 11

Früher hatte Light eine Schwester gehabt. Sie war sechzehn, süße sechzehn Jahre alt gewesen und konnte einfach nicht Nein sagen. Shannon war nicht die Einzige, oh nein. Es war eine Welt, in der jeden Tag aufs Neue Märtyrer hinzukamen, ein endloser Vorrat an unschuldigen Kindern. Nein, Shannon war nichts Besonderes. Das Land war voll von Shannons.

Lights Shannon war gut in der Schule, nicht hervorragend, aber auch nicht schlecht. Und da sie recht hübsch war, liefen ihr die Kerle gleich reihenweise hinterher. Dann lernte sie einen mit allen Wassern gewaschenen Gauner kennen und fiel prompt auf ihn herein. Er war ja so cool, ein richtiger Mann. Ein glatter, eitler, windiger und sehr gerissener Typ. Light war ihm einmal begegnet. Ein Blick hatte genügt: Der Bursche trug eine verkehrt herum aufgesetzte Baseballmütze und eine getönte Sonnenbrille – einer von der Sorte, die nicht viel im Hirn hatten. Und natürlich war er schwarz und interessierte sich nur für zwei Dinge: Drogenhandel und Weiber. Indem er diese vielen jungen Shannons, die es gab, ausnutzte, bekam er beides. Er versorgte Lights Shannon mit Kokain und anderem. Zuerst schenkte er es ihr. Ein wenig schnüffeln, eine klitzekleine Spritze – das machten doch alle, die cool sein wollten. Das war seine Botschaft. Und Shannon glaubte ihm. Doch dann war Schluss mit den Gratisproben. Von da an verlangte er die dicke Kohle für den Stoff. Natürlich konnte sie ihm kein Geld geben, aber inzwischen war sie schon abhängig von dem Zeug. Wie also konnte sie ihre Schulden bei ihm abtragen? Wie konnte sie an den Stoff herankommen? Sie ging für ihn anschaffen. Auf der Straße.

Sie verdiente das Geld in den Straßen von Atlantas Innenstadt. Und es endete damit, dass sie eines Tages tot auf einer dieser Straßen lag. Wer oder was hatte sie getötet? Die Drogen, ein durchgedrehter Kunde, ein Killer? War sie zwischen die Fronten zweier Dealer geraten, von einem Auto überfahren worden, einem Bandenkrieg zum Opfer gefallen? Jede einzelne Shannon hatte ihre eigene Geschichte, aber alle hatten mit dem Schwarzen zu tun. Immer hatte er seine dreckigen Finger im Spiel – dieser coole Gangster, der mit Drogen, Waffen und Mädchen handelte. Die Shannons kamen und gingen, aber er betrieb ungerührt sein schmutziges Geschäft.

Light kam zu der Überzeugung, dass man endlich etwas gegen die wachsende Flut von schwarzen Mördern, Dealern und Fixern unternehmen musste. Jemand musste sich ihnen entgegenstellen. Das war der Moment, in dem aus ihm Light wurde. Jemand musste diesen politisch korrekten Liberalen erklären: »Genug ist genug. Zur Hölle mit eurer sanften Tour! Schluss mit dem ›Wir dürfen nicht verurteilen und müssen Verständnis haben‹-Getue!« Die Schwarzen überschwemmten das Land mit ihren Verbrechen und ihren Drogen. Warum also sollte Light irgendwelche Skrupel haben, den Spieß umzukehren und Gewalt und Drogen gegen sie einzusetzen? Der Gedanke an die vielen, vielen Shannons ließ moralische Zweifel erst gar nicht aufkommen. Verdammt noch mal! Es war ein freies Land, in dem der Mut des Einzelnen zählte. Das, was er tat, war Gerechtigkeit.

Er brachte wieder etwas Licht in die Welt.

1763 besiegten die Nordamerika annektierenden Briten die Indianer, indem sie mit dem Pockenvirus infizierte Decken an sie verteilten. Jetzt marschierte Tristan Lockhart in seinem Büro im neunzehnten Stockwerk wie ein General auf und ab, der gänzlich unerwartet die moderne Version eines solchen Pandora-Geschenks in den Händen hielt. Er war der Präsident von Yttria Pharmaceutical International und sein Geschenk an die schwarze Bevölkerung Amerikas war eine Hightech-Heilmethode gegen Sichelzellenanämie. Doch so wie einst bei den Decken der Briten verbarg sich auch hinter diesem Geschenk eine Waffe.

»Ich bin wirklich in einem moralischen Zwiespalt«, sagte Lockhart und schaute zum Fenster hinaus. Von seinem Büro aus hatte man einen ausgezeichneten Blick auf den Centennial Olympic Park und einen Großteil Atlantas, wo es in den frühen Morgenstunden von in die Stadt strömenden Pendlern nur so wimmelte.

Sein Chefbuchhalter stand geduldig neben dem Besucherstuhl. »Soll ich Ihnen unsere gegenwärtige angespannte Finanzlage noch einmal schildern? Oder das, was die Shareholder dazu sagen? Vielleicht hilft Ihnen das weiter.«

»Ich kenne sie bis auf den letzten Cent.«

»Aber Sie haben mich doch rufen lassen. Ich dachte, Sie wären zu einer Entscheidung gekommen.«

»Wie ich gehört habe, sind unsere britischen Partner zwar eifrig dabei, die Gentherapie weiterzuentwickeln, um eine wirksame Methode gegen Sichelzellenanämie zu erhalten, wollen aber das, was sie bereits haben, nicht ungenutzt brachliegen lassen.«

Der Finanzchef lächelte und nickte zustimmend. »Natürlich nicht. Sie weiten den Geschäftsbereich von Pharmazie auf Verteidigung aus. Es könnte eine sehr lukrative Angelegenheit werden.«

»Es ist zwar sehr bedauerlich, aber ja, das ist ihre neue Ausrichtung.« Tristan Lockhart ließ sich in seinen Bürostuhl sinken. »Verteidigung hört sich so viel angenehmer an als Waffen, nicht wahr? Wie dem auch sei, ich kann mich dem nicht verschließen, daher ist es, denke ich, trotz unseres finanziellen Engpasses wieder einmal an der Zeit, unsere Versicherungsprämien zu bezahlen. Für den Fall, dass die Dinge sich ein wenig verkomplizieren und es politisch gesehen eng wird.«

Der Finanzchef schmunzelte. Er wusste, dass, wenn Tristan Lockhart von Versicherungsprämien sprach, er in Wirklichkeit Parteispenden meinte.

»Das halte ich für sehr klug. Wir dürfen keine Angriffsfläche bieten, wenn wir ins Verteidigungsgeschäft einsteigen wollen. Keiner der Senatoren wird uns allzu genau unter die Lupe nehmen, wenn wir Arbeitsplätze schaffen, Medizinprodukte exportieren und vor allem große Summen für den Wahlkampf bereitstellen. Möchten Sie, dass ich wieder den gleichen Betrag an die Republikaner und die Demokraten überweise, so wie beim letzten Mal?«

»Du meine Güte, nein!«, widersprach Lockhart. »Kennen Sie denn nicht die letzten Umfrageergebnisse? Hier im Süden ist ein deutlicher Rechtsruck festzustellen. Zweigen Sie eine Million von der Summe für die Demokraten ab und geben Sie sie den Republikanern. Wir müssen schließlich mit der Zeit gehen.«

Bevor er hinausging, sagte der Finanzchef: »Viel Glück mit dem neuen Produkt.«

»Keine Sorge«, erwiderte Lockhart. »Das verkauft sich von allein.«

Er hatte bereits erste Anfragen von Regierungen aus Übersee erhalten, die bereit waren sehr viel Geld für die Grundlagentechnologie zu bezahlen, damit sie diese für ihre eigenen Zwecke weiterentwickeln konnten, falls die Genforschung auch noch andere ethnisch signifikante Unterschiede zwischen den Rassen entdeckte.

Und dabei handelte es sich beileibe nicht nur um Länder wie Indien, Pakistan, Indonesien, die Philippinen, Ruanda oder Serbien. Es hatte auch Anfragen von interessierten Kreisen aus dem Süden Amerikas gegeben, von privaten Gruppen, die wachsenden Zulauf hatten. Das Sichelzellenprodukt, das kurz vor seiner Verkaufsreife stand, stieß überall auf großes Interesse. Wenn Yttria demnach einem aufregenden und höchst profitablen Geschäft entgegensehen konnte, warum fürchtete dann Tristan Lockhart den Tag, an dem es so weit war?

»Ein frohes neues Jahr«, sagte er leise und zynisch zu sich selbst.

Kapitel 12

Die Arbeiter von Hartswater lebten in baufälligen Baracken abseits der stattlichen Farm. Einige der Hütten hatten eine Stromversorgung – Wasserleitungen gab es jedoch nirgendwo. Das Regenwasser wurde in Plastikwannen und großen Blechfässern aufgefangen. Oft mussten die Kinder, statt zur Schule zu gehen, den langen Weg bis zu den Löchern, die man außerhalb des Dorfes gebohrt hatte, zurücklegen, um der Erde ein wenig Wasser abzuringen und es in Eimern nach Hause zu tragen. Der Landeigner verlangte nichts für den Strom und den Schulunterricht und er verteilte im Dorf Säcke mit Gemüse. Aber dafür waren die Löhne der Arbeiter kaum der Rede wert. Schließlich musste man als Farmer ja zusehen, wie man seine Unkosten wieder hereinbekam. Am Ende des Jahres gab es für die Arbeiter manchmal einen Extra-Bonus. In diesem Jahr bestand er aus einer Wasserleitung für das Dorf.

Sie kam gerade rechtzeitig zum neuen Jahr. Es war keine großartige Angelegenheit, nur ein kleines Rohr mit einer Zapfstelle, aber sie veränderte das Leben der Menschen komplett. Sie war nicht nur das Zeichen für ein neues Jahr, sondern das Symbol einer neuen Ära. Die Wasserleitung ermöglichte es den Leuten im Dorf, Hühner zu halten und Kürbisse, Melonen, Guaven, Trauben, Mangos und Papaya anzubauen. Die Kinder konnten mehr Zeit in der Schule verbringen. Außerdem brachte die Wasserleitung mehr Hygiene. Man musste das Wasser zum Trinken, Putzen, Waschen und Kochen nicht mehr länger mit den Schweinen und Eseln teilen.

Jetzt hatten sie alles, was sie brauchten. Mit der neuen Wasserleitung fühlten sich die Menschen im Dorf wie im Paradies.

Kapitel 13

Stuart Urling-Clark hatte so etwas noch nie gesehen. In dem Augenblick, als er die E-Mail anklickte, wurde ein Countdown für eine automatische Selbstzerstörung in Gang gesetzt. Er hatte genau drei Minuten Zeit, um die

Nachricht zu lesen. Gleichzeitig erschien ein Warnhinweis, dass er diese E-Mail weder kopieren noch ausdrucken noch ausschneiden und in ein anderes Dokument übertragen konnte. Solange die Nachricht auf seinem Bildschirm zu sehen war, gab es keine Möglichkeit, Screenshots zur erstellen. Nach den drei Minuten verschwand der Text vom Bildschirm und zurück blieb nur der Name des Absenders und dessen E-Mail-Adresse. Vier der besten Computerspezialisten von YPI versuchten vergeblich die Nachricht wieder zurückzuholen. Während sie ihr gesamtes Repertoire an Computerkniffen ausprobierten, berichteten sie Stuart Urling-Clark, dass sie von selbstzerstörenden E-Mails bisher nur in Fachmagazinen gelesen hatten. Bei ihrer täglichen Arbeit am Computer war ihnen so etwas noch nicht untergekommen. Dementsprechend aufgeregt und beeindruckt waren sie.

Urling-Clark hingegen irritierte die clevere Vorgehensweise des Absenders. Es störte ihn, dass er die Nachricht nicht schwarz auf weiß hatte, um sie den Mitgliedern der Geschäftsführung vorzulegen. Es war ganz offensichtlich so, dass Knobel Industries in Südafrika nicht den leisesten Hinweis zurücklassen wollte, dass sie bei YPI um biologische Substanzen nachgefragt hatten, deren Wirkung sich nur bei Schwarzen entfaltete.

Zum Abschluss seiner Ausführungen vor den Vertretern der Geschäftsführung von YPI in Cambridge fasste Stuart Urling-Clark das Wesentliche noch einmal zusammen.

»Die Prognose ist gut. Sogar sehr gut. Das Interesse an BF 19 übertrifft die Erwartungen bei weitem, daher gehe ich davon aus, dass wir den richtigen Weg eingeschlagen haben. Atlanta verzeichnet ebenfalls eine ganze Reihe von Anfragen. Einige davon kommen von Regierungen, andere von Nichtregierungsorganisationen. Die seltsamste dieser Art erreichte uns aus Südafrika. Als Absender wurde eine Straußenfarm genannt, aber die Anfrage bezog sich eindeutig auf ein Produkt wie BF 19. In diesem Zusammenhang möchte ich Sie darauf hinweisen, dass wir es inzwischen als Sichelzellenprodukt 19 oder abgekürzt SZP 19 bezeichnen.« Man hatte der biologischen Waffe einen harmlos klingenden Namen geben und jeden Hinweis auf den Anteil Brandon Fleetwoods an der Entwicklung des Produkts tilgen wollen. »Darüber hinaus gibt es eine Gruppierung in Australien, die Probleme mit den Aborigines hat. Sie haben von unserer Methode gehört und sind daran interessiert, für den Fall, dass sie sich im Hinblick auf ihre . . . Belange anwenden lässt.«

»Das heißt, die Aufträge kommen nur so herein?«

Urling-Clark nickte. Er sah in den Mienen der Anwesenden fast ausschließlich Zustimmung, trotzdem fügte er hinzu: »Es ist letztlich auch nichts anderes, als Gewehre oder Kampfflugzeuge zu verkaufen. Dass wir eine Waffe anbieten heißt nicht, dass wir ihre Anwendung propagieren. Waffen töten keine Menschen, nur Menschen töten Menschen. Wir sind nicht dafür verantwortlich, was der Anwender mit unseren Produkten anstellt. Wir sind uns doch sicherlich darin einig, dass jeder, der weiß, dass der Feind biologische Waffen hat, sich gar nicht erst auf eine Auseinandersetzung einlassen wird. Allein der Besitz dieser Waffe beendet einen Konflikt. Außerdem reduziert SZP 19 die Anzahl der Opfer. Es ist eine intelligente Waffe, die Kollateralschäden verhindert.«

Die Manager lehnten sich zurück und entspannten sich bei einer Tasse Kaffee. Sie beruhigten ihr Gewissen mit den Argumenten, die Waffenhändler schon immer ins Feld geführt hatten. Ihre Finger waren nicht am Abzug der Waffen, sie verkauften sie nur. Ihnen konnte man also nicht die Schuld in die Schuhe schieben. Zwei der Abteilungsleiter brachten die Frage auf, ob es denn möglich sei, ein Gegenmittel für SZP 19 zu entwickeln. Auf diese Art und Weise ließe sich der Profit verdoppeln. Sie konnten die Waffe der einen Konfliktpartei verkaufen und das Gegenmittel der anderen.

Der Leiter der Rechtsabteilung richtete seine Krawatte und verkündete: »Ich bin gerade dabei, die rechtliche Seite zu überprüfen. Da ist zwar die Biowaffen-Konvention zu beachten, aber ich bin zuversichtlich, dass die Bestimmungen kein unüberwindbares Hindernis darstellen werden. Der erste Schritt besteht darin, bei der Regierung eine Exportlizenz zu beantragen. Wie Sie wissen, steht uns eine Kabinettsumbildung bevor, und wenn die Gerüchte stimmen, dann ist die neue Wirtschaftsministerin eine Frau, mit der wir ins Geschäft kommen könnten. Ich bin zuversichtlich, dass wir mit einem sorgfältig ausgearbeiteten Antrag Erfolg haben werden.«

Nur drei der Anwesenden hatten Bedenken bei der neuen Geschäftsausrichtung. Es erschien ihnen heuchlerisch, dass ein Hersteller von Heilmitteln sich auf dem Waffenmarkt hervortun wollte. Aber sie behielten ihre Zweifel für sich. Schließlich gab die finanzielle Situation des Unternehmens den Ausschlag. Das Wohl von YPI kam vor allem anderen.

Abigail quietschte vor Vergnügen, während sie die Plastikrutsche hinabsauste. Als sie auf dem weichen Teppich landete, rief sie sofort: »Noch mal!«

Oonagh lachte. »Sooft du willst. Sie gehört dir, Abi. Dein Onkel Kyle hat sie dir geschenkt.«

Kyle sah zu, wie seine aufgeregte kleine Nichte ungeschickt die Stufen emporkletterte. In ihren leuchtenden Augen erkannte er seinen Bruder wieder.

Nachdem sie heruntergerutscht war, lief sie zu Kyle und warf sich in seine Arme.

»Danke schön!«

»Gern geschehen«, erwiderte er.

Sie machte sich aus der Umarmung frei, doch bevor sie sich wieder ihrem Geschenk zuwandte, betrachtete sie seine Hand.

»Onkel Kyles Finger sehen komisch aus!«

»Abi!«, sagte Oonagh scharf. »Das ist nicht sehr nett!«

»Ist schon in Ordnung«, versicherte Kyle.

Tatsächlich aber war er mit seinen Gedanken ganz woanders. Er sprach mit Oonagh, beobachtete Abi und lächelte ihr zu, aber seine Gedanken wanderten zu dem Safe in Lab 47, zu Dwight Grant und zum genetisch unterstützten Völkermord. Ellie Fleetwood hat ihm zwar nicht den letzten Beweis liefern können, dass in Lab 47 ein Sichelzellengift hergestellt wurde, aber Kyle hatte das untrügliche Gefühl, dass es so war.

Auf dem Rückweg machte er Halt am Addenbrooke's Hospital, wo Dwight Grant das neue Jahr so begann, wie er das alte beendet hatte. Für ihn hatte Zeit keine Bedeutung. Kyle berichtete Dr. Crear, dass ihr Patient möglicherweise ein gentechnisch hergestelltes Medikament gegen Sichelzellenanämie eingenommen hatte, das über einen Virus als Trägersubstanz in den Körper eingebracht wurde.

Helen wagte es nicht, ihre Behandlung allein auf Vermutungen zu gründen, aber trotzdem dankte sie Kyle für seine Informationen.

»Ich werde auf alle Fälle eine weitere Antivirentherapie durchführen.«

Seit er die Datei namens *BAD Vibes* geöffnet hatte, versuchte Kyle mit den Leuten dieser Organisation Kontakt aufzunehmen. Es war nicht ganz einfach. Als er das Helen Crear sagte, gab sie ihm die Telefonnummer eines gewissen Linton Okri.

Kyle traf sich noch am selben Abend mit dem Vertreter von BAD in einem Pub in der Innenstadt. Zuerst war er sehr enttäuscht. Linton Okri übergab ihm zwar eine lange Liste mit Namen von jungen Strafgefangenen, die in Westland erkrankt waren, nachdem sie an Versuchsreihen von YPI teilgenommen hatten, und er berichtete auch von schwarzen Gefängnisinsassen in Atlanta, die nach Medikamententests von YPI ebenfalls erkrankt waren, aber er hatte keinen schlagenden Beweis, dass zwischen dem Mittel, das YPI den Freiwilligen verabreicht hatte, und ihrer Erkrankung ein direkter Zusammenhang bestand.

Kyle nahm an, dass einige der Freiwilligen bereits vorher nicht gesund gewesen waren und die Krankheit auch ohne die Einnahme des neuen Mittels zum Ausbruch gekommen wäre. Manchen hatte man zudem sicher nur Placebo-Substanzen verabreicht, die ohne jede Wirkung waren. Das war in der klinischen Forschung gängige Praxis. Wieder andere hatten die Krankheitssymptome vielleicht nur vorgetäuscht, um für ein paar Tage aus dem Gefängnis zu kommen. Tatsache war, dass Linton Okri keinen unumstößlichen Beweis liefern konnte, dass YPI die Versuchspersonen krank gemacht hatte, ob nun absichtlich oder nicht.

Allerdings musste selbst Kyle zugeben, dass eine so große Zahl von Erkrankten mehr als nur ungewöhnlich war. Leute, die der Überzeugung waren, dass der Gebrauch von Handys Krebs auslösen konnte und dass jeder, der in der Nähe eines Atomkraftwerks lebte, sich der Gefahr aussetzte, an Leukämie zu erkranken, würden angesichts von Okris Liste keine Zweifel mehr hegen. Was das anging, wunderte sich Kyle, dass er noch nie etwas über die Vorfälle in Westland in den Zeitungen gelesen hatte. Er fragte Linton: »Warum geben Sie das nicht an die Presse weiter?«

»Das haben wir versucht, glauben Sie mir. Ich habe eine Kopie dieser Liste einer Journalistin namens Victoria Scates gegeben. Es ist erstaunlich, was unternehmerfreundliche Regierungskreise alles aufbieten, um die Veröffentlichung von solchen Meldungen zu verhindern, die in ihren Augen nicht von allgemeinem Interesse sind. Man hat Victorias Story einfach in der Schublade verschwinden lassen.«

»Und was ist mit dem Internet?«, fragte Kyle.

Linton Okri ließ ein verächtliches Schnauben hören.

»Unsere Website wird sofort zum Absturz gebracht, sobald wir sie ins Netz stellen. Dafür können Sie sich bei den Computerspezialisten von YPI bedanken. Sie müllen uns mit tausenden von Zugriffen auf unsere Website zu, bis unser Server den Geist aufgibt, oder sie leiten eventuelle Anfragen auf andere Websites um. YPI ist allergisch gegen schlechte Presse. Besonders wenn sie von BAD kommt.«

Kyle war ratlos. Als Insider, der für YPI arbeitete, blieb ihm offensichtlich nur noch eine Möglichkeit: Er musste wohl oder übel das Risiko in Kauf nehmen, selbst herauszufinden, was es wirklich mit Linton Okris Statistik auf sich hatte.

Kapitel 14

Nach Shadows Überzeugung hatten die Vereinigten Staaten von Leck-mich-doch den Schwarzen einen Traum von Reichtum und Ruhm vorgegaukelt, der für die meisten von ihnen genau das bleiben würde: ein Traum. Sie durften zusehen, wie die Weißen den amerikanischen Traum verwirklichten, während sie selbst dabei auf der Strecke blieben. Genauso war die Sicht der Weißen auf die Schwarzen: durch den Rückspiegel. Natürlich gab es einige Schwarze, die das nicht einfach hinnehmen wollten, und versuchten sich ihren Anteil an diesem Traum auf der Straße zu erkämpfen. Aber dass das nicht funktionierte, bewiesen die zwei Millionen jungen Schwarzen, die in amerikanischen Gefängnissen saßen. Und das war ganz bestimmt kein Traum.

Was also würde die Zukunft für Shadow bereithalten? Einen Platz unter seinen schwarzen Brüdern im Gefängnis? Nein. Die Medien, die von den Weißen kontrolliert wurden, nannten ihn rücksichtslos und unberechenbar, aber das war er nicht. Eher das Gegenteil. Er war vorsichtig und clever. Er war zu gerissen, um sich bei seinen Aktionen schnappen zu lassen. Und deshalb würde er auch weiterhin seinen Spaß haben, sich nicht erwischen lassen und es den Leuten zeigen. Aber was genau wollte er ihnen zeigen? Er wollte ihnen vor Augen führen, wie lächerlich es war, dass alle offen-

bar nur ein Ziel hatten: nach oben zu kommen. Etwas, das ohnehin nur die wenigsten erreichten. Das war dumm. Die Ziele niedriger stecken, das war es, was Shadow ihnen sagen wollte. Er hasste die Weißen nicht – jedenfalls nicht so, wie einige der Weißen ihn hassten –, aber er genoss es, sie dort zu treffen, wo sie verwundbar waren. Er genoss es, ihre Erwartungen zu dämpfen. Er genoss es, ihre Träume niederzubrennen.
In Memphis gab es eine Symbolfigur der Weißen. Sie war für jedermann sichtbar. Tot, aber sichtbar. Das Monument, das man diesem Symbol errichtet hatte, war Shadows neues Ziel. Hinter Bäumen kauernd, hielt er sich dort in der hereinbrechenden Dunkelheit versteckt, starrte auf die vier majestätischen weißen Säulen und wartete. Inzwischen hatten alle Besucher das Gebäude verlassen. Shadow zählte das Personal, das aus dem grotesken Bauwerk kam und an dem 1955er pinkfarbenen Cadillac vorbeiging. Wenn er sich nicht täuschte, fehlten noch drei Leute. Selbst bei seinen ehrgeizigsten Unternehmungen war es nie darum gegangen, jemanden zu verletzen. Und auch jetzt wollte er nur Zeuge des Schauspiels werden, wie das Feuer die riesigen Fenster zersplittern ließ und die Flammen sich durch die hellen Mauern fraßen und den Traum von Graceland, 3734 Elvis Presley Boulevard, zerstörten.
Shadow mochte Musik – Rap und Blues –, aber nicht Elvis. Die luxuriöse Wohn- und Begräbnisstätte des Stars beeindruckte ihn nicht. Es war ein fremde Welt. Für Shadow war sie ein Symbol für das Unerreichbare, für die scheinbare Überlegenheit der Weißen, eine Beleidigung in großem Stil. Das verspiegelte Treppenhaus, das Poolzimmer mit den Springbrunnen, die vielen ausgestellten Trophäen und

der so genannte Jungle Room mit seinem künstlichen Wasserfall – das alles eignete sich perfekt für die reinigenden Flammen.

In diesem Augenblick kamen drei Personen aus dem Haus und schritten die Portalstufen hinunter. Zwei von ihnen gingen sofort weg, während die dritte, eine Frau, in den pinkfarbenen Cadillac stieg und ihn für die Nacht in die Garage fuhr. Als auch sie das Grundstück verlassen hatte, spürte Shadow ein erwartungsvolles Kribbeln.

Okay. Es war niemand mehr da. Er wischte sich den Schweiß von den Stirn.

»*Shadowtime*«, murmelte er vor sich hin und kam hinter den Bäumen hervor. Ein erwartungsvolles Lächeln auf den Lippen sang er leise: »Any place is paradise«, und ging langsam auf das prachtvolle Portal zu. In der Hand hielt er sein Werkzeug: einen Stofflappen, einen Kanister Benzin und eine Schachtel Streichhölzer.

Kapitel 15

Wooderson, der Leiter der Sicherheitsabteilung, stand so stocksteif vor Stuart Urling-Clark wie ein Soldat vor seinem Vorgesetzten.

»Proctor war schon wieder im Addenbrooke's Hospital, um nach dem kranken Jungen zu sehen. Und da ist noch etwas. Es wird Ihnen nicht gefallen, aber er hat der Witwe von Professor Fleetwood einen Besuch abgestattet. Er war ziemlich lange dort. Und er ist auch mit einem Mitglied der *Black and Asian Defenders* gesehen worden.«

»Haben Sie ihn mit ein paar netten kleinen Wanzen versorgt?«
»Nein.«
Urling-Clark war unzufrieden. »Warum haben Sie dann überhaupt jemanden auf ihn angesetzt?«
»Einer unserer Techniker bekam mit, wie er eine E-Mail von BAD öffnete. Das fällt nicht in seinen Zuständigkeitsbereich. Er ist nicht autorisiert solche Mails zu lesen«, antwortete Wooderson.
»Ich verstehe.« Urling-Clark wünschte, die Sicherheitsleute hätten gleich ganze Arbeit geleistet. Ihnen stand ein enorm hohes Budget zur Verfügung und ihre Ausrüstung war auf dem neuesten Stand der Technik. Er hätte erwartet, dass man ihm ein Protokoll sämtlicher Gespräche brachte, die Proctor geführt hatte.
Er seufzte. »Ganz gleich, was bei diesen Treffen im Einzelnen gesagt wurde, allein die Tatsache, dass er ausgerechnet mit diesen Personen Kontakt aufgenommen hat, macht ihn verdächtig. Wissen Sie, mit wem er sich sonst noch trifft? Ist er ein Familienmensch?«
»Nicht unbedingt, aber er hat eine kleine Nichte, an der ihm offenbar viel liegt. Sie heißt Abigail.«
»Hmm. Eine Familie ist ja so wichtig, nicht wahr?«
Der Sicherheitsmann murmelte etwas, das wie eine Zustimmung klang.
»Gut, Wooderson, vielen Dank«, sagte Urling-Clark. »Ich werde mich ab sofort selbst um die Angelegenheit kümmern.«
Wie es aussah, war Proctor wegen seiner verkrüppelten Finger verbittert und wollte wohl etwas Staub aufwirbeln, um sich auf diese Weise zu rächen. Der einfachste Weg, ihn los-

zuwerden, war ihn zu feuern. Aber das war nicht sehr klug, denn damit wäre die Sache nicht ausgestanden. Im Gegenteil. Jetzt hielt Proctor sich noch zurück – aus Angst davor, den Job zu verlieren. Wurde aus der Angst Gewissheit, wäre es, als ließe man einen Jagdhund von der Kette. Nein. Hier musste man mit Raffinesse vorgehen.

Der Sicherheitschef wollte gerade den Raum verlassen, als Urling-Clark sagte: »Übrigens, unser heimatloser Freund lungert immer noch vor den Werkstoren herum. Das ist kein sehr schönes Bild. Wir müssen eine Möglichkeit finden, ihn von da wegzukriegen. Und zwar für immer.«

Wooderson runzelte die Stirn. Dann sagte er: »Ich werde sehen, was sich machen lässt.«

Kyle machte vor Schreck einen Satz, als Stuart Urling-Clark plötzlich neben ihm auftauchte.

»Verzeihung«, sagte Urling-Clark. »Sind Sie immer so in ihre Arbeit vertieft?«

Kyle zuckte die Schultern. »Sie haben mich erschreckt, mehr nicht.« Auf keinen Fall wollte er den Eindruck erwecken, seine neue Arbeit mache ihm Spaß. Er wollte genauso gekränkt klingen, wie er war – vielleicht sogar ein bisschen mehr.

»Ich habe Neuigkeiten für Sie. Wir haben Sie im Auge behalten, Kyle, und sind mit der Arbeit, die Sie leisten, sehr zufrieden.«

»Tatsächlich?« Kyle fiel es schwer, das zu glauben. »Ich habe doch gar nichts Besonderes gemacht.«

»Das ist nicht wahr. Aber wie dem auch sei, jetzt geht es mehr um Ihre Potenziale für die Zukunft.«

»Was meinen Sie damit?«

»Als wir Sie einstellten, erwarteten wir von Ihnen gute Arbeit im Labor. Leider ist das nun nicht mehr möglich. Aber die vergangenen Monate, in denen Sie in Ihrem neuen Wirkungskreis tätig waren, haben uns zu der Überzeugung gebracht, dass Ihre Zukunft in diesem Bereich liegt.«
Kyle begriff noch immer nicht ganz, worauf Urling-Clark hinauswollte. Er wartete darauf, was dieser sonst noch zu sagen hatte.
»Im Februar startet ein Trainee-Programm, das genau das Richtige für Sie ist«, fuhr Urling-Clark fort. »Ich möchte, dass Sie daran teilnehmen. Ich denke, es ist Zeit für eine Beförderung.«
Jetzt begriff Kyle sofort, was das bedeutete. Entweder er akzeptierte den Vorschlag oder er würde für den Rest seines Lebens hier vor sich hin dümpeln.
»Beförderung?«, wiederholte er fragend.
»Ja. Ich wusste, dass das Musik in Ihren Ohren ist. Ihr Gehalt wird regelrecht in die Höhe schießen.«
»Tatsächlich?«
»Sie haben bis dahin nur noch ein paar Wochen Zeit. Hoffentlich ist Ihr Pass gültig. Zunächst werden Sie nach Atlanta gehen.« Urling-Clark machte eine Pause, damit Kyle diese Nachricht richtig aufnehmen konnte. Dann sprach er weiter. »In Amerika sind die Gehälter sehr viel höher als hier. Es ist eine großartige Chance für Sie. Selbstverständlich übernehmen wir auch die Reisekosten.«
Kyle musste an Brandon Fleetwood und an dessen Flugzeugabsturz denken.
»Mit dem Flugzeug?«, murmelte er leicht verstört.
Urling-Clark lachte. »Wie denn sonst? Oder wollen Sie etwa, dass ich ein Ruderboot für Sie bereitstelle, um darin den At-

lantik zu überqueren? Nein. Aber nun mal ganz ernsthaft. Ich bin sicher, es ist ein Angebot, dass Sie nicht ablehnen werden.«

»Es ist wirklich sehr . . . Ich werde darüber nachdenken.«

Urling-Clark tat sehr überrascht.

»Dazu ist keine Zeit, Kyle. Sonst geht der Platz an einen Kandidaten in Atlanta, und das wäre doch schade. Sie fahren. Ende der Diskussion.«

»Für wie lange wird es sein?«

Urling-Clark zuckte die Schultern. »Zunächst einmal sechs Monate. Dann wird man sehen müssen, wie es weitergeht. Entweder Sie kehren hierher zurück – in leitender Position – oder Sie verlängern Ihren Aufenthalt in den Staaten.«

Kyle holte tief Luft. Was für eine schlaue Taktik. Mit diesem Schachzug schaffte man ihn sich für eine Weile vom Hals und erkaufte sich seine Loyalität dem Unternehmen gegenüber mit höherem Verdienst und einem reizvollen Auslandsaufenthalt. So etwas nannte man Bestechung. Offensichtlich war man der Meinung, dass er sich etwas zu sehr dafür interessierte, welche Leichen YPI im Keller hatte. Kyle nahm an, dass man es zunächst einmal im Guten versuchen wollte: Wechsel nach Atlanta, mehr Geld. Falls er sich jedoch weigerte das Angebot anzunehmen, würde man zweifellos zu anderen Mitteln greifen. Und welche das wären, konnte er sich denken. Ein tragischer Unfall beispielsweise.

Bei diesen Alternativen fiel Kyle die Wahl nicht schwer.

Am darauf folgenden Sonntag führte Kyle ein Telefongespräch mit Dr. Crear. Die ganze Zeit über lief er unruhig im Zimmer auf und ab.

»Ich würde Ihnen ja gerne weiterhelfen, aber man hat mich kaltgestellt.«

»Kaltgestellt?«, wiederholte Helen überrascht. »Danach klingt es in meinen Ohren aber nicht. Die Sache mit Atlanta ist doch ein tolles Angebot.«

»Vielleicht, aber ich wette, das ist nicht der springende Punkt.«

»Was wollen Sie damit sagen? Dass YPI sie loswerden will?«

»Genau.«

»Müssen Sie denn gehen?«, fragte sie. »Eine Beförderung ist doch nicht verpflichtend, oder?«

Kyle ließ ein hartes, zynisches Lachen hören. »Haben Sie eine Ahnung, was passiert, wenn ich das Angebot ablehne?«

»Nein, natürlich nicht.«

»Ich bin mir nicht sicher, aber ich habe Angst.« Er erzählte der Ärztin kurz, welches Schicksal Brandon Fleetwood ereilt hatte, und fügte noch hinzu: »Ich will nicht so enden wie er. Also werde ich den Job annehmen.«

Helen wusste, warum Kyle sich ihr anvertraute. Er kam ihr vor wie ein erschöpfter Staffelläufer, der ihr mit letzter Kraft den Stab in die Hand drückte.

»Um Dwight helfen zu können, brauche ich mehr Informationen über die Medikamententests«, sagte sie.

Kyle zögerte. Dann sagte er: »Ich weiß, aber es ist nicht so ganz einfach, vielleicht sogar gefährlich . . . Ich werde noch einen letzten Versuch unternehmen, bevor ich weggehe.«

»Vielen Dank«, sagte Helen. »Außerdem ist Amerika ja nicht aus der Welt. Wenn Sie dort am Computer geschult werden, bekommen Sie vielleicht Zugang zu den Daten, die man über die Freiwilligen dort angelegt hat. Und um eine E-Mail zu schicken, spielt die Entfernung keine Rolle.«

»Ja, vielleicht«, stimmte Kyle ihr zu. »Wenn ich mich erst dort eingerichtet habe, kann ich ja versuchen an die Daten ranzukommen. Ob es mir allerdings gelingt, weiß ich nicht. Ehrlich gesagt, habe ich da so meine Zweifel.«
»Ihnen wird schon etwas einfallen. Sie sind doch schließlich ein cleverer Kerl«, sagte Helen, um ihn aufzuheitern. »Und Sie lassen es mich wissen, falls Sie noch etwas Interessantes herausfinden, bevor Sie England verlassen, nicht wahr?«
»Natürlich.«
»Na dann, viel Glück. Und falls ich vorher nichts mehr von Ihnen höre: Gute Reise!«
»Ja, vielen Dank.«

Die Urling-Clarks waren sehr religiös und eifrige Kirchgänger. Das letzte Mal, als sie den Sonntagsgottesdienst versäumt hatten, waren sie auf Ferienreise im Ausland gewesen.
Auf dem Heimweg von der Kirche fragte Mrs Urling-Clark: »Was hältst du von dem neuen Vikar?« In ihrer Stimme schwang ein missbilligender Ton mit.
Mit einem schiefen Lächeln antwortete Stuart Urling-Clark: »Wenigstens ist es keine Frau.«
»Ich finde, er ist nicht energisch genug.«
Sie bogen nach rechts und schlenderten die Straße entlang.
»Mal abwarten«, sagte Urling-Clark. »Vielleicht entpuppt er sich ja noch.« Links von ihm war ein Obstgarten und auf der rechten Seite stand eine Reihe gepflegter, luxuriös aussehender Häuser. »Es kommt darauf an, welche Beziehungen er gutheißt, welche Ehen er befürwortet, was er verurteilt und was er lobt.« Er dachte an das schwule Paar, das unlängst in ihrer Nachbarschaft eingezogen war, an die zwei

in wilder Ehe lebenden Katholiken auf der anderen Straßenseite und die Moslems ein paar Häuser weiter. »Schade, dass es nicht so etwas wie ein katholisches Gen gibt. Das wäre eine echte Herausforderung für uns. Damit ließen sich gleich mehrere Probleme lösen. Aber warten wir's ab. Wenn wir erst einmal den vollständigen Code jedes Menschen haben, eröffnen sich vielleicht viele Möglichkeiten«, sagte er und lachte.
Mrs Urling-Clark, die den eigenwilligen Humor ihres Mannes nicht teilte, murmelte ernst: »Amen.«

Helen Crear legte den Hörer auf. Es war Sonntagmorgen und ausnahmsweise einmal hatte sie dienstfrei. Sie stand am Erkerfenster ihres Hauses und schaute auf den Obstgarten auf der gegenüberliegenden Straßenseite. Die kahlen Bäume trugen noch keinen Schnee, aber die Erde war vom Frost weiß gesprenkelt und im Haus arbeitete die Zentralheizung bereits auf Hochtouren.
Helen war nicht unbedingt deprimiert, aber doch unzufrieden. Und sie war wütend. Sie konnte mit tragischen Fällen wie dem von Dwight Grant umgehen. Was sie nicht akzeptieren konnte, war die mangelnde Unterstützung, die sie erhielt. Dass für ein Unternehmen wie YPI die Gesundheit der Menschen nicht an oberster Stelle stand, war ihr unbegreiflich. So eine Organisation hatte im Gesundheitswesen nichts zu suchen. Abgesehen davon hatte Helen Crear einfach nicht die Zeit, sich mit Leuten auseinander zu setzen, für die Profit und die Zufriedenheit ihrer Aktionäre vor der Gesundheit der Patienten Vorrang hatten. Kyle Proctors Anruf gerade eben hatte sie in ihrer pessimistischen Einschätzung des Pharmaunternehmens nur noch bestärkt.

Sie beobachtete ein Paar, das langsam und ohne Hast die Straße entlangging. Ein Blick auf die Uhr sagte ihr, dass die beiden vermutlich auf dem Heimweg vom sonntäglichen Gottesdienst waren. Sie waren ungefähr Mitte vierzig und sicherlich seit vielen Jahren miteinander verheiratet. Sie trugen warme Winterkleidung und hatten sich auf eine altmodische Art und Weise untergehakt, die davon zeugte, dass die einstige Leidenschaft über die Jahre ein wenig nachgelassen hatte. Ihre Haltung sprach zwar von beiderseitiger Zuneigung, der Glanz früherer Tage war jedoch verschwunden. Jetzt war ihre Beziehung bestenfalls solide.
Helen ging nicht in die Kirche. Sie sah bei ihrer Arbeit zu viel Leid, um noch an die behütende Hand von oben zu glauben.
Immer wieder sah sie Patienten ein stilles Gebet murmeln, sie selbst war jedoch meist viel zu sehr damit beschäftigt, das Blut dieser Menschen zu stillen, um auch noch für sie zu beten. In gewisser Weise wünschte sie sich den Glauben dieses Ehepaares teilen zu können. Gerade jetzt konnte sie das eine oder andere Wunder sehr gut gebrauchen. Und da war noch etwas anderes, um das sie die beiden dort auf der Straße beneidete. Ihnen mochte zwar die glühende Leidenschaft von einst abhanden gekommen sein, aber sie waren immer noch füreinander da.
Helens Gedanken wanderten zurück in ihre Studienzeit. Es war die schönste Zeit ihres Lebens gewesen. Damals konnte sie sich zwar kein Haus in bester Wohngegend leisten, sondern teilte sich mit Paul und zwei anderen Studenten ein schäbiges, völlig überteuertes Apartment in einer schmalen dunklen Gasse in Cambridge. In der kleinen Wohnung herrschte ein ständiges Kommen und Gehen, ganz zu

schweigen davon, dass sie die meiste Zeit einer Müllhalde ähnelte, bis hin und wieder einer von ihnen sich bequemte und sauber machte. Das Leben war eine Seifenoper. Es gab alles: wahre Tragödien an fehlgeschlagenen Beziehungen oder verpatzten Prüfungen ebenso wie Komödien mit ausgelassenen Feten und verrückten Liebschaften. Vor allem aber gab es Romantik. Erst später war sie zur bloßen Farce verkommen.

Jetzt war sie eine gut bezahlte Ärztin in Cambridge und Paul hatte einen feste akademische Stelle in Coventry. Rückblickend kamen sie und Paul ihr wie Figuren in einem Lustspiel vor, das aus verpassten Gelegenheiten und Missverständnissen bestand. Sie war zweifellos glücklicher gewesen, damals, in der heruntergekommenen Bruchbude, trotz der quälenden Frage: »Ist es Liebe oder nicht?« Das Leben war verwirrend und grenzenlos gewesen. Jetzt hatte sie hohe Ratenzahlungen, viel Verantwortung und einen langen, langen Arbeitstag. Und Coventry war meilenweit entfernt.

Sie wandte sich um, drehte Fenster, Obstgarten und Ehepaar den Rücken zu. Auf dem Tisch hatte sie einige Seiten des Berichts der *Black and Asian Defenders* über die Jugendstrafanstalt von Westland ausgebreitet. Sie hatte sich drei Selbstmordfälle herausgepickt. Alle drei Jugendlichen waren Träger der Sichelzellenkrankheit, alle drei hatten sich als Freiwillige für die YPI-Tests gemeldet und alle drei Totenscheine waren von einem Dr. Padley ausgestellt worden, und zwar in einem sehr kurzen Zeitraum. Sie kannte diesen Mann. Er war einer in der schier endlosen Reihe von Dozenten gewesen, die sie im Laufe ihres Studiums gehört hatte. Einen tief greifenden Eindruck hatte er bei ihr allerdings nicht hinterlassen. Man hätte annehmen können, dass er sich inzwischen zur Ruhe gesetzt hatte, denn bereits damals war er nicht mehr der Jüngste gewesen und hatte einen eher lustlosen Eindruck gemacht. Irgendwann einmal musste selbst er Träume und Hoffnungen gehabt haben, aber die vielen Jahre, in denen er sich mit immer neuem menschlichem Elend und Leiden beschäftigen musste, hatten ihn ausgelaugt.

Helen sah auf ihre Uhr. Zu dieser Tageszeit war es nicht unschicklich, jemanden anzurufen, daher nahm sie ihr Telefon erneut zur Hand.

Zwei Stunden später, nach einem Mittagessen im Pub gleich um die Ecke, trank Helen Tee bei Dr. Padley. Draußen setzten sich die ersten zarten Schneeflocken an die Fensterscheiben. Der alte Arzt tauchte einen Keks in seine Tasse.

»Vor vier Jahren sind wir uns begegnet, sagen Sie? Es tut mir Leid, aber wissen Sie, diese vielen Studenten, die mir im Laufe der Zeit untergekommen sind . . .«

»Aber ich bitte Sie«, sagte Helen mit einem Lächeln. »Ich habe wirklich nicht erwartet, dass Sie sich an mich erinnern.«

»Nun, ich kann mir nicht vorstellen, dass Sie nach all den Jahren gekommen sind, um sich mit mir über meinen Unterricht von damals zu unterhalten oder um eine alte Bekanntschaft zu erneuern«, sagte er. »Leider«, fügte er nach einem kurzen Augenblick noch hinzu. Er saugte den durchweichten Ingwerkeks auf und sah Helen dabei unverwandt an.

Helen bemühte sich seinen durchdringenden Blick zu ignorieren.

»Nein«, sagte sie. »Es geht um das hier.« Sie schob drei Seiten des BAD-Berichts über den Tisch. »Ich würde gern Ihre Meinung zu der ungewöhnlich hohen Selbstmordrate des vergangenen Jahres hören.«

Dr. Padley warf einen Blick auf die Papiere und sah sie erstaunt an. »Und aus welchem Grund?«

»Weil ich einen Jungen aus Westland auf meiner Station liegen habe. Kein Selbstmordversuch wie in diesen Fällen, aber er liegt seit sechs Wochen im Koma. Sein Zustand ist mir ein Rätsel, doch es gibt da einige Parallelen zu den in diesem Bericht genannten Opfern.«

»Opfern! Wenn sie etwas nicht sind, dann Opfer. Ich bin viel zu beschäftigt denjenigen zu helfen, die leben wollen, um meine Zeit auf die zu verschwenden, die ihr Leben gering schätzen.«

»Wissen Sie etwas über die YPI-Tests, an denen diese Jugendlichen teilgenommen haben?«

»Das eine hat mit dem anderen nichts zu tun.« Der Arzt stellte seine Tasse ab. »Einer von ihnen sprang in den Tod, zwei erhängten sich. Der eine benutzte Schnürsenkel – recht erfinderisch, in der Tat –, der andere riss sein Bettlaken in Streifen. Natürlich kam der Verdacht auf, dass die Einnahme von bewusstseinsverändernden Medikamenten etwas damit zu tun haben könnte, aber die entsprechenden Tests waren allesamt negativ. Abgesehen davon arbeitet YPI nicht mit solchen Substanzen.«

»Sie kennen die Firma?«, wollte Helen wissen.

»Nicht besser als die anderen pharmazeutischen Unternehmen, von denen wir Medikamentenlieferungen erhalten und die unserer Krankenstation hin und wieder hilfreich unter die Arme greifen.«

»Und es gab keinen Zweifel an der Todesursache?«

»Nein, nicht im Geringsten«, antwortete Dr. Padley und goss sich noch etwas Tee nach.

»Keinerlei Hinweise darauf, dass die Jugendlichen sich zuvor in einem komatösen Zustand befunden haben könnten?«

»Dr. Crear, in meiner langjährigen medizinischen Tätigkeit bin ich zwar schon einigen ungewöhnlichen Fällen begegnet, aber ein Bewusstloser, der sich erhängt oder vom Dach eines Hauses springt, war nicht dabei.«

Helen nickte und lachte pflichtschuldigst. In Wirklichkeit fand sie die flapsige Bemerkung alles andere als amüsant.

»Was ich eigentlich meinte, war: Gab es irgendwelche Hinweise, dass eine andere Person bei diesen Selbstmorden . . . beteiligt war?«

»Es ist doch hinlänglich bekannt, dass junge Häftlinge selbstmordgefährdet sind. Von den Gefängnissen und Besserungsanstalten hört man ja immer wieder solche Geschichten. Die Fälle, die Sie ansprechen, sind also nichts Besonderes. Diese Menschen sind Aussteiger. Zuerst steigen sie aus der Gesellschaft aus und dann werfen sie auch noch ihr Leben weg.«

Als er ihren ablehnenden Gesichtsausdruck sah, fügte er noch hinzu: »Wie ich Ihnen bereits gesagt habe: Ich habe keine Zeit für solche Leute, wenn es genügend andere gibt, die alles tun, um trotz aller Widrigkeiten zu überleben.«

Kapitel 16

Es war Sonntagmorgen und ausnahmsweise einmal war Tristan Lockhart nicht im Büro. Stattdessen stattete er seiner Tochter in Memphis einen Besuch ab. Er stand am Fenster ihres Hauses und starrte über die breite Allee mit ihren großen, strahlend weißen Häusern und den üppigen Vorgärten. Er war nicht unbedingt deprimiert, aber doch unzufrieden. Und er fühlte sich nicht wohl in seiner Haut. Vor vielen Jahren, als er in das Management von Yttria aufgestiegen war, hatte die Gesundheit und das Wohlergehen der Menschen für ihn an oberster Stelle gestanden. Doch bald darauf bekam er den Druck von Firmenchef, Aufsichtsrat und den Finanziers des Konzerns zu spüren. Er konnte sich noch sehr gut an ein Gespräch erinnern, das er mit dem damaligen Firmenchef geführt hatte. »Es ist profitabler«, hatte dieser ihm erklärt, »dicken Amerikanern Pillen zu verkaufen, damit sie ihr Gewicht verlieren, als irgendwelche Mittel zu entwickeln, damit die Hungernden an Gewicht zulegen. Das war schon immer so und wird auch immer so bleiben.«

Schockiert von den unverblümten Worten des alten Mannes hatte er in jugendlichem Eifer erwidert: »Ich weiß, dass wir keine Wohltätigkeitsorganisation sind, aber haben wir nicht auch eine Verantwortung, die über die Interessen unserer Aktionäre hinausgeht? Immerhin erhalten wir ganz beträchtliche Steuerbegünstigungen und Darlehen von der öffentlichen Hand, oder nicht?«

Der Firmenchef, für den diese Argumentation offenbar nicht neu war, blieb unbeeindruckt. »Ich weiß schon, worauf Sie hinauswollen. Wenn ein armer Mann mit zwanzig stirbt, weil er nicht das nötige Medikament bekommt, kann er auch nicht mit dreißig eine Coca-Cola kaufen. Das Land hat mit ihm einen potenziellen Konsumenten verloren, und das ist . . . bedauerlich.«

»Das meine ich gar nicht . . .«, wehrte Lockhart ab.

»Mit dreißig könnte er dazu beitragen, unseren Profit zu

steigern, weil er Kopfschmerztabletten kauft oder Hustensaft.«

»Nein.« Lockhart machte einen erneuten Versuch, seinen Standpunkt zu verdeutlichen. »Ich spreche von etwas anderem. Haben wir nicht die Verpflichtung, Leiden zu lindern? Und sollte es dabei nicht unerheblich sein, wie arm derjenige, der unsere Medikamente braucht, ist? Hat er nicht selbst dann Anspruch darauf, wenn er sie sich nicht leisten kann?«

»Von welcher Verpflichtung reden Sie, Lockhart?«, entgegnete der Firmenboss ungerührt. »Und wie, bitte schön, wollen Sie die Aktionäre dazu bringen, sich in selbstlose Wohltäter zu verwandeln? Das dürfte Ihnen schwer fallen. Diese Leute haben Anteile an unserem Unternehmen gekauft, weil sie darin eine Gewinn bringende Investition sehen und nicht weil sie damit ihr Gewissen beruhigen wollen. Nein, wenn wir überhaupt so etwas wie eine Verpflichtung haben, Medikamente zu entwickeln, die uns wenig Profit einbringen, dann nur deshalb, weil sich so etwas in der Öffentlichkeit gut macht – als eine Form der Werbung, weil die Leute dann auch unsere anderen Produkte kaufen und wir eine positive Presse haben. Aber«, und dieses Aber betonte er sehr deutlich, »so etwas ist nur dann möglich, wenn das Unternehmen finanziell gesehen auf sicheren Füßen steht.«

Während er weiter aus dem Fenster sah, rief Lockhart sich jedes Wort dieser Unterhaltung ins Gedächtnis zurück. Sie war ihm damals eine Lektion gewesen. Die Notwendigkeit für Yttria, Geld zu verdienen, hieß nicht, dass gesellschaftliches Engagement und die Sorge um das Wohlergehen der Menschen keine Rolle mehr spielten. Aber es war nun einmal so, dass nur ein Unternehmen, das wirtschaftlich gesund war, auch wohltätig sein konnte. Ganz gleich, wie sehr er selbst es auch bedauern mochte, aber unter seiner Führung würde Yttria in die Verteidigungsbranche einsteigen, um die Aktionäre zufrieden zu stellen. Erst danach konnte man sich wieder auf das Gesundheitswesen konzentrieren. Die Gewinne aus dem Verkauf von SZP 19 würden es ihnen ermöglichen, einige ihrer viel versprechenden medizinischen Projekte zum Erfolg zu führen.

Etwas weiter die Straße entlang waren auf dem Asphalt Brandspuren zu sehen und die am Straßenrand stehenden Bäume waren verkohlt. Dort hatte der Mann, der sich Shadow nannte, den Lexus eines Nachbarn angezündet. Lockharts Gedanken wanderten zu seiner Tochter. Sie hatte einen Schwarzen geheiratet. Gerald war ein sehr netter Kerl und nicht im Geringsten so . . . wie manche Leute es erwartet hatten. Als seine Tochter und ihr Mann in dieses Haus in Memphis eingezogen waren, hatten ihre Nachbarn sehr abweisend reagiert. Seine Tochter wurde wohlwollend aufgenommen, aber sobald ihr Mann sie begleitete, änderte sich das sofort. Für die Leute hier war Gerald offenbar ein Makel in ihrer gepflegten Umgebung. Eine Mischehe war in ihren Augen etwas Unnatürliches. Seine Tochter hatte ihm erklärt, dass ihr zwar auch jetzt noch immer Vorurteile und Ablehnung begegneten, dass die anfängliche schroffe Zurückweisung jedoch nicht mehr ganz so stark zu spüren war und man sie nun mehr oder weniger widerwillig duldete. Zu Hause in Atlanta war das ganz anders. Dort war man viel liberaler und die Hautfarbe spielte nicht eine derartig wichtige Rolle wie hier. Atlanta war die erste große Stadt im Süden, die einen schwarzen Bürgermeister hatte.

Lockhart fragte sich, ob es in Geralds Familie die Veranlagung zur Sichelzellenanämie gab. Wenn ja, dann bestand die Möglichkeit, dass er sie an sein noch ungeborenes Kind weitergegeben hatte. In zwei Monaten sollte es so weit sein. Vielleicht brachte seine Tochter ein Kind zur Welt, das ein defektes Gen in sich trug.

Aus der Küche rief Gerald: »Das Essen ist fertig!«

Lockharts Tochter, die im Wohnzimmer saß, seufzte und kam mühsam auf die Beine. Das zusätzliche Gewicht hatte sie schwerfällig gemacht. Als sie stand, legte sie ihre Hände auf die hohe Wölbung ihres Bauches, genau an die Stelle, wo Lockharts erstes Enkelkind sich regte.

Es war Montagmorgen und das Zentrum der Stadt war voller Leben. Überall summte, brummte und plärrte es. In einiger Entfernung schrillte eine Sirene. Es klang wie der Schrei eines verschreckten Tieres, das seine Artgenossen vor einem herannahenden Raubtier warnte. In der Nähe dröhnten zwei Autohupen und ein Straßenhändler pries lautstark und kaum verständlich seine Waren an. Plötzlich war viel zu nah neben Gerald ein lautes Reifenquietschen zu hören. Ein Fahrzeug beschleunigte so rasch, dass es eine blaue Rauchwolke zurückließ. Gerald, der gerade die Straße überquert hatte, machte einen Satz zur Seite. Der Mann hinter ihm war nicht so reaktionsschnell. Er hatte nicht so viel Glück. Das Geräusch, als das Auto ihn erfasste, war das scheußlichste, was Gerald je gehört hatte. Der Mann wurde hoch in die Luft geschleudert. Er rollte über die Kühlerhaube und prallte mit einem widerlich dumpfen Krachen gegen die Windschutzscheibe. Der geschundene Körper schlitterte über das Dach des Fahrzeugs und fiel hinter dem Wagen auf die Straße. Im nächsten Augenblick war nur noch das Dröhnen des Auspuffs zu hören, als der Fahrer des Wagens Gas gab. Der Mann auf der Straße rührte sich nicht. Zwei Leute liefen zu ihm und knieten sich neben die leblose Gestalt. Gerald wusste, auch ohne dass er den Puls des Mannes fühlte, dass er tot war. Eine Frau neben ihm verdrehte die Augen und fing an zu schreien.

Fassungslos sah Gerald dem davonfahrenden Auto hinterher. Der Fahrer machte keinerlei Anstalten, anzuhalten. Am offenen Fenster des Beifahrersitzes war für einen kurzen Moment eine behandschuhte Hand zu sehen, bevor ein Stück Papier auf die Straße flatterte. In der allgemeinen Verwirrung schien niemand außer Gerald es zu bemerken. Wie betäubt ging er zu der Stelle, wo das kleine Blatt Papier lag. Es war eine Visitenkarte. Oben war quer über die Karte *Storm Force Brigade* gedruckt. Und darunter stand: *Nathan McQueen. RIP.*

»Nathan McQueen?«, murmelte Gerald vor sich hin. Er kannte den schwarzen Freiheitskämpfer aus dem Fernsehen. Der Tote auf der Straße war nicht Nathan McQueen. Er war keine Berühmtheit, keiner, der im Licht der Öffentlichkeit stand – aber ganz sicher gab es irgendwo auf dieser Welt jemanden, für den er ein und alles war.

Am Abend wurde in den Nachrichten gemeldet, dass Unbekannte ein Attentat auf Nathan McQueen verüben wollten, jedoch den falschen Mann erwischt hatten. Wenige Minuten später war Folgendes auf der Website von *Storm Force* zu lesen: *Schade, dass es nicht McQueen war. Macht nichts. Es beweist nur, dass sie alle gleich aussehen. Da man sie nicht unterscheiden kann, ist es auch egal, wen man erwischt.*

Kapitel 17

Die junge Wirtschaftsministerin hatte sich noch immer nicht daran gewöhnt, stilgerecht Tee zu trinken. Anders als in ihrem früheren Büro war das Service aus reinem Silber. Sie hätte gerne ihren Keks in den Tee getunkt, aber das gehörte sich nicht. Als neu ernanntes Regierungsmitglied waren für sie die Tage des Kekstunkens vorbei.

Sie nippte an ihrem Tee, dann stellte sie die Tasse ab.

»Ich habe Sie aus einem bestimmten Grund zu mir gebeten. Es geht um eine ... problematische Anfrage für eine Exportlizenz von Yttria Pharmaceuticals International.«

»Eine problematische Anfrage?«

»Den Aussagen des Außenministeriums zufolge, ja.«

»Sie haben also nicht vor die Rolle des neuen Besens zu spielen?«, sagte ihr Berater.

Die Ministerin lächelte. »Zumindest nicht, was die ethischen Aspekte betrifft. Die Menschen in unserem Land würden kein Verständnis dafür aufbringen, wenn man zur alten Politik zurückkehrt. Das wäre für die Presse und die Opposition ein gefundenes Fressen – ganz zu schweigen von den Gegnern in der eigenen Partei. Ich brauche also Ihren Rat. Aber zuerst müssen Sie mich auf den neuesten Stand bringen, was biologische Waffen angeht.« Sie kam ursprünglich vom Erziehungsministerium und musste nun von einem Tag auf den anderen eine Expertin auf allen Gebieten des Handels und der Industrie sein.

»Wo soll ich anfangen?«

»Ganz von vorne. Waffenhandel steht nämlich nicht im Schullehrplan.« Sie zögerte einen Augenblick, dann fügte sie hinzu: »Und bitte nehmen Sie doch von den Keksen. Ich kann besonders die in Silberpapier eingewickelten empfehlen.«

»Vielen Dank.« Ihr Berater lehnte sich zurück und nahm einen Schluck Tee. »Biologische Waffen haben eine lange und unehrenvolle Geschichte. Im Mittelalter katapultierte man Leichen in die belagerten Festungen, damit sich dort Seuchen ausbreiteten, und die Mongolen warfen auf der Krim ihre Pesttoten über die Stadtmauern.«

»Jetzt verderben Sie mir aber den Appetit«, unterbrach ihn die Ministerin.

»Hier geht es nicht um kleine Scharmützel im Klassenzimmer, Frau Ministerin«, entgegnete er und deutete damit an, dass er nicht allzu viel von der gängigen Praxis der Regierung hielt, Fachleute aus ihren Arbeitsfeldern abzuziehen und mit der Leitung völlig anderer Bereiche zu beauftragen. »Wie dem auch sei, die Deutschen setzten im Ersten Weltkrieg Anthrax ein. Anfang der vierziger Jahre führten die Japaner Experimente mit biologischen Waffen an tausenden von Menschen durch – an Kriegsgefangenen und chinesischen Sträflingen. Sie haben sie sogar seziert, während sie noch am Leben waren. Nicht dass sie das dann noch sehr lange gewesen wären. Aber um ehrlich zu sein, waren es nicht nur die anderen Völker, die sich in diesem Bereich hervortaten. Zusammen mit den Kanadiern und Amerikanern entwickelten wir Anthraxbomben für den Zweiten Weltkrieg, die jedoch nicht zum Einsatz kamen.

Sie müssen sich Folgendes vorstellen: Eine Menge von sagen wir hundert Kilogramm Anthrax, von einem Flugzeug aus in einer klaren, windstillen Nacht versprüht, würde ausreichen, um zwischen einer und drei Millionen Menschen zu töten. Es hätte also den gleichen Effekt wie eine Atombombe von einer Megatonne Sprengkraft, wäre allerdings achthundertmal billiger. Ich glaube, an diesem Vergleich wird deutlich, warum biologische Waffen auch die Atombombe des kleinen Mannes genannt werden. Außerdem lassen sie sich so schnell und einfach herstellen wie selbst gebrautes Bier. Man braucht ein kleines Labor und nicht mehr als ein paar tausend Pfund für die Ausrüstung. Das ist alles. Trotzdem gibt es seit dem Ende des Zweiten Weltkriegs nicht sehr viele Länder und Organisationen, von denen es heißt, dass sie auch tatsächlich biologische Waffen eingesetzt hätten: die Amerikaner in Korea, die Weißen in Rhodesien bei ihrem Kampf gegen die schwarzen Stammesvölker, die Russen, radikale Sekten in Japan und in den USA. Und natürlich Südafrika. Das alte Apartheidsystem entwickelte biologische Waffen aller Art: mit Choleraerregern infizierte Schokolade, Briefumschläge mit Anthrax und so weiter. Und bei all diesen Waffen hatte immer ein Mann namens Dr. Bresson seine Finger im Spiel.«

»Also gut. Das war die Geschichtsstunde. Wenn ich Sie richtig verstanden habe, sind das zwar besonders heimtückische Waffen, die es auch schon seit langem gibt, die jedoch nicht sehr verbreitet sind.«

»Das könnte man sagen. Der Grund, warum biologische Waffen nicht häufiger zum Einsatz kommen, liegt auf der Hand. Man hat einfach Angst. Es handelt sich um Massenvernichtungsmittel. Einmal auf die Menschen losgelassen, verbreiten die Sporen sich unkontrollierbar über die Luft und das Wasser und verseuchen ganze Landstriche. Sie befallen jeden, der sie einatmet, trinkt und sonst wie mit ihnen in Kontakt kommt. Sie machen keinen Unterschied zwischen denen, für die sie gedacht sind, und denen, die sie einsetzen. In gewisser Weise ist es genauso wie mit der Atombombe. Warum hat sie seit 1945 niemand mehr benutzt? Aus Angst.«

»Jetzt sind wir genau an dem Punkt angelangt«, warf die Ministerin ein. »Wie es aussieht, hat YPI die nächste Generation biochemischer Waffen entwickelt, auch wenn sie das in ihrem Antrag natürlich nicht so direkt sagen. Aber zwischen den Zeilen ist es zu lesen.«

»Ja«, erwiderte ihr Mitarbeiter. »Es scheint, als wären sie bei dem Versuch, ein Heilmittel für Menschen mit einem ganz spezifischen genetischen Muster zu entwickeln, über ein Gift, das sich gegen Schwarze einsetzen lässt, gestolpert.«

»Egal, wie man es dreht und wendet, es handelt sich dabei um eine rassistische Waffe«, stellte die Ministerin fest. »Allerdings könnte man argumentieren, dass sie in gewisser Weise humaner ist als andere, weil sie nicht wahllos angreift.«

»Ja, das wäre ein Dreh, mit dem man sich da behelfen könnte. In Wirklichkeit ist eine intelligente Waffe allerdings viel gefährlicher, denn sie setzt die Hemmschwelle herab. Derjenige, der sie besitzt, wird eher bereit sein sie einzusetzen, wenn er weiß, dass seine eigenen Leute nicht davon betroffen sind. Mit einem Mal wären militärische Operationen vorstellbar, an die man zuvor nicht einmal zu denken wagte. Das Resultat wären neue Auseinandersetzungen, mehr Konflikte und dementsprechend nicht weniger, sondern mehr Tote.«

»Wie wirkt dieses SZP 19? Was für Symptome zeigen sich? Das wurde mir aus der Lektüre des Berichts nicht so recht klar.«

»Die Aussagen dazu sind in der Tat nur sehr vage. Ich bin

mir nicht sicher, ob die Leute bei YPI das überhaupt so genau sagen können. Und falls doch, behalten sie es offensichtlich lieber für sich.« Mit einem Lächeln fügte er hinzu: »So viele freiwillige Versuchskaninchen werden sie ja wohl nicht haben, oder? Und selbst wenn, würden sie das ganz bestimmt nicht öffentlich machen, indem sie ihre Testergebnisse in den Bewilligungsantrag aufnehmen.«

»Hmm.«

»Wenn ich noch auf den folgenden Punkt hinweisen darf: Ein Waffe ist eine Waffe, Frau Ministerin. Ich weiß nicht, ob eine intelligente biologische Waffe moralischer oder unmoralischer ist als eine intelligente Flugrakete. Wenn ich umgebracht werde, ist mir die Art der Waffe eigentlich egal. Britische Firmen exportieren Kriegsflugzeuge, Messer, Raketen, Gewehre und vieles mehr.«

»Alles im Rahmen der ethischen Grundsätze unserer Außenpolitik.«

»Selbstverständlich.«

»Nehmen Sie doch noch einen Keks. Da sind noch welche mit Schokolade.«

»Vielen Dank.«

»Verstoßen solche biologischen Substanzen nicht gegen die Biowaffen-Konvention? Oder vereinfache ich das jetzt zu sehr?«

»Ein wenig, Frau Ministerin. Die Biowaffen-Konvention verbietet Herstellung, Bevorratung, Ankauf und Besitz von biologischen Waffen, es sei denn, sie sind für defensive oder friedliche Zwecke gedacht. Mittel, um diese Forderungen auch durchzusetzen, stellt sie jedoch nicht zur Verfügung. Es gibt keine Kontrollen, ob die Staaten, die diesen Vertrag unterzeichnet haben, die Vereinbarungen auch einhalten, sodass einige Schurkenstaaten sie einfach missachten. Seit die Konvention in den siebziger Jahren in Kraft trat, hat sich die Anzahl der Staaten, die in der Lage sind, biologische Waffen einzusetzen, verdoppelt. Und niemand kontrolliert, wie ich fürchte. Mir fallen mindestens zehn potenziell feindlich gesinnte Staaten ein, die bereits biologische Waffen besitzen. Möglicherweise sind es noch mehr. Nehmen Sie zum Beispiel Russland. Unmittelbar nachdem man in den Siebzigern die Konvention unterzeichnet hatte, wurde ein nationales Programm zur Entwicklung biologischer Waffen ins Leben gerufen, an dem mehr als vierzigtausend Wissenschaftler beteiligt waren. Sie entwickelten dreißig verschiedene biologische Kampfstoffe und besaßen unter anderem einen großen Vorrat an Pest-, Pocken- und Milzbranderregern. Ein stattliches Waffenarsenal. Es kann gut sein, dass sie es noch immer haben.« Er knabberte an einem Keks, dann fügte er hinzu: »Jetzt beurteilen Sie selbst, ob die Biowaffen-Konvention ihren Zweck erfüllt.«

»Sie behaupten also, das einfachste Massenvernichtungsmittel sei zugleich auch dasjenige, das kaum irgendwelchen Kontrollen unterliegt?«

»So ist es. Zudem richtet sich die Biowaffen-Konvention an Staaten und nicht an Einzelpersonen, Gruppen oder Organisationen. Terroristen und Kriminelle werden daher keine schlaflosen Nächte haben, wenn sie sich über Bestimmungen hinwegsetzen, die sie gar nicht betreffen.«

»Das sehe ich auch so.«

»Um dieses Problem in den Griff zu bekommen, hat unsere Regierung ein Gesetz verabschiedet, dass die Herstellung und den Verkauf von biologischen Waffen durch Einzelpersonen oder Firmen unter Strafe stellt.«

»Ich verstehe.« Die Ministerin schob den Antrag von YPI zur Seite und sagte: »Ihre Ausführungen waren sehr aufschlussreich. Vielen Dank. Ich hatte bereits den Finanzminister am Telefon, wissen Sie. Er war, wie soll ich sagen . . .«

»Ich nehme an, energisch ist hier das richtige Wort.«

»Er kündigte an, allen Kollegen anderer Ministerien in die Parade zu fahren, falls sie sich gegen eine Ausweitung der Geschäftsbereiche unserer äußerst profitablen Pharmaindustrie stellen sollten.«

»Wenn mich nicht alles täuscht, sieht die Lage bei YPI nicht ganz so rosig aus.«

»Wie er mir erklärte, ist das Unternehmen ein wichtiger Arbeitgeber und besitzt ein große Wirtschaftskraft. Er will verhindern, dass falsche Zeichen gesetzt werden, nicht nur für YPI, sondern auch für andere Unternehmen in dieser Branche.«

»Es ist ja auch nicht sein Kopf, den es kosten könnte.«

Die Ministerin lächelte, sagte jedoch nichts dazu.

»Vielleicht fällt Ihnen die Entscheidung leichter, wenn ich Ihnen sage, dass YPI ein internationaler Konzern ist.«

»Wollen Sie damit andeuten, dass, wenn wir uns bei YPI quer stellen, andere sich kooperativer zeigen?«

»Genau das, Frau Ministerin. Nicht alle Staaten berufen sich auf die . . . ähm . . . Errungenschaft einer ethischen Waffenpolitik.«

»Und YPI ist eine Firma, die durch ihre Arbeit die Leiden vieler Menschen lindern konnte, nicht wahr?«

»Völlig richtig.«

»Der Finanzminister hat Recht, wenn er sagt, dass wir solchen Unternehmen keine Knüppel zwischen die Beine werfen dürfen. Was ich von Ihnen wissen will, ist Folgendes . . .«

Die Ministerin beugte sich vor und sprach mit gedämpfter Stimme weiter, so als wollte sie sicherstellen, dass niemand ihnen zuhörte. »Wenn YPI eine Ausfuhrgenehmigung für Südafrika erhält, wie wahrscheinlich ist es, dass diese Tatsache an die Öffentlichkeit gelangt?«

»Wir haben Mittel und Wege, um so etwas diskret zu handhaben. Abgesehen davon ist die Innenministerin beileibe nicht so vehement für Informationsfreiheit, wie sie immer behauptet. Und wir sind inzwischen geübt darin, Schadensbegrenzung zu betreiben. Allerdings versteht die Presse auch etwas von ihrer Arbeit. Eine absolute Garantie, dass nichts durchsickert, kann ich Ihnen nicht geben.«

»Ich weiß Ihre Offenheit zu schätzen.« Die Ministerin lehnte sich zurück, um sorgsam jedes Wort abzuwägen, bevor sie weitersprach. »Ich glaube nicht, dass ich den Export einer solchen Waffe genehmigen kann. Ich möchte nicht, dass mein Ministerium in den Verdacht gerät, an dunklen Waffengeschäften beteiligt zu sein. Meiner Ansicht nach widerspricht der vorliegende Antrag von YPI der Biowaffen-Konvention, englischen Gesetzen und unserem ethischen Standard.«

»Vor dem Hintergrund dessen, dass wir den Irak bombardieren, weil er biologische Kampfstoffe entwickelt, sähe es tatsächlich etwas merkwürdig aus.«

»Ja, aber das lässt sich nicht vergleichen. Wir sind schließlich kein Schurkenstaat und Südafrika ist es auch nicht. Wie dem auch sei, die Wirkungsweise von SZP 19 auf Menschen ist noch weitgehend unbekannt. Das heißt, es handelt sich dabei *nicht* um eine biologische Waffe, sondern um ein pharmazeutisches Produkt. Im Interesse internationaler Zusammenarbeit und Forschung sollten wir YPI erlauben im

Ausland Kooperationen einzugehen und eine Weiterentwicklung ihrer Produkte zu friedlichen Zwecken unterstützen. Schließlich geht es bei der ganzen Sache ja um ein Heilmittel gegen Sichelzellenanämie. Eine Exportgenehmigung ermöglicht es dem Unternehmen, seine humanitären Ziele weiterzuverfolgen.«

»Das ist gut«, sagte ihr Mitarbeiter beifällig. »Die Konvention verbietet die Entwicklung, Herstellung, Bevorratung oder den Ankauf. Von Forschung ist nicht die Rede.«

»Sollte sich herausstellen, dass SZP 19 gefährlich ist und zu einer wirkungsvolle Waffe umfunktioniert werden kann, müssen wir zudem wissen, wie wir unsere eigenen schwarzen Mitbürger schützen können. Die Öffentlichkeit erwartet von uns alles zu tun, um dies zu gewährleisten. Wir können unsere Bevölkerung aber nur schützen, wenn wir die Forschung auf diesem Gebiet vorantreiben, damit wir besser über die Wirkungsweise von SZP 19 Bescheid wissen. Stimmen Sie mir da zu?«

»Voll und ganz, Frau Ministerin. So gesehen ist es eine Vorbeugungsmaßnahme. Das heißt, wir verletzen nicht die Bestimmungen der Biowaffen-Konvention.«

»So ist es. Ich werde veranlassen, dass YPI den Antrag auf eine Ausfuhrgenehmigung dahingehend umformuliert. Das wird die Sache erleichtern. Ich bin sicher, dass ich dann einer Genehmigung zustimmen kann und wir uns dabei trotzdem im Rahmen der ethischen Grundsätze bewegen, die das Außenministerium für den Außenhandel aufgestellt hat.«

Der Berater nickte. »Willkommen im Handelsministerium, gnädige Frau. Ich bin sicher, Sie werden sich bei uns wohl fühlen.«

Kapitel 18

Als Kyle am Montagmorgen vor dem Tor von YPI stand, fiel ihm auf, dass der Bettler nicht mehr da war. Vielleicht hatte er seinen Schlafplatz in die Innenstadt verlegt, dorthin, wo die meisten Obdachlosen ihre Nächte auf dem harten, kalten und wenig einladenden Kopfsteinpflaster verbrachten und auf den einen oder anderen Groschen von mitleidigen Studenten hofften. Kyle ließ die Hand in der warmen Jackentasche und lockerte seinen Griff um die Münzen.

Er betrat die Festung und nahm seinen Platz am Computer ein. Rasch schaute er sich im Raum um und stellte erleichtert fest, dass niemand von ihm Notiz nahm. Er öffnete Yttrias Hauptmenü und klickte die medizinische Abteilung an. Um Zugang zu den Daten der freiwilligen Probanden zu bekommen, öffnete er das Menü, das mit »Klinische Tests« überschrieben war und von einem Dr. Cameron Ingoe geleitet wurde. Die lange Liste von Sektionen, die daraufhin auf dem Bildschirm erschien, war grau. Das hieß, dass sämtliche Türen zu diesen Bereichen für Kyle verschlossen waren. Sobald Kyle auf eine der Zeilen doppelklickte, erschien in dicken blutroten Buchstaben: *Zugang verweigert*. Er konnte also nur die Begrüßungsseite der Abteilung anschauen und die Liste der Mitarbeiter Dr. Ingoes lesen.

Kyle wandte sich zu seinem Kollegen am Terminal neben ihm und sagte leise: »Ich muss in die Abteilung für klinische Tests, aber das verdammte System verweigert den Zugriff. Hast du eine Zugangsberechtigung?«

»Das darf ich nicht, Kyle. Du kennst doch die Regeln.«

»Aber es ist doch nur . . .«

»Tut mir Leid. Du musst dich an einen leitenden Mitarbeiter wenden.«

Kyle gab nicht auf. Diesmal versuchte er es, indem er die Stoffdatenbank öffnete. Hier waren sämtliche chemischen Substanzen aufgelistet, die derzeit bei YPI vorhanden waren. Das System hielt ihn immer noch für einen Mitarbeiter von Lab 47, daher konnte er ohne Probleme überprüfen, welche Stoffe in dem Labor gelagert waren. Dummerweise war *Labor-Safe* in der gleichen grünen Farbe geschrieben, die auch die echte Metallkiste hatte. Und ein Doppelklick produzierte dieselben blutroten Buchstaben wie zuvor. Frustriert schlug Kyle mit der linken Hand auf den Tisch.

Er kehrt zum Hauptmenü zurück und klickte auf *Yttria Inc. (Atlanta)*. Dann tippte er *Humantests* in das Suchfenster. Nach einigen Sekunden kam die Antwort: *Suche beendet; keine mit ihrer Suchabfrage übereinstimmenden Treffer gefunden*.

Kyle schüttelte den Kopf. Eine Pharmazieunternehmen, bei dem es keine Versuchsreihen mit Probanden gab? Das war schwer zu glauben.

»Was machen Sie denn da?«, fragte Urling-Clark unmittelbar hinter ihm. Die Frage klang eher wie eine Anschuldigung.

»Nichts«, antwortete Kyle, den Finger mit der Silikonspitze noch am Maus-Button. »Ich wollte nur ein paar Informationen über Atlanta einholen. Immerhin gehe ich bald dorthin. Ich wollte wissen, womit man sich da beschäftigt.«

Stirnrunzelnd fragte Urling-Clark: »Stimmt etwas nicht?«

»Nein. Wieso fragen Sie?«

»Sie klangen so . . . ich weiß nicht . . . so angespannt.« Urling-Clark lächelte glatt. »So als ob der Lehrer sie während des Unterrichts beim Computerspielen erwischt hätte.«

Kyle rang sich ein Lächeln ab. »Nein. Es ist alles im grünen Bereich.«
»Gut.«
»Wollten Sie etwas von mir?«
»Nein. Ich kam nur gerade vorbei und wollte Hallo sagen.«
Kyle nickte, aber innerlich bebte er vor Angst. Nur kurz Hallo sagen! Urling-Clark kam nie vorbei, um kurz Hallo zu sagen. Vielleicht wollte er Kyle auf diese Weise demonstrieren, dass sämtliche Computer bei YPI überwacht wurden. Vielleicht hatte er schon längst herausgefunden, was Kyle in Wirklichkeit gemacht hatte.
»Übrigens . . .«, sagte Urling-Clark und stützte sich auf den Schreibtisch. »Wie hat eigentlich Ihre Familie die Neuigkeit mit Atlanta aufgenommen?«
Kyle zuckte die Schultern.
»Ihre Mutter und Ihr Vater?«
»Es gab keine Probleme.«
»Und sonst? Haben Sie nicht einen Neffen oder eine kleine Nichte?«
»Ja, Abigail, die kleine Tochter meines Bruders.«
»Ich bin sicher, Sie werden das Mädchen vermissen.«
Kyle hatte nicht die geringste Ahnung, worauf Urling-Clark hinauswollte.
»Ja, das werde ich.«
»Wer passt eigentlich auf Abigail auf, seit Ihr Bruder . . .? Es muss sehr schwer für Abigails Mutter sein, das Kind ganz alleine großzuziehen.«
Kyle nickte.
»Sie geht arbeiten. Abi besucht einen Kindergarten und den Rest des Tages kümmert sich meine Mutter um sie. Gelegentlich springe ich ein, wenn ich kann.«

»Sie müssen die wenigen Tage, die Ihnen noch bleiben, nützen, um möglichst viel Zeit mit ihr zu verbringen. Es ist schade, dass die Kleine Sie so selten sieht. Die Familie ist so wichtig, nicht wahr?« Urling-Clark drehte sich zur Seite und rief einem anderen Mitarbeiter zu: »Ich muss nachher noch mit Ihnen reden. Kommen Sie bitte in mein Büro.« Dann wandte er sich wieder zu Kyle um und sagte knapp: »Tut mir Leid. Ich muss mich beeilen. Denken Sie über meine Worte nach.«

Mit verstörter Miene starrte Kyle auf den Monitor. Was hatte Urling-Clark gemeint? War das eine versteckte und hinterhältige Drohung gegen Oonagh und Abi gewesen? War es eine Warnung an Kyle, seine Finger von der Sache zu lassen? Kyle war sich nicht sicher. Er ließ sich tiefer in den Stuhl sinken und eine unheilvolle Ahnung überkam ihn.

Es war großartig. Der Lärm war ohrenbetäubend. Von allen Seiten her dröhnte Musik und vermischte sich zu einer verrückten, aber lustigen Geräuschkulisse. Die Leute schlenderten umher, unterhielten sich, riefen, lachten, kicherten, schrien. Überall blinkten bunte Lichter und man konnte auf Pferden reiten und Süßigkeiten kaufen. Bei Kyle durfte sie alles tun, was sie wollte, bekam alles, was es auf dem Jahrmarkt zu kaufen gab: Zuckerwatte, Schokolade, immer wieder eine neue Runde Ponyreiten und was es sonst noch an Vergnügungen gab. Er wollte sie noch einmal so richtig verwöhnen, bevor er wegging, und ihre Mummy ließ ihn gewähren.

»Das da!«, rief Abi und zeigte auf das Karussell.

Kyle warf Oonagh einen prüfenden Blick zu. »Okay!«, sagte er dann.

»Der Vogel!«, sagte Abi. »Ich will auf den großen Vogel.«
»Geht klar.« Kyle hob sie hoch, setzte sie auf den Vogel und bezahlte das Geld. »Halte dich fest.«
Abi ließ sich das nicht zweimal sagen. Ungeduldig darauf wartend, dass es endlich losging, umklammerte sie den langen Straußenhals.
Während das Karussell sich mit ihr drehte und drehte, löste sich die Welt in eine schnelle Folge von bunten Bildern auf und Abi konnte ihre Mummy und Kyle nicht mehr erkennen. Aber sie wusste, dass sie irgendwo da draußen standen, ihr zusahen und auf sie warteten.
»Jetzt ist es also so weit«, sagte Oonagh. »Du gehst wirklich fort?«
»Ja.« Vor vier Jahren hatte Kyle seinen Bruder verloren. Nach dem lächerlichen Laborunfall hatte er die *Short Cuts* verloren, sie und die Möglichkeit, Musik zu machen. Und jetzt ließ er auch noch seine durch den Tod seines Bruders tief verwundete Familie zurück. Er hatte ihnen nicht die wahren Gründe für seine Reise nach Amerika genannt und würde es auch in Zukunft nicht tun. Urling-Clarks Bemerkung hatte ihn sehr beunruhigt und er wollte nicht, dass seine Familie in irgendetwas hineingezogen wurde.
»Deine Mum und dein Dad werden dich vermissen.«
»Meinst du?«
»Wir werden dich vermissen. Es tut mir so Leid. Deine Mutter ist immer noch nicht darüber hinweg . . .«
»Versprich mir nur eines«, sagte Kyle. »Dass ihr auf euch aufpasst, du und Abi.«
Oonagh nickte. »Es wird dir dort drüben bestimmt gefallen. Es ist eine phantastische Chance für dich.«
Einige Minuten später wurde das Karussell langsamer und

die Kinder auf den hohen Pferden, Einhörnern und Fahrrädern seufzten enttäuscht auf. Als die Fahrt zu Ende war, sah Kyle sich suchend um. Panik stieg ihn ihm hoch.

»Wo ist Abi?«

»Keine Sorge«, beruhigte ihn Oonagh und legte eine Hand auf seinen Arm. »Sie ist nur auf der anderen Seite zum Halten gekommen.« Während sie dort hingingen, sah sie ihn stirnrunzelnd an. »Ist etwas mit dir?«

»Nein, mir geht es gut. Ich bin nur ein bisschen nervös so kurz vor der Abreise.« Kyle kam sich dumm vor und er beeilte sich Abi von dem Strauß herunterzuheben.

»Na, mein Schatz? Alles in Ordnung?«, fragte Oonagh.

Abi nickte und hielt bereits nach dem nächsten Fahrgeschäft Ausschau.

Oonagh streckte die Hand aus. »Zeit, nach Hause zu gehen.«

»Nein!«

»Doch.«

»Ohhh!« Um ihre Mutter für ihre Unnachgiebigkeit zu bestrafen, gab Abi nicht ihr, sondern Kyle die Hand, denn sie wusste, dass es keinen Zweck mehr hatte, zu betteln.

Zu Hause bei seinen Eltern beobachtete Kyle seine Mutter und dachte darüber nach, wie sehr sie sich verändert hatte. Es hatte eine Zeit gegeben, da war sie so lebendig gewesen. Damals hatte sie zwei Söhne gehabt. Sie war ungeduldig gewesen, lebhaft, impulsiv und selbstbewusst. Jetzt wirkte sie wie ausgebrannt – und die Erinnerung an Kyles großen Bruder lag wie ein dunkler, kalter Schatten auf der ganzen Familie.

Kyle konnte seinen engelsgleichen Bruder nicht ersetzen. Er hatte ja nicht einmal eine eigene Familie vorzuweisen. Nie gelang es ihm, seiner Mutter etwas recht zu machen.

Als er in den Zug nach Heathrow stieg – mit Reiseziel Amerika –, schüttelte sein Dad ihm ungeschickt die gesunde Hand und seine Mutter gab ihm mit kalten Lippen einen Kuss. Tränen des Abschieds hatte sie nicht für ihn übrig. Dass er fortging, schien sie nicht wirklich zu berühren. Der andere, der wichtige Sohn hatte sie schon vor langer Zeit verlassen.

Kapitel 19

Während er das kärgliche Futter für die Straußenherde ausstreute, zählte Duma die Tiere, die mit gierigen Blicken auf ihn herabsahen. In einem alten Schulbuch, in dem von anderen Kulturen die Rede war, hatte er einmal ein Bild von einem Schotten gesehen, der Dudelsack spielte. Es hatte ausgesehen, als ob der Mann einen Strauß unter seinen Arm geklemmt hatte: ein dicker, aufgeblasener Körper mit langen, schlenkernden Teilen.

Der Strauß war ein lächerlicher Vogel: missgelaunt, stark und unfähig zu fliegen. Er war zwar mit Abstand der größte der Spezies Vögel, aber seine Flügel waren erbärmlich klein. Dafür waren seine Beine lang. Sie trugen den gedrungenen Körper mit einer Geschwindigkeit von bis zu vierzig Meilen die Stunde. Und sie konnten ganz gemeine Tritte versetzen. Mit seinem kleinen Kopf, den überheblich blickenden Augen, dem kurzen Schnabel und den extravaganten, langen Wimpern überragte ein ausgewachsener Strauß einen Menschen. Er konnte weite Strecken laufen und hielt es sehr lange ohne Wasser aus. Auf der Farm war er auf verschiedene Weise von Nutzen. Die Weibchen legten Eier, die dreißigmal mehr wogen als ein Hühnerei. Die kurzen Flügel- und die großen Schwanzfedern waren in der amerikanischen Modebranche noch immer sehr begehrt. Außerdem lieferten Strauße ein hochwertiges Leder für Schuhe und Handtaschen, ihr Fleisch konnte man essen oder es trocknen, einsalzen und lagern und ihre Knochen dienten als Dünger.

Duma zählte die Herde noch einmal durch, dann sah er den Tieren zu, wie sie sich um das Futter balgten. Ihr Appetit war bemerkenswert. Sie waren wirklich Allesfresser. Zur Verdauungsförderung vertilgten sie Steine, rostige Nägel, Kies, Holz, einfach so gut wie alles. In ihrem kleinen Kopf war nicht sehr viel Platz für ein Gehirn.

Der Strauß mochte zwar ein lächerlicher Vogel sein, aber so lächerlich wie einige seiner menschlichen Zeitgenossen war er wieder nicht. Es war ein Ammenmärchen, dass Strauße ihren Kopf in den Sand steckten, wenn sie Angst hatten. Im derzeitigen Südafrika war das den Weißen vorbehalten.

Duma rannte zum Haus zurück und rief: »Einer der Strauße fehlt.«

»Fehlt?«, wiederholte sein Vater.

»Ja, fehlt.«

»Bist du sicher?«

»Ich habe zweimal gezählt.«

Sein Vater seufzte verärgert. »Wer war als Letzter bei ihnen?«

Die Lippen fest zusammengepresst, wandte Duma sich ab.

»Wer war es?«, hakte sein Vater nach.

Duma wusste genau, wer es gewesen war – Schwester drei

und vier. Aber es passte ihm, so zu tun, als würde er es nicht über sich bringen, sie zu verraten. Alles, was er tat, war, in ihre Richtung zu blicken.

»Ich verstehe.« Langsam stand Dumas Vater auf und griff nach seinem Gürtel. »Mädchen!«, murmelte er halblaut.

Hastig rief Schwester eins: »Kommt schon, wir müssen in die Schule!«

Ihr Vater grummelte. »Pah! Schule!« Aber er hielt sie nicht zurück. Auf diese Weise musste er sich nicht die Mühe machen, sie zu verhauen.

Duma folgte seinen Schwestern nach draußen. Um nichts in der Welt wollte er heute den Unterricht versäumen.

Aus der Hütte nebenan drang noch immer lautes Weinen. An der verwitterten Eingangstür standen einige Frauen mit ernsten Mienen und sprachen leise miteinander. Duma wusste, dass dort drinnen bereits das vierte Familienmitglied an Sichelzellenanämie erkrankt war und nun einen langen und qualvollen Tod starb. Es war nicht die einzige Familie, die mit dieser Geißel geschlagen war. Viele im Dorf trugen die Krankheit in sich, ohne dass sie jemals zum Ausbruch kam. Wenn sie allerdings heirateten und eine Familie gründeten, starben in der nächsten Generation viele der Kinder. Duma wusste nicht, ob er selbst ein Träger dieser Krankheit war oder nicht. Er wollte es auch gar nicht wissen.

Im Klassenzimmer wartete eine Überraschung auf die Kinder. Es herrschte ein heilloses Durcheinander. Einige der wackligen Holzpulte waren umgestürzt. Zerfetzte Bücher lagen auf dem Boden, die Seiten waren herausgerissen, zerknüllt, zur Hälfte aufgefressen. Die zwei Pappschachteln, die Kreide, Lineale und Stifte enthielten, waren

spurlos verschwunden und mit ihnen fast die gesamte Kreide und alle kleineren Stifte. Holzbuchstaben und Karteikarten waren überall im Klassenzimmer verstreut.
Die Lehrerin hatte in einer Ecke Zuflucht gesucht. Vor ihr stand ein Strauß, der entschlossen und zornig zugleich aussah. Offensichtlich hatten dem Vogel die Verdauungshäppchen geschmeckt und es gefiel ihm gar nicht, dass die Lehrerin ihn davon abzuhalten versuchte, weitere Schulsachen aufzufressen. Er streckte seinen langen Hals, die Lehrerin schrie entsetzt auf – und schon hatte er die Karteikarte, die sie in der Hand hielt, verschluckt. Nach dieser Attacke sah der unerschrockene Vogel sehr zufrieden aus.
»Kinder!«, rief die Lehrerin. »Helft mir dabei, ihn hinauszuscheuchen. Aber stürzt euch nicht alle gleichzeitig auf ihn, sonst kriegt er Angst und tritt nach euch. Versucht ihn einfach langsam zwischen den Tischreihen hindurch nach draußen zu lenken.«
Die Mädchen sahen verängstigt aus, während die Jungs nur mühsam ein Grinsen unterdrückten. Besonders Duma kämpfte mit sich, um nicht laut loszulachen. Wie Lämmer, die sich gegen den Hütehund verbündeten, drängten die Kinder den widerspenstigen Strauß zur Klassenzimmertür hinaus. Duma rannte voraus, um das Hoftor zu öffnen, damit der Strauß wieder zur Herde zurückkehren konnte. Als der Vogel an Duma vorbeisprang, war es, als tausche er einen wissenden Blick mit ihm aus.
Im Klassenzimmer ließ das Donnerwetter nicht lange auf sich warten.
»Also gut, verratet mir nur eines«, sagte die Lehrerin. »Wie, glaubt ihr, ist der Strauß in das verschlossene Klassenzimmer gekommen? Na?«

Niemand antwortete. Außer dem unruhigen Scharren von Füßen war nichts zu hören.
»Haben diese gescheiten Tiere etwa gelernt, wie man einen Türgriff dreht?«
Leises Kichern war zu hören, hauptsächlich von den Jungs.
Die Lehrerin war noch nicht fertig. »Jemand muss die Tür absichtlich aufgemacht und den Strauß hereingelassen haben. Wer würde wohl so etwas tun?«
Alle Blicke richteten sich auf Duma. Seine eigenen vier Schwestern sahen ihn besonders anklagend an.
Duma hob seine Hände. »Ich war es nicht.«
»Hmmm.«
Empört sagte Schwester Nummer drei: »Er wollte es uns in die Schuhe schieben.«
Eines Tages, schwor Duma sich im Stillen, würde er den Sieg davontragen.
»Duma«, sagte die Lehrerin mit unheilvoller Stimme. »Komm nach vorne. Ich habe etwas für dich.«

Kapitel 20

In der Firma kannte jeder Tristan Lockhart. Schon allein deshalb, weil sein Foto die Eingangshalle schmückte, die er jeden Morgen betrat. Er bedauerte es, nicht alle mit Namen zu kennen, die ihn grüßten und respektvoll Platz machten, wenn er mit raschen Schritten zum Aufzug ging. Natürlich war Yttria eine große Organisation. Es war ein aussichtsloses Unterfangen, all jene zu kennen, deren Arbeit und Lebensunterhalt von seinen Entscheidungen und seinem Urteilsvermögen abhingen. Allerdings rühmte sich Tristan seiner Fähigkeit, einschätzen zu können, in welchem Bereich der jeweilige Mitarbeiter tätig war. Im Foyer, das ganz im Stil des Art déco gehalten war, begegnete er einer tüchtig aussehenden Frau mit hochgesteckten Haaren, die einen blauen Aktenordner in der Hand hielt. Sie war eine Sekretärin. Vermutlich dachte sie, dass ihr Chef ohne sie völlig aufgeschmissen war. Und vermutlich hatte sie Recht. Der nervös wirkende Mann, dessen morgendliche Bemühungen mit dem Rasierapparat nicht sehr erfolgreich gewesen waren, war entweder Wissenschaftler oder Computerspezialist. Die Frau in den Mittvierzigern mit dem makellosen Hosenanzug gehörte zweifellos zur Personalabteilung. Und dann war da noch der Mann mit den überlangen Koteletten, vom Alter her irgendwo um die dreißig, der hastig seine Aktentasche an sich presste, damit Tristan Lockhart nicht gegen sie stieß, als er den Aufzug betrat. Er war Techniker in der wissenschaftlichen Abteilung und ganz offensichtlich ein Fan von Elvis Presley.

Alle diese Leute machten Tristan Lockhart Platz. Er war an ein gewisses Maß an Ehrerbietung gewöhnt, aber die Reaktion des Technikers kam ihm doch etwas übertrieben vor. Oder wollte er am Ende gar nicht verhindern, dass seine Tasche im Weg war und die Beine seines obersten Chefs streifte, sondern zog sie nur deshalb so eilig zur Seite, weil er darin etwas verbarg, das er vor einem Zusammenstoß schützen wollte? Etwas Wertvolles, Zerbrechliches? Oder etwas Gefährliches. Vielleicht eine Bombe. Was natürlich völliger Unsinn war. Eine Bombe konnte es gar nicht sein, denn um so weit ins Gebäude vorzudringen, musste man verschiedene Kontrollpunkte passieren und

dort war die Aktentasche des Technikers sicherlich durchleuchtet worden.
Die Tür des Aufzugs glitt sanft und fast geräuschlos zu und Tristan Lockhart entspannte sich.

Light war wütend. Unglaublich wütend. Er hatte sich in die Website von *Storm Force* eingeloggt und alles über Shadows jüngsten Anschlag in Memphis gelesen. Was für eine Unverfrorenheit, zu versuchen Graceland niederzubrennen! Das war einfach zu viel! Elvis war unberührbar. Shadow hatte seine Grenzen überschritten.
Light sah sich im Labor um. Um diese Zeit war nicht sehr viel los. Außer ihm war nur noch eine Technikerin da, aber sie arbeitete im Computerraum und war ganz auf ihre Aufgabe konzentriert. Mit einem Handgriff zog Light die Eierschachtel aus seiner Aktentasche und schob sie in die Luftschleuse. Ein zischendes Geräusch war zu hören, als die Luft abgesaugt, das Sterilspray versprüht und schließlich reine Luft eingelassen wurde. Light schlüpfte in die großen Handschuhöffnungen. Jetzt konnte er die Innenklappe aufmachen und mit der Eierschachtel in dem luftdicht verschlossenen Kasten hantieren.
Nachdem er sich noch einmal umgesehen hatte, ob ihn auch niemand beobachtete, nahm Light eine Spritze und zog ein winzige Menge von SZP 19 auf. Dann holte er ein ganz normales Hühnerei aus der Schachtel, stieß die extrem dünne Nadel durch die Schale und injizierte das Virus. Vorsichtig legte er das Ei in das Polystyrolnest zurück und griff nach dem nächsten.
Mit Viren zu arbeiten war nicht ganz einfach. Um sie am Leben zu halten, brauchte man entweder einen Lebendwirt

oder einen künstlichen Nährboden. Eier waren in dieser Hinsicht die perfekten Brutkästen für ein Virus. In dem nahrhaften Eigelb würde es sich millionen-, ja milliardenfach vermehren. Sechs Eier, sechs Milliarden Viren. Theoretisch reichte das aus, um die ganze Welt zu infizieren. Natürlich galt das nur für die Schwarzen, so wie Shadow. Außerdem war die Reichweite nicht sehr groß, wenn man ein solches Ei zerbrach. Es waren nur die Personen in nächster Nähe betroffen, aber für Lights Zwecke war es geradezu ideal.
Sowohl Elvis als auch Shannon wären stolz auf ihn gewesen.

Was Tristan Lockhart anging, war Yttrias Einstieg in die Verteidigungsbranche schlicht und einfach die Entscheidung zwischen finanzieller Notwendigkeit und dem, was richtig war. Einfach war die Entscheidung deshalb, weil die erste Alternative eben genau das gewesen war: notwendig. Ob dagegen etwas richtig oder falsch war, war Ansichtssache und hing von der persönlichen Einschätzung ab. Dennoch schrillten bei ihm die Alarmglocken. Und zwar vorzugsweise in der Stille seiner schlaflosen Nächte.
Davon abgesehen hatte Tristan Lockhart noch eine weitere Entscheidung getroffen. Er hatte sich vorgenommen, ein Chef zu sein, der auch für den einfachen Arbeiter ansprechbar war. Um das Personal besser kennen zu lernen, würde er von nun an jedes neue Firmenmitglied bei einer Tasse Kaffee persönlich begrüßen. Ja, genau so wollte er es in Zukunft halten. Und er würde diese Aufgabe auch dann nicht einem der Assistenten oder Juniormanager der Personalabteilung überlassen, wenn er selbst sehr beschäftigt war. Er höchstpersönlich würde dem Neuling die Hand schütteln.

Und den Anfang würde er jetzt sofort machen. Der Leiter der Personalabteilung hatte ihm mitgeteilt, dass ein junger Mann aus England in der Firma anfangen würde. »Kyle Proctor. Sie wissen schon, der, dessen Personalakte die Briten uns geschickt haben.«
»Ah ja«, erwiderte Lockhart. »Der schräge Vogel. Sehr interessant. Wann kommt er?«
»Wenn mit dem Flug alles klappt, morgen.«
»Gut. Reservieren Sie für morgen ein Besprechungszimmer für die Kaffeepause. Bringen Sie Proctor dorthin, zusammen mit seinem Abteilungsleiter. Und sehen Sie zu, dass auch noch einige Mitarbeiter aus der EDV-Abteilung dabei sind. Am besten seine zukünftigen Kollegen.«

Kyle Proctor war ein magerer, etwas ungelenker junger Mann. Als Tristan Lockhart ihm die rechte Hand entgegenstreckte und sagte: »Willkommen in den Vereinigten Staaten von Amerika«, reichte ihm Kyle nur seine Linke. »Und natürlich willkommen bei Yttria«, fuhr Lockhart fort. »Wie wär's mit einer Tasse Kaffee?« Er sah dem Engländer an, dass er ein cleverer Computermann war – jedenfalls wirkte er so –, aber was den jungen Mann, der fast noch wie ein Schuljunge aussah, zum potenziellen Unruhestifter machte, konnte Lockhart auf den ersten Blick nicht so recht erkennen.
Er stellte eine Reihe höflicher Fragen. »Wie war der Flug?« – »Haben wir für Sie schon eine Wohnung gefunden?« – »Waren Sie schon einmal in den Staaten?« – »Behandelt man Sie in Ihrer Abteilung gut?« – »Haben Sie schon Stone Mountain gesehen?« – »Ist es immer noch schier unmöglich, in Cambridge einen freien Parkplatz zu finden, so wie ich es von

meinem letzten Besuch dort in Erinnerung habe?« – »Haben Sie Bekannte oder Freunde auf dieser Seite des Großen Teichs?«

Kyle gab sich reserviert und seine Antworten fielen sehr knapp aus. Offenbar war er eingeschüchtert, so als hätte er niemals erwartet vom obersten Boss persönlich begrüßt zu werden.

»Ich mache das bei jedem neuen Mitarbeiter so«, versicherte Lockhart ihm, so als sei das die Art und Weise, wie man in Amerika miteinander umging.

»Ich verstehe.« Kyle zögerte einen Augenblick, dann fügte er in einem merkwürdigen Tonfall hinzu: »Das ist . . . freundlich von Ihnen.«

Lockhart führte Kyles Reserviertheit auf den anstrengenden Flug zurück. »Sie werden sich bald eingelebt haben. Wir sind ganz verrückt auf Leute mit englischem Akzent. Alle Leute werden Sie fragen, ob Sie mit der Queen verwandt sind.« Mit einem Grinsen fügte er hinzu: »Sie sind doch nicht verwandt, oder?«

»Leider nein.«

»Nun gut«, sagte Tristan Lockhart und sah auf seine Armbanduhr. »Sicher sind Sie schon sehr gespannt auf Ihren zukünftigen Arbeitsplatz.«

»Ja.«

»Ja?« Der Firmenchef lachte. »Hier bei uns erwartet man als Antwort darauf ein ›Ich kann es kaum erwarten!‹. Nun ja, Sie werden sich noch an unsere Art gewöhnen. Ich bin sicher, dass Sie Ihre Zeit hier bei uns genießen und zu unserem gemeinsamen Erfolg beitragen werden, nicht wahr?«

»Ja.«

Lockhart versetzte Kyle einen leichten Schlag gegen den

Arm. »Und vergessen Sie nicht zu sagen: ›Ich kann es kaum erwarten!‹ Amerikanischer Enthusiasmus!«
Mit diesen Worten kehrte Tristan Lockhart zu der Flut von E-Mails, Anrufen und Faxnachrichten zurück, die sicher inzwischen bereits auf ihn warteten.

Es war nicht wie in Cambridge. Atlanta war eine Stadt, in der 1996 die Olympischen Spiele stattgefunden hatten, in der von Stone Mountain aus die riesigen, in Stein gehauenen Kriegshelden aus dem Konföderationskrieg auf einen herabblickten, in der 1886 in der Pechtree Street Coca-Cola erfunden worden war. Und es war die Stadt, in der Martin Luther King geboren wurde und begraben lag. *Free at last, free at last, thank god almighty, I'm free at last,* so lauteten die Worte auf seinem Grabstein.
Es war eine schnelle Stadt. Über einer Oberfläche aus Asphalt und Beton erhob sich ein hoher, dichter, hell leuchtender Wald aus Stein und Stahl. Aus der Entfernung sah die Stadt aus, als habe sie ein besonders eifriges Kind mit einer Unmenge von Legosteinen erbaut. Im Sommer speicherten die Gehwege, Gebäude und Straßen tagsüber so viel Wärme, dass man den Eindruck hatte, die Stadt selbst könne mühelos ein Gewitter produzieren und müsse dazu nur in der Nacht die aufgenommene Hitze des Tages in den Himmel zurückschicken. Im Vergleich zu Atlanta war Cambridge nicht nur drollig, sondern auch langweilig und träge. Die englische Universitätsstadt gab dem Charme vor der Bequemlichkeit den Vorzug und bei dem Wirtschaftsgiganten im amerikanischen Süden verhielt es sich genau umgekehrt. Das Einzige, was beide Städte verband, war ihr ausgesprochener Sinn für die eigene Geschichte.

Kyle bewohnte ein Apartment im dreizehnten Stock eines anonymen Wohnblocks. Aus den schmalzigen Gitarrenklängen zu schließen, die von nebenan kamen, war sein Nachbar ein Countrymusik-Fan. Was die Leute über ihm trieben, wusste er nicht genau, aber sie waren sehr laut. Vielleicht machten sie Fitnessübungen oder stellten Möbel um oder sie tanzten oder ... Kyle rief sich zur Ordnung, bevor seine Phantasie mit ihm durchging. Aber zumindest gab es hier wenig Kriminalität und die Aussicht war bemerkenswert. Er blickte über eine breite Straße hinweg genau auf die Apartments eines Wolkenkratzers gegenüber.
Die Arbeit in der Firma war genau so, wie er sie sich vorgestellt hatte. Man hatte ihn zwar in ein fremdes Land geschickt, aber seine Aufgaben hier glichen denen in Cambridge aufs Haar. Sogar die Computersysteme und Programme waren die gleichen. Wenn er sich ganz auf den Bildschirm konzentrierte, konnte Kyle ohne weiteres das Gefühl haben, in England zu sein – wenn man einmal davon absah, dass das Textverarbeitungssystem automatisch einige seiner Schreibweisen durch die amerikanische Version ersetzte. Erst wenn ihn jemand in ungewohntem Akzent ansprach oder er sich umsah, wurde ihm wieder bewusst, dass man ihn an diesem Ort kaltgestellt hatte, damit er nicht länger für Unruhe sorgen konnte. Dann fühlte er sich einsam und verlassen.
Er schrieb eine E-Mail an Helen Crear. Da er davon ausgehen musste, dass die amerikanischen EDV-Leute ebenso misstrauisch und wachsam sein würden wie ihre englischen Kollegen, beschränkte er sich auf eine kurze und harmlose Mitteilung:
Dr. Crear, ich bin gut angekommen und habe mich in meinem

Apartment eingerichtet. Die Arbeit ist auch nicht viel anders als in Cambridge. Mit den besten Wünschen an Ihre Patienten, Kyle.

So bald wie möglich würde er sich auch zu Hause einen Computer anschaffen, um frei und ohne Überwachung mit Helen in Kontakt treten zu können. Er war neugierig, ob sie etwas gefunden hatte, das Dwight Grant helfen konnte.

KAPITEL 21

Für einen Moment abgelenkt, stieß der junge Assistenzarzt gegen den Medikamentenwagen, um im nächsten Augenblick erschrocken zur Seite zu springen und beinahe eine Krankenschwester über den Haufen zu rennen. »Verzeihung«, murmelte er und eilte weiter zur Station 17.

Die Krankenschwester schüttelte den Kopf, doch als sie gleich darauf Dr. Crear wenige Schritte entfernt am Telefon stehen sah, schmunzelte sie. Offenbar war die Ärztin der Grund dafür, dass der junge Doktor so unaufmerksam gewesen war.

Helen war eine Frau, die Männern gefiel. Sie sah gut aus und war schlank, obwohl sie aktiv nichts für ihre Figur tat. Als Kind war sie pummelig gewesen, doch ein Leben, das daraus bestand, hastig von Krankenbett zu Krankenbett, von Station zu Station zu eilen und zwischendurch im Stehen eine Mahlzeit einzunehmen, hielt sie in Form. Eigentlich war es unnatürlich. Ihre Eltern machten sich Sorgen, weil Helen, wie sie sagten, immer dünner wurde. Was ihre natürliche Figur war, würde sie erst dann herausfinden, wenn sie nicht mehr so viel arbeitete und anständige Mahlzeiten zu sich nahm.

Helen wollte daran glauben, dass der Mensch mehr war als nur eine Ansammlung von Knochen, Gewebe und Flüssigkeiten, eine sehr anfällige noch dazu. Sie wollte glauben, dass er mehr war als die Summe seiner Körperteile. Denn Körperteile – genau das waren die Menschen im Krankenhaus doch für viele Ärzte: eine Oberschenkelfraktur, eine 30%-ige Verbrennung, eine Fleischwunde am Handgelenk, ein Gehirntumor. Und auch Helen war so damit beschäftigt, die Kranken gesund zu machen, dass sie keine Zeit fand, über den rein medizinischen Zustand hinaus etwas über sie in Erfahrung zu bringen. Doch dann war Dwight gekommen. Was die medizinische Seite betraf, kam sie nicht weiter: Es war ein Koma mit unbekannter Ursache. Da sie Dwight rein medizinisch nicht in den Griff bekam, blieb ihr nichts anderes übrig, als herauszufinden, was für ein Mensch er war.

Es war ihr gelungen, Linton Okri ans Telefon zu bekommen. Gerade erklärte sie ihm hastig: »Ich habe keine Zeit, es selbst zu machen. Mein Piepser meldet sich . . . Ja. Genau das will ich. Es muss doch Strafgefangene aus Westland geben, die inzwischen entlassen wurden. Schließlich sitzen die ja nicht für immer im Gefängnis, oder? . . . Ja. Wenn Sie einen oder zwei dieser Freiwilligen auftreiben könnten, wäre das sehr interessant für mich, besonders wenn sie ungefähr zur gleichen Zeit wie Dwight an den Tests teilgenommen haben. Dann ist die Wahrscheinlichkeit groß, dass es sich um ein und dasselbe Medikament handelt . . . Nein, das ist noch nicht alles. Tut mir Leid, aber könnten Sie für mich ein Treffen mit den Familien der Jugendlichen arrangieren,

die Selbstmord begangen haben sollen? Vielleicht lässt sich da was erfahren, das uns weiterhelfen könnte . . . Ja. Das stimmt. So bald wie möglich. Meine Telefonnummer haben Sie? . . . Nein, tut mir Leid, Dwights Zustand ist unverändert. Deshalb will ich ja mit diesen Leuten reden . . . Ich muss jetzt los. Vielen Dank für Ihre Hilfe.«
Kyle hatte ihr die Aufgabe übergeben und sie war entschlossen die Herausforderung anzunehmen.

Der Vertreter von BAD verspätete sich. Helen trank eine Orangenlimonade, weil sie später noch Nachtdienst haben würde. Sie hatte bereits die zweite hartnäckige Einladung zu einem Drink abgelehnt und blickte unruhig auf ihre Armbanduhr, als Linton Okri in Begleitung zweier junger Männer auf sie zukam. Helen seufzte erleichtert, als die drei an ihrem Tisch Platz nahmen.
Lintons Begleiter – beide waren fast noch Kinder – waren vor einiger Zeit aus der Westland-Jugendstrafanstalt entlassen worden und, ja, sie kannten Dwight Grant. Helen, die es kaum erwarten konnte, Näheres über Dwight zu erfahren, kam sofort zu Sache.
»Was für ein Junge war er?«
»Er war verrückt nach Fußball«, antworteten beide wie aus der Pistole geschossen.
Helen begriff sofort. »Das war auch der Grund, warum er sich zu dem Test meldete, nicht wahr?«
Einer der beiden schien eher bereit ihre Fragen zu beantworten. »Den meisten von uns ging es um eine vorzeitige Entlassung«, erklärte er. »Nicht so Dwight. Er sagte, er würde mitmachen, wenn er dafür einen Platz in der Fußballmannschaft bekäme. Dämlicher Idiot.«

Helen nickte. »Ihr habt beide an dem Test teilgenommen?«
»Klar doch.«
»Zur gleichen Zeit wie Dwight?«
Erst als sie keine Antwort gaben, sondern stattdessen sehnsüchtig in Richtung Tresen blickten, begriff Helen. Sie holte Geld aus ihrer Handtasche und gab es Linton Okri, damit er sich und den beiden Jungen einen Drink bestellte. »Also« fuhr sie fort. »Habt ihr zur gleichen Zeit wie Dwight bei den Tests mitgemacht?«
»Mehr oder weniger.«
»Was hat YPI euch über das Medikament, das man euch gegeben hat, gesagt?«
»Nur dass es keine Auswirkungen auf das Gehirn hat, wenn Sie wissen, was ich damit meine. Sie wollten verhindern, dass wir es mitgehen lassen und an irgendwelche Junkies in Westland verhökern.«
»Das war alles? Wolltet ihr denn gar nicht wissen, wofür das Medikament gedacht war?«
Die Jugendlichen schüttelten den Kopf. Jetzt meldete sich der zweite zu Wort. »Mann, die haben uns bessere Zellen, passable Jobs und vielleicht sogar frühzeitige Entlassung versprochen. Was will man mehr?«
»Wie habt ihr das Medikament eingenommen? Habt ihr es geschluckt?«
»Mir haben sie 'ne Spritze verpasst«, gab der eine zurück. Der andere sagte nur: »Pillen.«
»Wurdet ihr krank?«
»Nein.«
»Nicht mal schwindlig oder so?«
»Nein.«
»Und was ist mit Depressionen?«

»Depressionen? Waren Sie schon mal in Westland? Man braucht da echt keine Pillen, um Depressionen zu kriegen.«
»Weiß einer von euch, ob er Sichelzellenträger ist?«
»Ob er was?«
»Hört mal, würdet ihr mir einen Gefallen tun – würdet ihr Dwight einen Gefallen tun – und noch mit ins Krankenhaus kommen, damit ich euch eine Blutprobe abnehmen kann?«
Sie sahen aus, als hätten sie in ihrem Leben schon so manches Blut vergossen, allerdings nicht ihr eigenes. Mit einem Mal misstrauisch geworden, fragten sie zurückhaltend: »Eine Blutprobe?«
Helen lächelte sie aufmunternd an und sagte: »Es tut auch gar nicht weh.«
Wieder sahen sie einander an, nahmen einen großen Schluck und schließlich sagte der Aufgeschlossenere der beiden: »Wenn's für Dwight ist, geht die Sache klar.«
»Hat Dwight noch etwas anderes genommen?« Die Tests hatten gezeigt, dass er keine der gängigen Drogen konsumierte, aber Helen fragte sich, ob nicht vielleicht ein neues, noch unbekanntes Mittel unter den Jugendlichen weitergereicht wurde, das weder von den Krankenhaustests noch von Pauls Analysen erfasst wurde. Es war durchaus denkbar, dass eine Kombination verschiedener Substanzen den Zustand ihres Patienten hervorgerufen hatte.
»Was denn zum Beispiel?«
»Irgendwas«, erwiderte Helen. »Drogen, Alkohol.«
»Ist nicht erlaubt.«
»Richtig«, sagte Helen. »Aber seit wann halten Verbote irgendjemanden zurück sich solche Sachen zu beschaffen?«
»Na ja, vielleicht hier und da mal Alkohol, aber sonst nichts.

Härtere Sachen hätte der nie genommen. Hätte doch seinem Fußball geschadet.«
»Und was ist mit euch? Habt ihr zu den Yttria-Medikamenten Alkohol getrunken?«
»Kann schon sein.«
»Also ja.«
Sie nickten. »Da drinnen braucht man das ab und zu, wissen Sie?«
»Und ihr fühlt euch wirklich nicht krank? Nicht mal schwindlig?«
»He, so viel von dem Stoff kriegt man da auch wieder nicht!«
»Okay.« Helen bat die zwei auszutrinken und mit ins Krankenhaus zu kommen. Wenn sie sie nicht gleich dort hinschleppte, das wusste sie genau, würde sie die zwei niemals wiedersehen.

Die Blutproben waren negativ. Keiner von beiden hatte das Sichelzellen-Gen. Wenn man ihnen also eine Therapie gegen Sichelzellenanämie verabreicht hatte, dann war das Medikament ohne eine Wirkung wieder ausgeschieden worden. Das wiederum würde erklären, warum die zwei jungen Männer keinerlei Nebenwirkungen gehabt hatten.
Helen war enttäuscht, aber zumindest konnten die Leute von BAD ihr den Namen einer Mutter nennen, die sich bereit erklärt hatte über den Selbstmord ihres Sohnes in Westland zu reden. Mrs Davis war Anfang vierzig, stark geschminkt und ging mit nach hinten gedrückten Schultern. Sie bewegte sich langsam. Entweder hatte sie Gelenkschmerzen oder sie war einfach nur sehr müde. In der linken Hand hielt sie ein zerknülltes Taschentuch.
Bei einer Tasse Kaffee sagte Helen zu ihr: »Es tut mir Leid,

Sie das fragen zu müssen, aber glauben *Sie*, dass Ihr Junge sich umgebracht hat?«

»Sean war ein harter Brocken, wenn Sie verstehen, was ich meine. Er hätte sich nie unterkriegen lassen.« Während Mrs Davis sprach, verzog sie das Gesicht und griff sich mit der Hand an die Brust. Nach jedem Satz schnappte sie keuchend nach Luft.

»Aber der Arzt hat den Selbstmord doch offiziell bestätigt.«

»Die Mediziner behaupten das, nicht seine Mutter.«

»Was, glauben Sie, ist passiert?«

Der Regen prasselte so heftig gegen das Fenster, als wolle er die Scheiben durchbrechen.

»Ach, man hört so manches, was angeblich hinter den Gefängnistüren vor sich geht, wissen Sie. Ich bin mir nicht sicher, aber ...« Mrs Davis hustete, dann fuhr sie fort: »Aber eines weiß ich genau. Jemand hatte ein Interesse an seinem Tod. Er hätte sich nie umgebracht. Am allerwenigsten auf diese Weise.«

Wieder knetete Mrs Davis ihr Taschentuch und Helen bemerkte die Schwellung der linken Hand. Mitleidig fragte sie: »Nehmen Sie Eisenpräparate ein und Hydroxyrea?«

Mrs Davis nickte.

Selbst mit Hydroxyrea waren die Aussichten für jemanden, der Sichelzellenanämie in einem so fortgeschrittenen Stadium hatte, nicht sehr gut. In einigen Jahren würden sie Herzbeschwerden bekommen, dazu Probleme mit der Milz, der Lunge oder den Nieren, was schließlich unweigerlich zu ihrem Tod führen würde.

»Und Sean?«, fragte Helen.

»Bevor ich sterbe, möchte ich wissen, was wirklich geschehen ist.«

»Was ich meinte, war: Litt er ebenfalls unter Sichelzellenanämie?«
»Ja, sie haben ihm Penicillin gegeben. Aber an der Krankheit ist er nicht gestorben, wenn es das ist, worauf Sie hinauswollen.«
»Ich bin überzeugt davon, dass er nicht daran gestorben ist. Der Arzt hätte das in den Unterlagen vermerkt. So, wie es aussieht, ist er durch den Sturz ums Leben gekommen.«
Mrs Davis blickte auf ihre Hände hinab. Nach einer Weile hob sie den Kopf und sah Helen direkt in die Augen. »Es gab nur eines, wovor Sean Angst hatte, Dr. Crear.«
»Und was war das?«
»Es klingt vielleicht lächerlich – so ein tapferer Junge, wie er sonst war –, aber er fürchtete sich vor Höhe.«
»Höhe«, wiederholte Helen nachdenklich.
»Er hat es für sich behalten, denn er schämte sich deswegen.«
»Das heißt, niemand wusste davon?«
»Nein. Er vermied es, hoch gelegene Plätze aufzusuchen oder sich in oberen Etagen in die Nähe der Fenster zu stellen.«
»Das ist wirklich sehr aufschlussreich.«
Mühsam nach Atem ringend, sagte Seans Mutter: »Ja, das ist es. Und nun sagen Sie selbst: Würde jemand wie er auf das Dach eines hohen Gebäudes gehen und sich in die Tiefe stürzen?«

Kapitel 22

In Memphis waren Schüsse aus einem fahrenden Auto nichts Ungewöhnliches. Aber Eierwürfe aus einem fahrenden Auto? Noch dazu vor einem Obdachlosenasyl mitten in der Stadt? Es war verrückt. Es ergab keinen Sinn.

Mitch konnte sein Glück kaum fassen. Er streckte den Arm aus und fing das Ei in der Luft auf wie ein erstklassiger Baseballspieler den Ball, und zwar so behutsam, dass es nicht zerbrach. In der Regel bekam er seine freien Mahlzeiten entweder am Hintereingang von McDonald's, der Restaurants in der Beale Street und der Union Avenue oder aus den Abfalltonnen in den Straßen. Aber heute hatte er ein Ei aufgefangen, bevor es an der Mauer hinter ihm zerschellt war!

Verwundert schüttelte Mitch den Kopf und betrachtete das Geschenk des Himmels. Dann lachte er auf. Er stieß mit dem Finger gegen die Schale, bis sie entzweibrach. In Sekundenschnelle hatte er die klebrige Masse herausgesaugt. Die Schalensplitter, die er dabei abbekam, störten ihn nicht; er zermalmte sie mit den Zähnen. Was man essen konnte, wurde auch aufgegessen.

Dass es alles andere als ein unverhofftes Glück gewesen war, merkte Mitch später am Tag. Plötzlich war ihm übel und er fühlte sich schwindelig. Das Ei musste alt gewesen sein. Als er auf dem Gehweg zusammenbrach, gingen die Leute an ihm vorbei. Sie dachten wohl, dass er sich mit irgendwelchem Fusel hatte voll laufen lassen.

KAPITEL 23

In der Farmschule lernte Duma lesen, schreiben und rechnen. Besser gesagt, würde er es lernen, wenn er im Unterricht besser aufpassen würde. Aber welchen Sinn hatten Wörter und Zahlen in der Steppe Südafrikas? Hier musste man wissen, wie man undichte Dächer reparierte, Schafe, Schweine, Strauße, Ziegen und Esel versorgte und einen Traktor in einer schnurgeraden Linie über die Kornfelder lenkte, auch wenn es keine Feldmarkierungen gab. Eine krumme Furche bedeutete Prügel vom Farmer, das hatte Duma schon erlebt. Nein, er wusste genau, was er eigentlich lernen wollte. Es hatte nichts mit Wörtern und Zahlen zu tun. Er wollte lernen, wie er seinen Traum verwirklichen konnte. Eines Tages wollte er ein eigenes Haus besitzen, vielleicht sogar mit eigener Wasser- und Stromversorgung, und er wollte seine eigenen Tiere hüten, sein eigenes Feld bestellen.

Jetzt war es so, dass der weiße Farmer alles besaß – das Land, die Schule, die Hütten seiner Arbeiter, die Tiere, die Maschinen, die Ernte. Die Arbeiter machten die ganze Arbeit, besaßen jedoch nichts. So wie Dumas Schwestern wollten auch die meisten anderen Kinder später einmal in die Stadt gehen. Nicht so Duma. In seinen Träumen besaß er ein Stück Land. Natürlich nicht so ein großes wie der weiße Farmer, nur ein kleines, auf dem er gerade genug anbauen konnte, um sich und seine Familie zu ernähren. Er träumte auch nicht davon, Gold oder Diamanten zu finden. Alles, was er wollte, war ein Farmer zu sein. Er wollte genug zu essen und ein wenig Spaß, keine Reichtümer. Aber die Lehrerin konnte ihren Schülern nicht beibringen, wie man

sich so einen Traum erfüllte. Das lag außerhalb ihrer Vorstellungskraft. Für sie war es viel erstrebenswerter, lesen und schreiben zu können als ein Stück Land zu besitzen.
Ende des Monats war es immer am schlimmsten. Die mageren Löhne der Männer waren aufgebraucht, waren entweder in Schnapsflaschen aus dem Warenladen umgesetzt oder in den gierigen Händen von Dagga-Dealern gelandet. Dann weigerten sich die Männer regelmäßig weiterzuarbeiten. Die Schafe, Schweine und Strauße wurden vernachlässigt. Der Farmer wiederum beschimpfte seine Leute und drohte damit, ihnen ihre, wie er es nannte, Privilegien zu entziehen, wie beispielsweise die kärglichen Rationen Gemüse.
Es war eine Zeit, in der die Nerven aller blank lagen. Die frustrierten Männer schlugen ihre Frauen und Kinder. Dumas Vater tobte und wütete wie die anderen auch. Um keine Prügel zu beziehen, schlief Duma häufig im Stall bei den Tieren.
Gegen Ende des Monats kam es vor, dass eines der vielen Tiere aus dem Stall des Farmers verschwand. Der Dieb, einer aus dem Dorf, versteckte es, sozusagen als Versicherung gegen schlechte Zeiten oder als Ersatz für den Lohn, den man nicht bekam. Wenn der Baas dahinter kam, drohte dem Arbeiter die Entlassung, wenn nicht gar Gefängnis. Nach seiner Entlassung aus der Haft versteckte sich seine Familie für einige Zeit vor ihm, bis sich der Zorn des Mannes gelegt hatte. Duma hatte also frühzeitig gelernt, dass es nicht falsch war, die Weißen zu bestehlen, solange man sich nur nicht dabei erwischen ließ.

In der Nacht jenes heißen Februartages, als im Dorf das Fest stattfinden sollte, waren die durch die Steppe ziehenden

Impalas nur mehr dunkle Silhouetten vor dem prächtigen orangeroten Sonnenuntergang. Das gestohlene Schwein wurde auf den Dorfplatz gebracht und an den Spieß gehängt. Bald verbreitete sich ein verführerischer Duft. Dies und die klare, kühle Sommernacht, die neue Wasserleitung und die Tatsache, dass man ihnen nicht auf die Schliche gekommen war, sorgten bei allen für gute Laune. Tagsüber stieg das Barometer auf über dreißig Grad Celsius, daher war der Temperatursturz von fünfzehn Grad eine willkommene Abwechslung, die für Erleichterung sorgte. Seit mehreren Tagen schon hatte es nicht geregnet, was für die Jahreszeit ungewöhnlich war, und das ganze Dorf litt unter der erbarmungslosen Glut des Sommers.

Als der Landrover vor dem Arbeiterquartier Halt machte, erstarrten alle vor Schreck. Der Farmer stieg aus und kam mit langen Schritten direkt auf sie zu. In der einen Hand hatte er einen Gehstock, in der anderen ein Gewehr. Mit verzerrtem Gesicht zischte Pieter: »Der Geruch nach Gebratenem ist meilenweit zu riechen.« Er starrte auf das Tier, das am Bratspieß hing, und fragte: »Wer hat mein Schwein gestohlen?«

Die Arbeiter und ihre Familien standen stocksteif da und rührten sich nicht. Niemand sprach ein Wort.

Duma wusste, wer der Täter war. Sein Vater. Und er wusste auch, dass, wenn sein Vater bestraft werden würde, er selbst anschließend ebenfalls seinen Teil abbekäme. Er würde Prügel beziehen von einem Vater, der, in seinem Stolz verletzt, seinen Ärger an jemandem anderen auslassen musste. Um seinen Vater – und auch sich selbst – zu schützen, trat Duma einen Schritt nach vorn. Schließlich war er es gewohnt, dass man ihm die Schuld in die Schuhe

schob. Außerdem würde der Farmer doch sicherlich nicht einen kleinen Jungen wie ihn ins Gefängnis werfen lassen.
»Ich habe es getan, Baas.«
»Du?«
»Ja, Baas.«
»Wie alt bist du?«, knurrte der Farmer.
»Zwölf, Baas.«
»Zwölf. Und wie heißt du?«
»Duma«, murmelte er und starrte auf die staubige Straße.
»Habe ich dich neulich nicht auf einem meiner Traktoren gesehen?«
Duma nickte.
»Obwohl ich euch die Wasserleitung geschenkt habe, bestehlt ihr mich.« Pieter schüttelte den Kopf, dann schrie er: »Bringt mir einen Stuhl. Ich will mit diesem Burschen da reden. Und ich will ihm dabei in die Augen sehen.«
Drei der Dorfbewohner lösten sich aus ihrer Erstarrung. Eifrig darauf bedacht, zu gefallen, beeilten sie sich einen Stuhl herbeizuschaffen. Der Hocker, den einer von ihnen brachte, war grob zurechtgezimmert, aber stabil.
»Das nennst du einen Stuhl?«, sagte Pieter ungnädig. »Nun gut. Her damit!« Er ließ sich auf den Hocker sinken und legte sein Gewehr über die Knie. Er tat es absichtlich sehr langsam, damit die Blicke aller auf die Waffe gerichtet waren.
Der Baas war bekannt dafür, dass er sehr leise und ruhig sprach, um im nächsten Augenblick unkontrolliert in Wut auszubrechen. Die Dorfbewohner hielten den Atem an. Duma schluckte schwer. In was hatte er sich da nur hineingeritten?
»Nun, Junge. Weißt du, was ich mit Dieben mache?«
»Ja, Baas.«

»Sprich lauter!«
»Ja, Baas.«
»Ja, das weißt du. Du hast davon gehört. Ich habe sie in Blechfässer gesperrt, ich habe sie an meinem Wagen festgebunden und hinter mir hergeschleift. Ich habe sie ins Gefängnis gebracht – ein Ort, an dem so schreckliche Dinge geschehen, wie du sie dir niemals ausmalen könntest. Ich habe ihre Häuser in Brand gesteckt. In welcher dieser Hütten hier wohnst du, Junge?«
Stumm und niedergeschlagen deutete Duma auf die Behausung seiner Eltern.
»Hmm. Kaum der Mühe wert.« Pieter Fourie fuhr sich mit den Fingern durch seinen buschigen Bart. »Und was, glaubst du, werde ich mit dir machen?«
»Ich weiß nicht, Baas.«
»Ich werde dir eine Geschichte von einem Schwein erzählen.«
Erstaunt hob Duma den Kopf. Er wagte einen Blick in das zerfurchte Gesicht des Farmers – schließlich lebte man inzwischen in einem freien Land –, doch gleich darauf senkte er den Blick wieder.
»Ja. So ist es. Eine Geschichte über mein kleines Lieblingsschwein. Es war ein bemerkenswertes Schwein – eigentlich mehr ein Schoßtierchen, das zur Familie gehört –, aber etwas an ihm war seltsam. Und weißt du auch, was?«
»Nein, Baas.«
»Es hatte ein Holzbein. Ja, ganz recht, ein Holzbein. Ich habe es ihm eigenhändig angepasst, denn in dieser Sache wollte ich mich nicht auf einen von euch Schurken verlassen. Es war, wie gesagt, ein ganz besonderes Schwein und verdiente nur das Beste. Die Leute kamen zu mir und sag-

ten: ›Warum hat dein Schwein ein Holzbein?‹ Ich antwortete: ›Ich werde euch von diesem Schwein erzählen. Es ist ein Held.‹ Und weißt du auch, warum?«

Niemand sprach ein Wort. Alle fragten sich ängstlich, worauf der Farmer hinauswollte. Sie rechneten mit dem Schlimmsten.

»Letzten Winter, als meine Frau das Öl auf dem Herd zu stark erhitzte, rannte das kleine Schwein über eine Meile durch die Steppe, um mich zu warnen, dass die Küche in Flammen stand. Ich fuhr sofort mit dem Jeep nach Hause, gerade noch rechtzeitig, um den Brand zu löschen und das Haus zu retten. Das hatte ich nur diesem erstaunlichen Schwein zu verdanken. Das Tier war ein Held, ja das war es. ›Und dabei hat es sein Bein verloren?‹, fragten die Leute. ›Hat es sich beim schnellen Lauf durch die Steppe verletzt?‹ Nein. Aber hör nur weiter, ich werde dir noch mehr von ihm erzählen. Als meine Tochter noch klein war, jünger als du«, erklärte Pieter dem Jungen, der zitternd vor ihm auf der sengend heißen Straße stand, »da ging sie im Harts River schwimmen. Es war Sommer und sie war sehr leichtsinnig, sehr dumm und dachte nur an die schöne Abkühlung. Aber der Fluss war von den Regenstürmen so angeschwollen, dass er sie mit sich riss. Das kleine Schwein jedoch ahnte die Gefahr. Es sauste los, stürzte sich in den Fluss und riskierte alles, um sie mit der Schnauze am Bein zu fassen zu kriegen und aus dem Wasser zu ziehen. Es hat sie vor dem Ertrinken bewahrt. Die Leute sprachen: ›Das ist ja unglaublich. Sicher hat es bei dieser Gelegenheit sein Bein verloren.‹ Aber das stimmte nicht. Denn die Geschichte geht noch weiter. Als mein Sohn eines Tages aus dem Landrover stieg, vergaß er die Handbremse anzuziehen. Er arbeitete gerade am Fuß des Hanges, als der Jeep nach unten auf ihn zugerollt kam. Mein braves Schwein beobachtete alles. Es war bereit, sich für jeden von uns zu opfern. Also sprang es vor den Wagen und hielt ihn mit aller Kraft seines Körpers auf. Auf diese Weise hat er auch das Leben meines Sohnes gerettet. Ja, es war ein wahrer Schatz, das arme Schwein. ›Jetzt wissen wir, wie es sein Bein verloren hat‹, sagten die Leute. ›Es wurde von den Rädern des Jeeps zerquetscht.‹ Das dachten die Leute, aber sie täuschten sich. Mein kleines liebes Schwein war zwar schwer verletzt, aber es erholte sich wieder. Und alle vier Beine waren noch dran. Als die Leute das hörten, fragten sie: ›Wie in aller Welt hat es dann sein Bein verloren?‹ Da erklärte ich es ihnen. ›Wenn man ein so wertvolles Schwein hat‹, sagte ich, ›isst man es doch nicht auf einmal auf.‹«

Der Baas lehnte sich zurück und lachte schallend. Als er sah, dass Duma und die anderen ihn fassungslos anstarrten, brach er ab und blickte sie mit kalten Augen an. Hastig fingen alle an zu lachen. Pieter verzog zufrieden das Gesicht, nickte und fing erneut an laut und dröhnend zu lachen.

Doch mit einem Mal verstummte er. »Siehst du, Junge, ich verstehe es, wenn man Hunger hat«, sagte er in die Stille hinein, die dem nervösen Gelächter folgte. »Ich weiß, dass selbst das beste Schwein irgendwann einmal auf dem Teller landet. So ist das eben. Es ist der Lauf der Welt. Und jetzt bring mir das Schwein, das ihr gebraten habt.«

»Ja, Baas.«

Als Duma zehn Schritte gegangen war, stand Pieter auf und rief ihm nach: »Ist es gut und heiß?«

»Ja, Baas.«

»Dann bring es mir mit bloßen Händen.«

Duma zögerte und schluckte mehrmals, bevor er mit leiser Stimme sagte: »Ja, Baas.«

Nachdem der Baas das fertig gegrillte Schwein mitgenommen und die weise Frau des Dorfes Dumas Hände mit Heilpflanzen behandelt hatte, wunderten sich alle sehr über das seltsame Verhalten des Farmers. Warum hatte er keine härtere Strafe verhängt? Dumas Hände würden in einigen Wochen geheilt sein. Für gewöhnlich reichte so etwas nicht aus, um den Farmer zufrieden zu stellen. Und dann war da noch die Wasserleitung. Der Baas versorgte das Dorf mit Wasser. Zugegeben, die Wassertanks der Farm lagen höher, sodass bei Wasserknappheit der Vorrat für das Dorf zuerst versiegen würde. Trotzdem mussten sie jetzt nicht mehr fürchten, dass der Regen ausblieb, und im kommenden Winter brauchten sie keine Angst zu haben, dass die Wasserlöcher austrockneten. Schwamm der Baas etwa auf der Welle der Emanzipation mit, die Südafrika erfasst hatte?

Sie begriffen nicht, dass sie Pieter Fourie nur lebend von Nutzen waren – zumindest für den Augenblick. Ebenso wenig begriffen sie, dass er die Bewohner des Dorfes brauchte, um das eigentliche Ziel, das er mit der neuen Wasserleitung bezweckte, zu erreichen.

Kapitel 24

Der Regen war so heftig, dass man beinahe die Hand nicht mehr vor Augen sah. Die Passanten auf den Straßen versuchten vergeblich ihre Regenschirme gegen den starken Wind aufzuspannen: Wenn sie nicht gleich wie Luftballone davonflogen, klappten sie um oder brachen entzwei. Der Regen prasselte auf die Straßen herab, wo er einen dicken grauen Nebelteppich hinterließ, der jedoch vom Wind gleich wieder fortgetrieben wurde. Der Regen spritzte gegen die Reifen der Autos und gegen die Fußknöchel unerschrockener Passanten, er durchnässte die Pappkartons und Lumpen, mit denen sich die Obdachlosen zu schützen versuchten.

Von seinem warmen Apartment aus sah Kyle hinaus auf die Straßen und das ungemütliche Wetter. Von oben hörte man drei dumpfe Schläge, aber Kyle kümmerte sich nicht darum. In den vergangenen Monaten hatte er sich daran gewöhnt, dass die Bewohner im Stockwerk über ihm einen Höllenlärm veranstalteten. Stattdessen wandte er sich wieder dem grauen Bildschirm seines Computers zu und fuhr fort sein Herz auszuschütten. Sobald er fertig war, drückte er auf die Send-Taste. Nun wurden seine Gefühle in ein Telefonsignal umgewandelt und über den Atlantik gesendet, zur einzigen Person, der er sie anvertrauen konnte.

Hallo, Dr. Crear,
irgendwelche Neuigkeiten von Dwight? Wenn Sie an die angegebene Adresse mailen, können Sie ganz frei und ungeniert schreiben. Es ist mein privater Anschluss zu Hause – wobei man dieses Wohnblock-Apartment wohl eigentlich nicht als Zuhause bezeichnen kann. Ich wohne im 13. Stockwerk, und das ist für die Verhältnisse hier in Atlanta noch sehr weit vom Wolkenkratzer entfernt. Trotzdem darf ich gar nicht daran denken, dass der Aufzug einmal defekt sein könnte. 13 Stockwerke hinaufsteigen zu müssen ... einfach grauenvoll. Das Wetter ist zurzeit scheußlich – genauso nass-kalt und windig wie in England.

In der Firma ist es sehr schwierig, Nachforschungen anzustellen, denn die Computer werden streng überwacht. Auch das ist nicht viel anders als in Cambridge. Sie behaupten, die Überwachung sei dazu da, die Mitarbeiter davon abzuhalten, im Internet zu surfen, aber mir scheint, es hat mehr damit zu tun, dass sie die firmeninternen Geheimnisse bewahren wollen. Sogar die Computermaus ist in dieser Hinsicht bestens ausgerüstet. An der Seite, an der der Daumen aufliegt, hat sie eine Art Fenster, über das der Daumenabdruck eingelesen wird. Auf diese Weise lässt sich sofort feststellen, wer den Computer bedient, und man kann nur die Dateien aufrufen, für die man eine Zugangsberechtigung hat. Ich habe Yttria dabei allerdings vor ein paar Probleme gestellt. Es gelang den Leuten von YPI nicht, die Maschine davon zu überzeugen, dass ein vollkommen glattes Stück Silikon ein Daumenabdruck sein könnte. Jetzt muss ich einen kleinen, kreisförmigen Aufkleber für meinen Daumen benutzen, damit das dämliche Ding ihn als Daumenabdruck interpretiert. Das heißt, ich komme zwar an jeden Computer ran, nicht jedoch an Daten, die über meine Zugriffsrechte hinausgehen. Mir ist noch nichts eingefallen, wie ich das umgehen könnte. Natürlich bleibe ich an der Sache mit den Medikamententests dran, vielleicht sind die entsprechenden Dateien irgendwann doch noch für mich freigeschaltet. Falls ja, werde ich Sie sofort benachrichtigen.

Einen Vorteil hat es, hier in Amerika zu sein. Ich bin nicht mehr so unsicher, was meine verstümmelten Finger angeht. In diesem Land herrscht nicht die Natur, sondern der Schönheitschirurg. Nasen, Hüften, Brüste, Bäuche – an allem wird herumgebastelt, um es dünner, weniger faltig, größer, kleiner oder was auch immer zu machen. Die Leute hier sind geradezu besessen davon, den eigenen Körper neu zu gestalten. Jeder, der sich noch nicht unters Messer gelegt hat, wird nicht nur schief angesehen, sondern gerät

unter Verdacht, entweder sein Äußeres zu vernachlässigen oder – was noch viel schlimmer ist – arm zu sein. So gesehen, passe ich mit meinen Fingern gut dazu.
Ich warte schon gespannt auf eine Antwort von Ihnen,
Kyle.

Bevor er die E-Mail abschickte, dachte er kurz darüber nach, ob er damit ein Risiko einging. Immerhin war er über Yttria an die Wohnung gekommen. War es denkbar, dass sie eine Überwachungsanlage eingebaut hatten? Wussten sie am Ende bereits, was er an Helen Crear geschrieben hatte? Er sah sich in seinem Apartment um und verzog das Gesicht. Er durfte sich nicht in einen Verfolgungswahn hineinsteigern. YPI war ein pharmazeutisches Unternehmen und kein Spionageverein. Außerdem ging es um Wichtigeres als um seinen Job. Vor Jahren, als sein Bruder an den lebenserhaltenden Maschinen gehangen hatte, war er nicht in der Lage gewesen, ihm zu helfen. Aber vielleicht konnte er jetzt Dwight Grant helfen.
Mit seiner künstlichen Fingerspitze tippte er auf die Taste: Ihre Nachricht wurde erfolgreich übermittelt.

Helens Antwort flimmerte über Kyles Monitor wie der Vorspann zu einem Horrorfilm.

Hallo Kyle,
Vielen Dank für die Nachricht. Was Dwight angeht, gibt es leider nichts Neues zu berichten, aber ich habe Beweise dafür, dass es auch noch andere Vorfälle in Westland gegeben hat. Und was die hohe Selbstmordrate in der Jugendstrafanstalt betrifft, scheint es Verbindungen zu YPI zu geben. So, wie es aussieht, ist mindestens

einer der Toten gar kein Selbstmörder gewesen. Es handelt sich um einen Jungen namens Sean Davis, von dem ich glaube, dass er auf Grund der Medikamentengabe gestorben ist. Möglicherweise ist er wie Dwight ins Koma gefallen und man hat die ganze Sache zu vertuschen versucht, indem man einen Selbstmord vortäuschte. Ich vermute, dass man ihn auf das Dach des Gebäudes brachte und hinunterstieß. Konkrete Beweise dafür habe ich nicht, aber dem Arzt, der den Totenschein ausgestellt hat, traue ich nicht über den Weg. Ich vermute, er wurde von YPI bestochen.
Seien Sie vorsichtig,
Helen

Kyle schüttelte ungläubig den Kopf. Die Firma, für die er arbeitete, stellte sich immer mehr als Monster heraus, das ihn fest in seinen Klauen hielt. Wenn sie bei YPI tatsächlich biologische Waffen gegen Schwarze entwickelten, wie konnte er dann weiterhin dort tätig sein und ihr schmutziges Geld nehmen?

Seit langem schon hatte Tristan Lockhart die heimlichen Geschäfte satt, die mit seinem Job einhergingen. Er hätte die Todesfälle der schwarzen Strafgefangenen während der Behandlung mit SZP 19 der nationalen Gesundheitsbehörde melden müssen. Aber die NIH hatte in einem solchen Fall die Befugnis, nicht nur das Sichelzellenprojekt, sondern das gesamte Gentherapieprogramm von YPI zu stoppen. Daher hatte er sich entschlossen die Behörde nicht zu informieren. Schließlich konnten die Todesfälle ja auch andere Ursachen haben, die nicht im Zusammenhang mit der Genbehandlung standen. Zumindest konnte man es so darstellen, als hätten sie andere Ursachen. Abgesehen davon kam es

bei den Medikamententests immer wieder zu unerwünschten Nebenwirkungen und in deren Folge auch vereinzelt zu Fällen mit letalem Ausgang. Das war zwar sehr bedauerlich, es gehörte jedoch dazu, wenn man in der Medizin Fortschritte machen wollte. Die Forschung im Bereich der Sichelzellenanämie musste weitergehen, denn der Einsatz der pharmazeutischen Industrie war enorm hoch.
Müde von dem ewigen Taktieren und Manövrieren sah Lockhart durch das vom Regen beschlagene Fenster seines in den oberen Stockwerken gelegenen Büros hinaus und wünschte sich eine andere Entscheidung in Sachen SZP 19 treffen zu können.
Ein Bluttest bei seinem noch ungeborenen Enkelkind hatte ergeben, dass es das Sichelzellen-Gen vererbt bekommen hatte.

Kapitel 25

Auf dem Dach seines Büros in Westminster beugte sich der Verteidigungsminister über die Mauer und starrte in die graubraune Brühe der Themse. Die Wirtschaftsministerin zog ihren Mantel enger, um sich gegen den kalten Wind zu schützen.
»Ich wollte Ihnen nur unsere Grundsätze in punkto Waffenexporte in Erinnerung rufen«, sagte der Verteidigungsminister. »Sie wissen, dass der Premierminister es gerne sieht, wenn alle in der gleichen Tonart singen. Und da Sie neu in unseren Reihen sind, möchte er sicherstellen, dass Sie . . . nun ja, Sie wissen schon.«

Die Ministerin runzelte die Stirn. »Ich darf Ihnen versichern, dass ich die Leitlinien unserer Politik sehr wohl kenne.«

»Mir ist da etwas über eine Exportlizenz für Yttria Pharmaceuticals zu Ohren gekommen.«

»Ach ja?«

Den Blick auf einen Schleppkahn gerichtet, der sich der Westminster Bridge näherte, sagte der Verteidigungsminister: »In meinen Augen ist das eine ziemlich heikle Angelegenheit.«

Offensichtlich hatte er sich im Handelsministerium umgehört. Die Ministerin antwortete ruhig: »Ich kann Ihnen versichern, dass alles vollkommen legal ist. Die Genehmigung wird im Rahmen einer wichtigen Forschungsstudie über die Sichelzellenanämie erteilt.«

»Dann ist ja alles in Ordnung. Solange Sie der Überzeugung sind, dass die Sache sich im Rahmen unserer ethischen Grundsätze bewegt, wird es der Regierung auch nicht schaden.« Er streckte sich, vermied es jedoch, ihr direkt in die Augen zu sehen. »Es gibt da noch einen weiteren Grund, warum ich mit Ihnen über diese Angelegenheit sprechen wollte. Der Premierminister möchte uns an vorderster Front stehen sehen, was die Initiative gegen Biowaffen angeht. England soll in dieser Sache federführend sein und eindeutig zu den Guten gehören.«

Die Ministerin zog die Augenbrauen hoch. »Es ist sehr einsam an vorderster Front. Von welcher Initiative sprechen Sie eigentlich? Es wird keine geben, denn so, wie ich das sehe, hat keine Regierung ein Interesse daran, die Schlupflöcher, die die Biowaffen-Konvention eröffnet, zu stopfen.«

»Und was sind Ihrer Meinung nach die Gründe dafür?«

»Eine Verschärfung der bestehenden Gesetze würde bedeu-

ten, dass man vor Ort Inspektionen durchführen müsste, um sicherzustellen, dass nicht Waffen, sondern ausschließlich medizinische Produkte hergestellt werden. Pharmaindustrie und Biotechnologie-Unternehmen wären die Ersten, bei denen man anfangen würde, und das werden sie mit Sicherheit zu verhindern wissen. Schließlich haben sie ein Interesse daran, ihre Firmengeheimnisse zu wahren.«
»Ist es jetzt schon so weit, dass diese Wirtschaftsunternehmen der Regierung vorschreiben, was sie zu tun und zu lassen hat? Solche Inspektionen wären zumindest im Einklang mit unseren politischen Moralvorstellungen.«
»Keine Regierung eines Landes würde so etwas tun. Sie wissen es und der Premierminister weiß ebenfalls, wie mächtig die multinationalen Pharmagiganten sind. Und Sie wissen auch, wie viel Geld sie ins Land bringen. Sie sind unantastbar. Es wäre unser finanzieller Ruin, sie zu gängeln. Dann gibt es da noch die aufstrebenden Pharma-Firmen wie YPI – die Giganten von morgen. Sie besitzen ein viel versprechendes Potenzial, das man tunlichst nicht mit Beschränkungen einengen sollte. Wenn wir sie mit unnötigen Auflagen und Inspektionen bedrängen, packen sie ihre Sachen und gehen woanders hin. Und zwar dorthin, wo man nicht so regulierungswütig ist. Es ist meine Aufgabe, die Wirtschaft zu fördern und unseren Mitbürgern ein sicheres Einkommen und gute Jobs zu garantieren. Wir wollen doch schließlich nicht Kommandierende auf der Titanic sein, oder?«
Der Verteidigungsminister wandte sich um und sah sie an. Er lächelte. »Ich überlasse es Ihnen, das dem Premierminister zu erklären.«

Kapitel 26

Das Wasserversorgungssystem war fertig installiert. In der Nähe der Farm, gleich neben dem Wassertank der Weißen, befand sich nun ein Tank für die Schwarzen. Eine langes Leitungsrohr führte zu den Quartieren der Arbeiter und endete an dem Wasserhahn mitten im Dorf. Das Einzige, was Pieter Fourie und Eugene Knobel jetzt noch fehlte, um ihr Experiment durchzuführen, war die Waffe.

Erhitzt und völlig verschwitzt, ließ Pieter sich in einen Sessel fallen und erging sich zum wiederholten Mal in seinem Lieblingsthema. »Soll ich dir sagen, was ich an ihnen am meisten hasse? Ihre Augen, so weiß und starr, besonders wenn sie wütend werden. Dieses helle Weiß in dem schwarzen Gesicht wirkt irgendwie bedrohlich, weißt du? Das ist nicht richtig. Kein Wunder, dass sie uns gegen sich aufbringen, wenn sie so aussehen. Es ist ihre eigene Schuld.«

Eugene hörte nur halbherzig zu. Seit drei Monaten hielt er sich nun in Pieters Haus auf und mittlerweile hatte er alles gehört, was der zu sagen hatte. Inzwischen kannte er dessen gesamtes Repertoire in- und auswendig. Das war der Unterschied zwischen beiden Männern. Pieter redete viel und handelte wenig, und wenn er handelte, dann unbedacht. Eugene hingegen sprach wenig, aber plante ruhig und zielstrebig. Bei ihm gab es keine Wutausbrüche. Er plante Massenmord so wie ein Schuljunge seine frechen Streiche. Jetzt nahm er den Ausdruck einer E-Mail in die Hand und fing an sie zu lesen. Seine Augen funkelten. »Darauf haben wir gewartet. Eine Nachricht von YPI in England.«

Pieter richtete sich auf. »Was steht drin? Gute Neuigkeiten?«

Eugene überflog die Zeilen. Er wirkte sehr zufrieden. »Sehr gut. Wenn man diesen Leuten Glauben schenkt, kaufen wir gar keine biologische Waffe, sondern helfen ihnen eines ihrer Produkte zu entwickeln. Sie schreiben, dass sie ein wirksames Heilmittel gegen Sichelzellenanämie herstellen wollen. Sollte sich jedoch zufällig herausstellen, dass es auch als Gift verwendet werden kann, dann besteht unsere Aufgabe darin, die Auswirkungen zu untersuchen. Wenn das ihre Sprachregelung ist, meinetwegen. Dann sind wir also ab sofort Forscher im Dienste von YPI!« Eugene lachte hämisch. »Diese Leute verstehen es wirklich, mit Worten zu jonglieren.« Er hielt den Brief an seine Nase und sagte: »Ich rieche förmlich, dass hier ein Politiker am Werk war.«

»Ich hasse Engländer. Man kann ihnen nicht trauen, aber in diesem Fall . . .« Pieter sehnte den Tag herbei, an dem er die Biowaffe endlich in der Hand hielt, und dafür war er sogar bereit eines seiner Vorurteile aufzugeben. »Wann kriegen wir das Zeug?«

»Ein Zeitpunkt wird nicht genannt, aber es kann nicht mehr lange dauern«, antwortete Eugene und reichte ihm das Blatt Papier. »Als ich noch mit Bakterien arbeitete, die ausschließlich Schwarze attackieren sollten, ist es mir nie gelungen, die kleinen Teufel dazu zu bringen, das zu tun, was von ihnen erwartet wurde. Ich spreche von den Bakterien, nicht von den Schwarzen«, fügte er mit einem leichten Lächeln hinzu. »Aber wenn ich es recht bedenke, schaffte es die alte Regierung auch nicht, die Schwarzen dazu zu bringen, das zu tun, was man von ihnen erwartete. Wie es aussieht, war zumindest einer der Konzerne erfolgreicher als ich. Jetzt geht es allerdings noch darum, wie man die Ware sicher verpackt, konserviert und verschickt. Also müssen wir uns noch ein wenig gedulden.«

Es war März. Bald würde man den Tag der Menschenrechte begehen. Aber daran dachten die beiden Männer nicht.

Kapitel 27

Sobald Paul am Freitagnachmittag seine Tutorenstunde hinter sich gebracht hatte, eilte er zur Tür hinaus. Niedergeschlagen stieg er in sein Auto, in dem bereits sein Koffer mit dem Nötigsten lag. Auf der M45 fuhr er von Coventry aus in Richtung Süden. Die Liste der Dinge, die ihn plagten, war lang. Sein jüngstes Forschungsvorhaben war abgelehnt worden. Was Dwight Grants Blutproben anging, so musste er Helen enttäuschen. Auch die letzten Tests hatten keine aufschlussreichen Resultate ergeben. Das Tutorium, das er gerade abgehalten hatte, war eher eine Vorlesung gewesen, denn die Universität hatte zu viele Studenten aufgenommen, um noch in kleinen Gruppen zu unterrichten. Seine Wohnung hatte einen Putztag dringend nötig, sein Computer spielte verrückt, sein Schreibtisch quoll über und mit dem Verwaltungsschreibkram war er hoffnungslos im Rückstand. Außerdem musste er endlich seine Kreditkartennummer ändern lassen, denn ein Hacker trieb mit ausgedehnten Streifzügen beim Onlineshopping Pauls Schulden in astronomische Höhen. Kurzum, er hatte einen Lichtblick in seinem Leben mehr als nötig. Und da er mit seinem Unterrichtspensum für dieses Trimester bereits fertig war, hatte er beschlossen sich einen vorgezogenen Osterurlaub zu gönnen.

Der Verkehr auf der M1 verbesserte seine Laune auch nicht gerade. Straßenarbeiten in der Nähe von Watford Gap kosteten ihn eine dreiviertel Stunde. Aber schließlich erreichte er sein Ziel. Er hielt vor Helens Auffahrt und warf einen Blick auf das Haus. Auch wenn es eines der kleineren Anwesen in der eleganten Wohngegend war, sah es doch sehr beeindruckend aus. Früher hatten er und Helen sich nicht einmal ein altes, verrostetes Auto leisten können. Jetzt besaß sie dieses schmucke Einfamilienhaus. Und dennoch. Damals waren sie chaotisch, arm und glücklich gewesen. Jetzt waren sie nur noch chaotisch.

Sein Pech schien sich fortzusetzen, denn Helen war nicht da. Auf sein Klingen öffnete niemand die Tür. Langsam wurde es dunkel. Paul rief Helen über das Handy an und erfuhr, dass sie sich verspäten würde. Es hatte einen Kampf rivalisierender Banden gegeben und Helen half die Verletzten zu versorgen. Aber sie versprach so bald wie möglich nach Hause zu kommen. Paul schloss seinen Wagen ab und schlenderte gemächlich zum Pub am Ende der Straße.

Zu Hause in Coventry nahm währenddessen Pauls Videorekorder ungerührt das falsche Fernsehprogramm auf.

Als Helen den Pub betrat, wirkte sie ausgelaugt und erschöpft. Die Umarmung, mit der sie sich begrüßten, war halbherzig und irgendwie seltsam. Es war keine leidenschaftslose Geste, aber es war auch nicht die Umarmung von Liebenden.

Zuerst sprachen sie über Belanglosigkeiten. »Du siehst so aus, als könntest du einen Drink vertragen. Was möchtest du?« – »Wie war die Reise?« – »Sind deine Arbeitstage im Krankenhaus immer so hektisch?« – »Wie viele Studenten betreust du?« Die schwierigeren Fragen mussten warten, bis sie beide bei Helen zu Hause waren.

»Nun sag schon«, begann Helen, während sie vor ihrer faden, aufgewärmten Mahlzeit aus der Mikrowelle und einem guten Rotwein saß. »Hast du neue Resultate von Dwights Blutproben?«

»Nichts, das so hieb- und stichfest ist, dass du dein Leben – oder seines – darauf verwetten würdest.«

»Aber du hast etwas.«

»Nicht unbedingt«, erwiderte Paul. »Wie ich dir ja schon in meiner E-Mail geschrieben habe: Es gibt keinerlei Anzeichen für irgendwelche Drogen. Allerdings kamen wir auf die schlaue Idee, ein DNA-Profil zu erstellen.«

»Und?«, fragte Helen sofort.

»Nun ja, ich weiß ja nicht genau, was für deinen Dwight als normal gelten kann, aber eine der DNA-Abfolgen sah merkwürdig aus.«

»Inwiefern?«

Paul zuckte die Schultern. »Ein Strang entsprach keiner einzigen der uns bekannten Sequenzen.«

»So als ob etwas verändert worden wäre?«

»Möglicherweise. Aber wie?«

»Was, wenn er eine Gentherapie bekam?«

»Ja, das ergäbe einen Sinn«, erwiderte Paul, ohne zu zögern. »Aber glaube bloß nicht, dass ich mich hier auf sicherem Terrain bewege. Wir haben versucht die Analyse zu wiederholen – Fehlanzeige. Vielleicht haben wir es uns auch einfach nur eingebildet. Oder das Experiment war fehlerhaft.«

Helen nickte. »Vielleicht. Aber das könnte die Lösung sein.

Er wurde einer Gentherapie unterzogen, auf die sein Körper aggressiv reagierte.«

»Wenn das stimmt – ich sage ausdrücklich wenn –, dann stellt sich die Frage, ob diese Reaktion gewollt oder nur ein unerwünschter Nebeneffekt war.«

»Ja, das ist der springende Punkt«, stimmte Helen ihm zu. »Und nur YPI kann diese Frage beantworten. Aber die kriegen verdammt noch mal den Mund nicht auf.«

»Schreist du immer noch die Leute am Telefon an?«

»Nur wenn sie es nicht anders verdient haben«, sagte sie mit einem Lächeln. »Wie dem auch sei, vielen Dank, dass du dir solche Mühe gegeben hast, Paul.«

»Es war mir ein Vergnügen. Außerdem hatte ich auf diese Weise einen Vorwand, hierher zu fahren und dir das endgültige Ergebnis persönlich mitzuteilen. Das war es allemal wert.«

»Du hättest mir eine E-Mail oder ein Fax schicken können, so wie du es vorher auch getan hast.«

Mit einem schiefen Lächeln sagte Paul: »Aber das wäre nicht dasselbe gewesen, oder?«

Helen schüttelte den Kopf. »Warum bist du gekommen, Paul?«

»Ich wollte dich sehen. Es ist schon so lange her.«

»Zu lange.«

»Hast du irgendeine Beziehung?«, fragte Paul. »Du weißt schon, was ich meine.«

»Mit wem denn? Außerdem, wann sollte ich die Zeit dazu finden?«

»Ich nehme an, das heißt Nein«, sagte Paul.

»Die Frage lautet: Will ich überhaupt?«

»Und wie lautet die Antwort darauf?«

»Wir sind gut bei den Fragen, nicht bei den Antworten.«
Über den Tisch hinweg nahm Paul ihre Hand in seine. »Du musst mir nur einen Wink geben und ich verziehe mich wieder, wenn es das ist, was du willst.« Im Schein des Kerzenlichts sah er in ihr Gesicht. Er entdeckte nichts, das ihm Anlass gab, seine Hand wieder zurückzuziehen.

Unvermittelt fuhr Helen Crear hoch. Sie war hellwach.
»Hey!«
Paul verzog schlaftrunken sein Gesicht und stöhnte.
»Hm? Was ist?«
»Könntest du auch bei den Selbstmordopfern eine DNA-Analyse durchführen?«
»Was?«
»Falls der Pathologe den Toten Gewebeproben entnommen hat, könntest du dann eine DNA-Analyse machen?«
Paul murmelte: »Jetzt gleich nicht, nein.«
»Aber du könntest es.«
»Ja, aber . . .« Er rieb sich die Augen. »Was sagst du da? Die Gentherapie führt zu Selbstmorden? Wie viel Uhr ist es eigentlich?«
»Nein. Das ist eine lange Geschichte. Und es ist halb vier.«
»Dann gehe ich nirgendwo hin«, sagte Paul und drehte sich auf den Rücken. »Aber wenn ich mich nicht irre, ist mit Schlafen auch nichts mehr.« Er stieß einen langen Seufzer aus.
Das Schlafzimmer roch noch immer leicht nach Heidelbeeren von der Duftkerze, die Helen am Abend angezündet hatte. Sie erläuterte ihm ihre Theorie über die Toten von Westland. Ihrer Meinung nach waren die Jugendlichen genau wie Dwight ins Koma gefallen und dann gestorben. Ihr

Tod wurde als Selbstmord hingestellt, damit niemand unangenehme Fragen stellte. Bei Dwight Grant funktionierte das nicht, weil er auf dem Fußballfeld zusammengebrochen war, vor den Augen einer kleinen Schar Zuschauer. Helen nahm an, dass man ihn, wenn er ganz im Stillen in seiner Zelle umgefallen und gestorben wäre, genauso zum Selbstmörder gemacht hätte wie die anderen auch. Vielleicht hätte man es so dargestellt, als wäre er aus dem Fenster gesprungen oder als hätte er sich aufgehängt oder eine Überdosis genommen. »Wenn ich Recht habe«, sagte Helen, »und es sich bei diesen jungen Leuten um Opfer einer YPI-Gentherapie handelt, dann müssen sich bei ihnen die gleichen DNA-Anomalien nachweisen lassen wie bei Dwight.«

»Ist die Medizin immer so aufregend?«, murmelte Paul und zeigte ein müdes Grinsen. »Was habe ich da all die Jahre verpasst.«

»Das kann sich ab sofort ändern«, erwiderte Helen. »Ich kann dich so tief in die Sache hineinziehen, wie du nur willst.«

»Einverstanden«, stimmte Paul ihr zu. »Ich hatte ohnehin nicht vor meine Forschungsarbeit von YPI finanzieren zu lassen. Außerdem«, fügte er hinzu, »klingt es so, als wäre es eine lohnenswerte Sache.«

»Danke. Auf dich kann man sich einfach verlassen.«

»Du hast noch nicht gehört, welchen Gefallen ich dafür von dir verlange.«

Helen kuschelte sich an ihn und sagte: »Ich glaube, ich ahne es.«

Kapitel 28

Auf der Landkarte sah es gar nicht so weit aus. Nur einige Zentimeter zwischen Atlanta und Memphis. Aber es waren 340 Meilen – genauso weit wie von Cambridge nach Edinburgh. In gewisser Weise lag Memphis am anderen Ende der Welt, also warum starrte Kyle dann so interessiert auf die Website des *Memphis Flyer?* Er hatte im Internet nach unerklärlichen Todesfällen in den Südstaaten gesucht, als die Suchmaschine ihm einen Zeitungsartikel auflistete, in dem es um den seltsamen Fall eines obdachlosen Afroamerikaners namens Mitch ging. Die Geschichte stimmte Kyle traurig. In dem Bericht stand, dass offenbar niemand etwas über Mitch wusste. Nicht einmal seinen Nachnamen kannte man. Er war einfach Mitch aus Memphis. Jetzt war er nur noch eine Zahl in der Statistik, ein Nichts. Das einzig Bemerkenswerte an ihm war sein mysteriöser Tod im Grady Memorial Hospital gewesen. Natürlich konnte ihn irgendetwas Ungewöhnliches dahingerafft haben – ein seltener Virus, eine neue Straßendroge, eine unerwartete Krankheit –, aber für Kyle sprangen die Parallelen zu Dwight Grant geradezu ins Auge. Vor zwei Wochen war Mitch aus unbekannten Gründen ins Koma gefallen und gestorben, bevor man ihn ins Bewusstsein zurückholen konnte. Weil sein Zustand so außergewöhnlich war, hatte das Krankenhaus ihn von den anderen Patienten isoliert.

Aber selbst wenn Kyle mit seiner Vermutung Recht hatte, dass es – wie unwahrscheinlich dies auch klingen mochte – tatsächlich einen Zusammenhang zwischen Mitch und dem viertausend Meilen entfernten Dwight gab, so sagte ihm das noch immer nicht, was er nun tun sollte.

Bei Yttria hatte Kyle eine ganze Reihe von Kollegen kennen gelernt. Allerdings würde er keinen von ihnen als seinen Freund bezeichnen. Nicht wirklich. Er kam sich mehr als Objekt ihrer Neugierde vor denn als Freund. Er ging in die dreizehnte Etage zu einer Fortbildungsveranstaltung über Gentechnologie. Sein Nachbar in der Gesprächsrunde war ein Mann mit außerordentlich langen Koteletten. Er war ungefähr zehn Jahre älter als Kyle, sah ein bisschen aus wie Elvis Presley und sprach mit dem Kyle inzwischen bereits vertrauten, breiten Südstaatenakzent.
»Bist du neu hier?«
»Ja, ich komme aus . . .«
»England!«, rief der Mann, der sofort Kyles Zungenschlag identifiziert hatte. »Jetzt erzähl mir nur nicht, dass du mit der Queen verwandt bist!«
»Nein, bin ich nicht.«
»So ein Pech.« Da in diesem Augenblick die Veranstaltung begann, konnte der Mann nur noch rasch hinzufügen: »Ich bin Max. Biotechnologe.«
»Kyle. Ich bin Chemiker, sitze aber den ganzen Tag nur am Computer.«
Hinterher unterhielten sie sich noch eine Weile über den Vortrag und gingen zusammen in die extravagant ausgestattete Kantine von Yttria. Max stopfte sich möglichst viele Pommes auf einmal in den Mund und fragte: »Und was tust du hier im guten alten Atlanta, Kyle?«
»Ich schätze, ich bin hier, um neue Erfahrungen zu sammeln.«
Max biss ein großes Stück von seinem fetten Hamburger ab und kaute geräuschvoll darauf herum. »Heimweh?«
Kyle zuckte die Schultern. »Alles ist so anders hier. Es

braucht wohl eine gewisse Zeit, bis ich mich daran gewöhnt habe.«

Kyle überlegte, dass sein Gegenüber vermutlich ein Einzelgänger war. Bei diesem Gedanken musste Kyle lächeln, denn in Amerika fühlte er sich selbst auch als Einzelgänger. Vielleicht war es sogar unvermeidlich gewesen, dass sie beide sich getroffen hatten. Zwei traurige Fälle.

»Dafür bekommst du aber auch was geboten. Hier hast du das gelobte Land, das Land, in dem sich der amerikanische Traum erfüllt. Du hast einen hohen Lebensstandard und eine herrliche Landschaft, du kannst tun und lassen, was du willst; hier hast du Coke und Big Macs, die tollste Musik der Welt . . .«

»Tatsächlich?«

»Klar doch. Du brauchst nur nach Memphis zu gehen. Dort findest du Elvis, den unbestrittenen King of Rock 'n' Roll. Jeder weiß, dass er der King ist. Niemand kann ihm diesen Titel streitig machen. Was habt ihr in England dagegenzusetzen? Nur euren schlappschwänzigen Cliff Richard.« Er lachte. »Lieber Himmel, was für eine Witzfigur. Schau dir dagegen Elvis an. Wie du vielleicht schon erraten hast, schlüpfe ich ab und zu in seine Rolle. Allerdings habe ich heute meine Blue Suede Shoes nicht an. Nein, niemand kann seinen Platz einnehmen. Niemand ist wie Elvis.«

Wenn er an Memphis dachte, kam Kyle eher der obdachlose Mitch als Elvis Presley in den Sinn.

»Ich mag Musik gern, aber Elvis ist nicht unbedingt nach meinem Geschmack. Ich schaue lieber vorwärts und nicht zurück.«

»Wozu, wenn Elvis bereits alles vollbracht, alles gesagt, alles gesungen hat?«

»Hmmm.«
»Das klingt nicht gerade sehr überzeugt.«
Kyle lächelte. »Bin ich auch nicht. Rock, Pop und Countrymusic – das ist hier so ein süßlicher Einheitsbrei. Mal abgesehen von Rap klingt alles gleich. Leichte Kost eben.«
»Über Geschmack lässt sich nicht streiten«, erwiderte Max und stopfte noch mehr Pommes in sich hinein. Er schien begriffen zu haben, dass er diesen Neuen aus England nicht bekehren konnte, denn er wechselte das Thema. »Ich muss allerdings zugeben, dass das Leben hier auch seine Nachteile hat. Es gibt große kulturelle Unterschiede, die verrückten Kids auf der Straße haben keinen Respekt mehr, es wimmelt nur so von Drogendealern und Morde sind an der Tagesordnung. Das ist der Preis der Freiheit, schätze ich. Freiheit gibt es nicht zum Nulltarif.« Um nicht länger bei diesem trübsinnigen Gedanken zu verweilen, fragte Max plötzlich: »Was sagt eigentlich deine Familie dazu, dass du nach Amerika gegangen bist?«
Wieder zuckte Kyle die Schultern. »Sie halten es vermutlich für einen Karrieresprung.«
»Freundin?«
Kyle schüttelte den Kopf.
»Geschwister?«
»Nein . . . nicht mehr.«
Diesmal hörte Max auf zu essen. Er legte seinen Hamburger auf den Teller zurück und starrte Kyle an. »Du auch, hm?«
»Wie bitte?«
»Wir haben etwas gemeinsam, du und ich«, erklärte Max ernst. »Vielleicht haben wir uns deshalb gefunden. Ich habe eine Schwester verloren.«
Er schien auf eine Erwiderung zu warten, daher sagte Kyle:

»Und ich meinen Bruder.«

Max schüttelte mitfühlend den Kopf. »Wie?«

»Ein Autounfall.« Kyle zögerte kurz, bevor er fragte: »Und deine Schwester?«

»Es war . . .« Max blickte auf die Überreste seiner Mahlzeit auf seinem Teller und dann zurück zu Kyle. »Ich will verdammt sein, wenn sie nicht auch auf der Straße umgekommen ist. Auf einer gottverfluchten Straße.«

Kyle wusste nicht so recht, was er von dieser Antwort halten sollte. Sprach Max von einem Autounfall? Vielleicht, vielleicht auch nicht. Auf jeden Fall hatte er das Gefühl, dass es besser war, nicht weiter auf diesem Thema herumzureiten. Daher fragte er: »Was machst du eigentlich in der Biotechnologie?«

Max schwieg für eine Weile. Kyle fürchtete bereits sein Gegenüber würde in Tränen ausbrechen, einen Wutanfall bekommen oder ohne ein weiteres Wort aus der Kantine laufen, doch da nahm Max einen großen Schluck Cola und lächelte. »Okay, zugegeben, das Zeug ist nicht gut für die Zähne, aber es schmeckt erstklassig. Eine Ikone in einer Flasche.« Er stellte sein Glas ab, kratzte die Reste seines Essen auf dem Teller zusammen und sagte: »Ich habe mit Genmanipulation zu tun. Ihr Engländer haltet nicht viel davon, oder? Ich habe von den Protesten gegen genveränderte Lebensmittel bei euch gehört. Aber ihr werdet eure Meinung rasch ändern, wenn die Gentechnologie erst einmal Krebs, Muskeldystrophie, Alzheimer und was sonst noch alles heilen kann.«

»Und Sichelzellenanämie?«

»Du weißt darüber Bescheid?«

Kyle begriff sofort, welche Gelegenheit sich ihm da bot.

»Klar«, sagte er. »Ich habe mich in Cambridge eine Zeit lang damit beschäftigt.«
»Tatsächlich?«
»Ja«, gab Kyle zurück und fragte sich, wohin ihre Unterhaltung wohl führen würde. Er bemühte sich nach außen hin gelassen zu wirken, obwohl sein Herz in Wirklichkeit vor Aufregung raste.
»Ich auch. Dann haben wir ja schon drei Dinge gemeinsamen.«
»Drei?«
»Die Musik, den Verlust einer Schwester beziehungsweise eines Bruders und SZP 19.«
»Ach ja, SZP 19. Und was genau machst du da?«, fragte Kyle, so als würde der Begriff ihm selbstverständlich etwas sagen.
Max zögerte. Dann legte er den Finger auf die zusammengepressten Lippen. »Pst! Alles ganz geheim, verstehst du?« Die Geste wirkte komisch, aber seine Worte klangen ernst. Offensichtlich hielt er sich an die offizielle Firmenpolitik der strikten Geheimhaltung.
Kyle beschloss sich noch ein klein wenig weiter vorzuwagen und sagte: »Schade, dass es solche Nebenwirkungen hat.«
»Ja«, sagte Max, doch dann fügte er ruhig und mit einem Lächeln hinzu: »Es kommt allerdings darauf an, wofür man es einsetzt, nicht wahr?«
Kyle nickte. »So ist es.«

Helen,
Volltreffer! Ich habe mit jemandem in der Firma über Genmanipulation und Sichelzellenanämie gesprochen. Er hat zugegeben, dass es eine Therapie gibt und dass sie Nebenwirkungen hat. So

wie es aussieht, sind wir hinter etwas her, das sich SZP 19 nennt. Er deutete an, dass die Nebenwirkungen auch nützlich sein könnten. Das lässt mich vermuten, dass YPI darüber nachdenkt, das Zeug auch als Waffe einzusetzen.
Kyle

Kapitel 29

Der Pathologe blickte von seinen Notizen zu den Selbstmorden in Westland auf und sah Helen und ihren Begleiter über seine Halbbrille hinweg an.
»Nein. Offiziell fehlte nichts, als man die Leichen ihren Verwandten überstellte.«
»Das heißt, dass Sie offiziell auch keine Gewebeproben haben. Und inoffiziell?«, fragte Helen prompt.
Er sah erneut in seine Unterlagen, blätterte eine Seite um und sagte: »Die Forschung hat das eine oder andere – hauptsächlich Leber und Nieren – behalten. Die Männer waren Sichelzellenträger und es könnte ja sein, dass man sich hier im Krankenhaus in Zukunft einmal mit diesem Thema beschäftigen will.«
»Forschung. Danke schön.«
Während er mit Helen in Richtung Forschungsabteilung eilte, konnte Paul insgeheim ein Lächeln nicht unterdrücken. Es war schon eine merkwürdige Art und Weise, zwei Wochen Urlaub damit zu verbringen, nach irgendwelchen Organen zu suchen und dabei dem zu lauschen, was Helen von einem Maulwurf namens Kyle Proctor berichtete. Aber er war einfach nur glücklich bei ihr zu sein.

Dwight Grant befand sich noch immer in seiner eigenen Welt, irgendwo zwischen Leben und Tod. In der richtigen Welt zeigte er allerdings nicht das geringste Lebenszeichen. Es war, als habe er seinen Körper verlassen und sei wie durch eine geheime Tür in ein anderes Universum entschwunden. Vielleicht gefiel es ihm dort so gut, dass er keine Lust mehr hatte, auf das öde Leben in der Jugendstrafanstalt. Vielleicht fand er aber auch einfach nur die Tür nicht mehr, durch die er in seinen Körper zurückkehren konnte. Geräusche schien er jedenfalls nicht wahrzunehmen – weder die besorgten Gespräche seiner Eltern und seines Onkels an seinem Krankenbett noch die enttäuschten Kommentare von Krankenschwestern und Ärzten oder die erregten Diskussionen der Mitglieder der *Black und Asian Defenders*. Und auch nicht die Kassette, die man ihm mindestens viermal am Tag vorspielte.
Es war Dr. Crears Idee gewesen. Sie hatte den Torschützenkönig von Arsenal überredet, ein paar aufmunternde Worte für Dwight auf Band zu sprechen. Aber es nützte alles nichts. Dwight lag da und rührte sich nicht.
Wenn schon Geräusche für Dwight keine Rolle spielten, so erst recht nicht das, was ihn umgab. Denn sonst wäre er beim Anblick des handsignierten Trikots von Arsenal, das auf ihn wartete, sicher längst aus seiner anderen Welt zurückgekehrt.
Nach zwei Monaten antiviraler Therapie gab es noch immer kein Ergebnis. Keinerlei Veränderung. Wenn sein Zustand von einem Virus herrührte, so hatte es den Schaden bereits angerichtet.
Ganz gleich, wer zu ihm sprach, ganz gleich, wer neben seinem Bett saß, ganz gleich, was Dr. Crear auch ausprobierte:

Dwight lag da, unberührt von allem, was um ihm herum geschah.
Mit hängenden Schultern saß Onkel Akoda auf einem Stuhl neben Dwights Bett und lauschte der Stimme des Stürmers von Arsenal. »Genauso ist es«, stimmte er dessen Worten zu, so als befände sich der Fußballspieler tatsächlich mit im Zimmer. »Genauso ist es. Hör genau zu, Dwight.«
Als die Kassette zu Ende war, seufzte Dwights Onkel. Vorsichtig, damit er die vielen Schläuche, die Dwight umgaben und von denen sein Leben abhing, nicht berührte, stand Akoda auf und trat ganz nah an das Bett heran. »Du musst aufpassen, was er sagt. Er ist ein toller Stürmer und er fährt ein tolles Auto. Wenn die Polizei ihn in seinem Wagen anhält und sieht, um wen es sich handelt, lässt sie ihn gleich wieder weiterfahren. Respekt. Den muss man sich im Leben erwerben, Dwight. Respekt.« Sogar in dem gedämpften Licht des Krankenzimmers setzte Akoda seine Sonnenbrille nicht ab. »Und den bekommt man nicht, wenn man nur im Bett herumliegt. Du musst aufstehen und was aus dir machen. Du musst dich bemerkbar machen, damit die anderen Notiz von dir nehmen.«
Dabei konnte jeder sehen, dass Dwight nicht einfach nur schlief. Er rührte sich nicht und atmete nur mithilfe einer Maschine. Nicht einmal die Augäpfel bewegten sich hinter den geschlossenen Lidern. Es war unnatürlich. Es sah aus wie der Tod und doch war es etwas anderes. Etwas, das viel weniger konkret war.
Akoda sagte: »Du zerstörst deine Mum und deinen Dad, Dwight. Warum wachst du nicht auf?« Eine Träne rollte unter Akodas Brillengläsern hervor. Er wischte sie rasch fort und schaute sich verlegen um, ob jemand es gesehen hatte.

Mit einem verzweifelten Kopfschütteln schob er einen weiteren Zehner unter Dwights Kopfkissen. Dann ging er aus dem Zimmer und ließ die wachsbleiche Puppe zurück, zu der Dwight geworden war.

Der Ball flog über Pauls Kopf hinweg und landete in der hintersten Ecke des Spielfeldes, sodass Paul nicht die geringste Chance hatte, zu kontern. Er hatte nicht einmal genug Platz um mit seinem Schläger auszuholen.
Paul hob den Ball auf und gab ihn seiner Gegnerin zurück.
»Was hast du vor, Helen?«
»Was glaubst du denn? Dich im Squash schlagen, natürlich.«
Bevor sie erneut aufschlagen konnte, antwortete er rasch: »Das sehe ich. Und du hast sogar Erfolg damit. Nein, ich meinte etwas anderes. Was hast du vor, jetzt, wo du das Ergebnis der Analyse der Nierengewebeproben kennst?«
Helen wandte sich ihm zu. Sie sah ihn verwundert an. »Was glaubst du denn? Einem Patienten helfen, natürlich.«
»Wirklich?«, sagte Paul. »Bei einer der Proben ist das Ergebnis positiv. Es gibt Hinweise für die gleiche DNA-Abnormalität wie bei Dwight Grant. Daraus lässt sich eine Parallele zwischen deinem Patienten und einem der Selbstmordkandidaten ablesen. Das ist aber auch schon alles. Du hast immer noch keine Ahnung, was tatsächlich vorgefallen ist. Du weißt nur, dass sowohl Dwight als auch der Tote in der Jugendstrafanstalt einsaßen und beide an dem Medikamententest teilgenommen haben.«
Helen ließ einen tiefen Seufzer hören.
»Sie haben beide das gleiche abnormale Gen. Das sagt mir, dass sie beide vermutlich die gleiche Gentherapie erhalten haben.«

»*Vermutlich* ist hierbei das entscheidende Wort.«
»Hast du etwa eine andere Erklärung dafür?«
»Zufall, Analysefehler, die gleiche Panne bei beiden Versuchen. Muss ich noch mehr sagen? Da ist noch viel Arbeit zu tun, um einen endgültigen Beweis für deine Vermutung zu bekommen.«
Helens Aufschlag kam mit solcher Wucht, dass Paul wieder keine Chance hatte.
»Fünf zu eins.« Sie hielt kurz inne, dann sagte sie beschwichtigend: »Bevor du mich danach fragst: Ich werde ganz sicher nicht behaupten, dass du damit die Selbstmordtheorie widerlegt hast, nur weil das Opfer möglicherweise eine zwielichtige Gentherapie erhalten hat. Aber du musst doch zugeben, dass es jetzt noch eine weitere Erklärung für den Tod dieses Jugendlichen gibt. Eine Erklärung, die sehr gut möglich ist. Das Medikament kann seinen Tod verursacht haben, bevor irgendjemand auch nur auf die Idee gekommen ist, seinen Selbstmord vorzutäuschen.«
»Jetzt ist es nicht mehr ein *vermutlich,* sondern schon ein *sehr gut möglich«,* bemerkte Paul.
»Ich weiß schon, außer deinen Analyseergebnissen habe ich nichts Konkretes in der Hand, aber die sind gut genug.«
»Gut genug wofür? Helen, ein Zyniker würde behaupten, dass das alles mehr mit deiner Kampagne gegen Yttria zu tun hat als damit, einem Patienten zu helfen.«
»Welche Kampagne? Ich weiß nicht, wovon du sprichst.«
»Komm schon. Du planst einen Feldzug gegen Yttria, und zwar im ganz großen Stil.«
»Ich werde dir sagen, wofür deine Resultate gut genug sind.« Mit der gleichen Entschlossenheit, mit der sie

Squash spielte, sagte Helen: »Sie sind gut genug, um sie Yttria zu präsentieren. Morgen werde ich hingehen und sie den Leuten dort vorlegen. Du hast Recht, die Resultate sind nicht absolut hieb- und stichfest, aber um Yttria ein wenig aufzuscheuchen, reicht es allemal. Vielleicht zeigt man mir gegenüber danach mehr Kooperationsbereitschaft als bisher. Könnte doch sein, dass YPI ein Gegenmittel entwickelt hat. Oder sie rücken endlich mit Informationen raus und machen Vorschläge, wie ich Dwight behandeln könnte. Vielleicht waren sie nur deshalb so spröde, weil sie ihre Verantwortung nicht offen eingestehen wollten. Oder sie hatten Angst, dass ich hinter irgendwelche Firmengeheimnisse komme. Wenn sie aber merken, dass ich ihnen sowieso schon auf die Schliche gekommen bin, helfen sie mir vielleicht weiter, damit ich nicht noch tiefer grabe. Denn das werden sie ganz gewiss nicht wollen.« Sie holte aus, um aufzuschlagen, hielt dann aber inne. »Das ist keine Kampagne gegen Yttria, Paul. Mir geht es darum, einer Organisation Informationen abzuringen, die nicht gewillt ist sie mir freiwillig zu geben. Unter den gegebenen Umständen ist das doch wohl gerechtfertigt.«

»In Ordnung«, sagte Paul. »Ich gebe mich geschlagen.«

»Nicht, was das Spiel angeht. Sich drücken gilt nicht.« Und im selben Augenblick surrte ihr Schläger durch die Luft.

Kapitel 30

Die maskierten Männer schnappten sich Nathan McQueen, als er an diesem Abend einen Radiosender verließ. Sie überwältigten ihn, stießen ihn in den hinteren Teil eines Lieferwagens, pressten ihn zu Boden und knebelten ihn. Mehrere Stunden lag er so da, eingepfercht, bis die Männer zurückkehrten und mit dem Auto wegfuhren. Die Augen hatten sie ihm nicht verbunden. Nathan wusste, was das bedeutete. Entweder waren sie sich sicher, dass er sie nicht wiedererkennen würde, weil sie Masken trugen, oder er würde nicht lange genug leben, um sie zu verraten. Das war der Moment, an dem Nathan der Schweiß ausbrach.

Was hatten sie mit ihm vor? Ihm war klar, dass er nicht mit ein paar Stunden in einem fahrbaren Gefängnis davonkommen würde. Sie würden ihn auch nicht einfach irgendwo mitten in Tennessee aussetzen. Ein stundenlanger Fußmarsch bis nach Hause war nicht das, was sie im Sinn hatten. Sie wollten mehr als nur seine Erniedrigung.

Die Antwort erhielt er nach einer kurzen Fahrt. Die Männer zerrten ihn aus dem Wagen und führten ihn zum Hintereingang eines hohen, modernen Gebäudes. Da alles so schnell ging, erkannte Nathan zunächst nicht, wohin sie ihn brachten. Doch als die Männer ihn in die große, spärlich beleuchtete Halle schleppten, wusste er sofort, wo er sich befand. Er stand in einer Sportarena, die zu den größten der Welt gehörte. Hier spielten die Memphis State University Tigers. Nur die Notbeleuchtung war eingeschaltet und spendete ein düsteres Licht. Die Stadionuhr zeigte an, dass es zwei Uhr dreißig in der Nacht war.

Nathan McQueen schwitzte wie ein Preisringer. Was immer

die Männer mit ihm vorhatten, es würde genau jetzt, genau hier geschehen. Er war umringt von fünf Witzbolden in Masken, nur dass sie keine Witze machten. Es waren Weiße, so viel war klar. Er musste nicht erst ihre Haut sehen, um das zu wissen. Zwei von ihnen, der eine mit einer Bill-Clinton-Maske, der andere mit dem Gummikonterfei von George Bush, hielten seine Arme fest. Sie hatten die Fesseln von seinen Knöcheln abgenommen, aber seine Handgelenke waren noch immer vor seinem Körper zusammengebunden. Das Paketklebeband, das sie quer über sein Gesicht geklebt hatten, spannte über der Haut und verhinderte, dass die verzweifelten Schreie, die in seiner Kehle aufstiegen, nach außen drangen. In dem matten Halbdunkel der Halle leuchteten seine Augen angstvoll.

Der Mann mit der Jack-Nicholson-Maske schien der Anführer zu sein. Langsam und bedächtig bückte er sich, zog aus einer Tasche einen Hammer und ein paar Nägel und legte sie fein säuberlich in einer Reihe auf den Boden.

Stirnrunzelnd sah Nathan ihm zu. Er wusste nicht, was er davon halten sollte, aber er hatte Angst.

»Na, dämmert es dir? Ist ja auch nicht schwer. Denk nur dran, was für ein Tag heute ist, hähä.«

Der Mann hatte Recht. Denn als im gleichen Augenblick zwei der Maskierten ein großes Holzkreuz in die Halle schleppten, wusste Nathan Bescheid. Er hörte die Männer lachen, als sie seinen Gesichtsausdruck sahen.

»Was hast du denn erwartet, Junge? Schließlich ist Ostern«, sagte der Jack-Nicholson-Mann mit leiser, drohender Stimme.

»Nicht dass wir dich etwa für Jesus halten«, sagte die George Bush-Maske. »Nein, wirklich nicht.«

»Leise!«, wisperte ein anderer.
Sie legten das schwere Kreuz auf den Boden. Vier der Männer packten Nathan und drückten ihn neben das Kreuz auf die Knie. Er versuchte nach ihnen zu treten, kämpfte, wehrte sich, aber es war zwecklos. Es waren zu viele und sie waren zu stark. Ein Gefühl der Hilflosigkeit überkam ihn, so wie damals, als die Polizisten auf ihn eingeschlagen hatten. Seinerzeit hatte er nichts anderes tun können, als sich zusammenzurollen und seinen Kopf mit den Händen zu schützen. Diesmal war er völlig schutzlos. Die vier Männer nahmen ihm die Fesseln an den Händen ab und streckten ihn flach auf dem Boden aus. Die zwei falschen Präsidenten hielten ihn an den Armen fest, ein Arnold Schwarzenegger zerrte an dem einen Bein, ein Frank Sinatra am anderen. Nathan bäumte sich auf, doch auch das half ihm nichts.
»Starr mich nicht so an, Nigger!«
»Kümmere dich nicht darum, ob er dich ansieht oder nicht«, sagte der Jack Nicholson in ruhigem, aber befehlendem Ton. »Konzentriere dich lieber auf deine Aufgabe. Bei diesem Job geht es nicht um läppische fünfhundert Dollar. Morgen früh winken uns leicht verdiente Zehntausend. Vielleicht sogar mehr, wenn es so spektakulär wie dies hier ist.«
Als Nathan den Holzbalken unter seinem Rücken spürte, wallte Panik ihn ihm auf. Erneut versuchte er sich mit aller Kraft zu befreien. Es gelang ihm, ein Bein freizustrampeln und den Schwarzenegger ins Gesicht zu treten, doch im nächsten Augenblick schon legte sich das Gewicht eines Mannes schwer auf seinen Körper, als ein anderer Nathans Bein unerbittlich nach unten presste.
»Verdammt! Das ist doch . . .«

»Nur weil er dir einen Tritt ins Gesicht verpasst hat, darfst du doch nicht einfach loslassen, Arnie.«
»Hört auf damit! Lasst uns lieber weitermachen.«
Nathan drehte seinen Kopf nach links. Er sah, wie der Jack Nicholson sich mit einem Hammer und Nägeln neben den falschen George Bush kniete, der Nathans Arm und Hand fest gegen das Holz drückte. Nathan wollte schreien, laut und verzweifelt schreien. Aber Mund und Kehle waren wie zugeschnürt.
»Denk daran, nicht durch die Hand«, sagte der Bush. »So wird es nicht gemacht. Das hält sein Gewicht nicht. Du musst den Nagel durch das Handgelenk schlagen.«
»Du brauchst mir nicht erst zu sagen, wie ich meinen Job zu machen habe.« Der Jack Nicholson nahm einen langen Nagel in die linke Hand und den Hammer in die rechte.
Nathan zitterte. Sein ganzer Körper zuckte. Nein! Dass er nicht schreien konnte, machte alles noch viel schlimmer. Verzweifelt versuchte er seinen Arm loszureißen. Vergebens. Nathans Reaktion vorausahnend, hatte die George-Bush-Maske sich mit seinem ganzen Gewicht auf ihn gelegt. Nathan spürte, wie die kalte Metallspitze an seinem Handgelenk aufgesetzt wurde, spürte, wie der Schweiß über seine Wangen lief und der warme Urin seine Hosen durchnässte. Er sah, wie der Hammer sich hob. Dann sah er nichts mehr.
Blendend helle Schweinwerfer tauchten das ganze Stadion in ein grelles Licht. Nathan blinzelte.
Jemand rief: »Was geht da unten vor?«
Nathan wartete auf den Schmerz, aber er kam nicht. Stattdessen hörte er, wie die maskierten Männer hastig aufsprangen und davonrannten. Er hörte, wie Türen zuge-

schlagen und der Motor des Lieferwagens gestartet wurde. Das alles hörte er, doch sehen konnte er nichts. Seine Augen waren geöffnet, aber irgendwie schien sein Verstand die Bilder nicht verarbeiten zu können. Er war wie gelähmt. Nicht einmal bewegen konnte er sich. Regungslos lag er auf dem Kreuz, so als hätten sie ihn tatsächlich dort festgenagelt.

Plötzlich verdunkelte sich das Licht über ihm und zwei Gestalten in Uniform tauchten auf. Nathan wollte sich Schutz suchend zusammenrollen, aber sein Körper gehorchte ihm nicht. Ausgestreckt lag er da und wartete auf die Wucht der Schläge.

Doch nichts dergleichen geschah.

»Ist alles okay mit Ihnen?«

»Was für eine blöde Frage«, sagte eine zweite Stimme. Jemand kniete sich neben Nathan auf den Boden. »Siehst du nicht, dass der Mann starr vor Angst ist?«

Der andere Mann sagte: »Ich rufe besser den Notarzt.«

Nathan zuckte zusammen, als der Wachmann ihn am Arm berührte und sagte: »Es wird Ihnen bald wieder besser gehen. Sie haben Glück gehabt. Ich dachte, ich hätte ein Geräusch gehört, daher haben wir unseren Kontrollgang früher als sonst gemacht. Es ist alles vorbei. Sie hatten nicht genug Zeit, um Ihnen etwas anzutun. Hören Sie mich?«

Auch nachdem der Wachmann ihn von dem Klebeband befreit hatte, starrte Nathan nur stumm vor sich hin.

Neben ihm lag eine Visitenkarte der *Storm Force* Brigade. Die Nachricht war ebenso kurz wie falsch: *Nathan McQueen RIP*.

Zum zweiten Mal in seinem Leben hatte Nathan eine rassistische Attacke überlebt. Aber die seelischen Schäden, das

Trauma jener Nacht würden nicht so schnell heilen wie die Prellungen, Schnitte und gebrochenen Gliedmaßen, die die Polizeiknüppel ihm beigebracht hatten.

Kapitel 31

Erst nach Ostern fand Helen Crear eine Gelegenheit, sich mit dem Leiter der Abteilung für klinische Tests bei Yttria zu einem Gespräch zu treffen. Bevor sie das Firmengelände betreten durfte, musste sie an der Sicherheitsschleuse ihre Personalien angeben und den Wachleuten versichern, dass sie mit Dr. Cameron Ingoe verabredet war. Sie füllte ein Formular aus und der Wachmann rief bei Dr. Ingoe an, um sich den Besuchstermin bestätigen zu lassen. Erst dann durfte sie das Firmengebäude betreten.

Während sie im Foyer Platz nahm, um auf Dr. Ingoe zu warten, beobachtete sie die Leute, die kamen und gingen. Es war nicht das emsige Durcheinander, wie sie es vom Krankenhaus her kannte. Hier lief alles viel geordneter ab. Im Addenbrooke's Hospital wimmelte es von Menschen, die sich entweder verlaufen hatten oder in schlechter seelischer Verfassung waren. Hier hingegen waren die Schritte der Menschen zielstrebig und jeder schien ganz genau zu wissen, wohin er gehen musste. In einem Krankenhaus gab es allerdings auch weniger Beschränkungen. Offener Zugang für jeden war eines der Grundprinzipien, denn schließlich handelte es sich ja um eine öffentliche Institution.

Hier bei YPI war es, als beträte man den Eingang zum Allerheiligsten. Jeder Mitarbeiter, der durch die innere Tür wollte, schob eine Ausweiskarte in einen Schlitz neben der Tür, blieb für einen kurzen Moment regungslos stehen und starrte auf eine bestimmte Stelle in der Wand. Nach einer Weile spuckte die Sicherheitsvorrichtung den Ausweis wieder aus und die Tür ließ sich öffnen. Während der ganzen Zeit wurde man von einer Überwachungskamera über dem Eingang beobachtet.

Helen fand diese Vorkehrungen irritierend. Sie war solche Sicherheitsmaßnahmen nicht gewöhnt. Im Krankenhaus war nur die Säuglingsstation mit einer Überwachungsanlage ausgestattet, um zu verhindern, dass eine unbefugte Person eindrang und ein fremdes Kind mitnahm. Aber das war nichts im Vergleich zu dem Aufwand, den man in dieser pharmazeutischen Festung betrieb. Helen kam es irgendwie verdreht vor, dass man in diesem Land Medikamente und Firmengeheimnisse besser bewachte als Kinder.

Nach einer Weile kam ein Mann auf sie zu und streckte seine Hand aus. »Urling-Clark«, sagte er knapp. Sein Tonfall war förmlich und ohne Freundlichkeit.

Widerstrebend schüttelte Helen ihm die Hand. Als Reaktion auf die frostige Begrüßung erwiderte sie ebenso knapp: »Crear.« Stirnrunzelnd betrachtete sie ihr Gegenüber. Sie kannte den Mann von irgendwoher, die Erinnerung daran war jedoch so vage, dass sie darauf verzichtete, eine entsprechende Bemerkung zu machen. Möglicherweise war er ihr im Krankenhaus über den Weg gelaufen, vielleicht sah er aber auch nur jemandem ähnlich.

Sie stand auf und sagte: »Ich erwartete Dr. Ingoe.«

»Ich werde Sie zu ihm bringen.«

Sie passierten die Sicherheitskontrolle an der Tür, dann

ging es zwei lange Korridore entlang, die viel heller und schmaler waren als die Gänge im Addenbrooke's, und schließlich eine Treppe hinauf zu einem Büro, auf dessen Eingangstür *Dr. S. J. Urling-Clark* stand.

In dem Büro saß ein Mann. Urling-Clark deutete in seine Richtung und sagte: »Sie haben mit unserem Leiter der klinischen Tests ja bereits gesprochen.«

»Ah, ja«, erwiderte Helen, doch sie machte keinerlei Anstalten, dem Mann die Hand zu schütteln. Am Telefon hatte sie sich ihn als kleinen, schmächtigen Wissenschaftler vorgestellt. In Wirklichkeit sah er aus wie ein Rugbyspieler.

»Cameron Ingoe«, sagte er mit seiner sanften und auf seltsame Weise beunruhigenden Stimme. Er machte eine Bewegung, so als wollte er sich von seinem Platz erheben, ließ sich gleich darauf jedoch wieder zurücksinken. »Einer Ihrer letzten Sätze am Telefon war, dass Sie mich zur Hölle wünschten.« Sein breites Lächeln war ebenso irritierend wie seine Stimme.

»Nun ja, das war, weil Sie es nicht anders verdient hatten.« Die Sicherheitsvorkehrungen, mit denen man sich hier umgab, mochten Helen eingeschüchtert haben, die beiden Männer in mittleren Jahren, denen sie nun gegenüberstand, schafften das nicht. Sie waren zu zweit und würden versuchen sie in die Enge zu treiben, doch das weckte nur ihren Kampfesgeist. »Ich bin gekommen, um herauszufinden, ob Sie Ihre Haltung mittlerweile überdacht haben.«

Während Helen Platz nahm, fühlte sie, wie der Blick des Wissenschaftlers ihr folgte. Für gewöhnlich betrachteten Männer – und ganz besonders die in den mittleren Jahren – sie auf eine ganz andere Art und Weise. Dr. Ingoe hingegen taxierte sie. Offensichtlich versuchte er sich ein Bild zu machen über ihre Gefühlslage, den Grad ihrer Entschlossenheit, ihre Beweggründe und ihre Fähigkeiten, um so einzuschätzen zu können, wie sehr sie Yttria Kopfschmerzen bereiten konnte.

»Also, wie war das noch mal?«, begann Cameron Ingoe und starrte an die Decke, so als versuche er sich jedes ihrer Worte ins Gedächtnis zurückzurufen. »Es geht um einen Jungen aus Westland, der an einer unserer Testreihen teilnahm, später leider kollabierte und ins Koma fiel, möglicherweise auf Grund eines Vorfalls auf dem Fußballfeld. Vielleicht durch einen schlimmen Sturz.«

Es würde eine trockene Angelegenheit werden. Die Atmosphäre war spürbar aufgeladen und niemand bot ihr etwas zu trinken an.

»Er wies so gut wie keine Verletzungen auf«, erwiderte Helen. »Sie müssen sich schon eine andere Erklärung einfallen lassen.«

»Ich muss mir gar nichts einfallen lassen, Dr. Crear. Aber um auf Sie zurückzukommen, bei unserem Gespräch äußerten Sie Bedenken, was unsere Medikamententests angeht. Offensichtlich ist es mir nicht gelungen, Ihre Befürchtungen zu zerstreuen. Mein Hinweis, dass pharmazeutische Unternehmen gesetzlich nicht dazu verpflichtet sind, ihre Forschungsergebnisse an Ärzte, freiwillige Testpersonen oder die allgemeine Öffentlichkeit weiterzugeben, hat Sie damals sehr in Rage gebracht. Wenn Sie damit Probleme haben, sollten Sie, statt zu uns zu kommen, an den für Sie zuständigen Parlamentsabgeordneten schreiben und sich bei ihm über die Gesetzgebung dieses Landes beschweren.«

Der Biologe machte eine Pause, dann fügte er hinzu: »Nebenbei gefragt, wie geht es dem jungen Mann inzwischen?«

Der Ausdruck in seinen Augen verriet Helen, dass er die Antwort auf diese Frage natürlich bereits kannte. Sie wäre wohl kaum hier aufgetaucht, wenn es Dwight besser ginge. Cameron Ingoes Miene verriet ihr aber auch, dass er sich nicht wirklich um das Wohlergehen ihres Patienten Gedanken machte, sondern allenfalls wollte, dass es ihm wieder besser ging, damit sie endlich Yttria vom Haken ließ.

»Sein Zustand ist unverändert«, sagte sie im sachlich-kühlen Ton einer Krankenhausärztin, bevor sie ihren ersten Pfeil abschoss. »Dwight Grant ist Sichelzellenträger. Ist das der Grund, warum Sie ihn bei Ihrer Versuchsreihe haben wollten?«

»Wie bei jeder Testreihe«, erwiderte Ingoe leichthin, »waren wir auch hier bestrebt einen repräsentativen Querschnitt zu bekommen. Wir haben den jungen Mann ärztlich untersucht und es gab keinerlei Hinweise darauf, dass es riskant oder in irgendeiner Weise gefährlich sein könnte, ihm das Medikament zu verabreichen. Ich wage zu behaupten, dass Sie vergleichbare Tests durchgeführt haben und zu dem gleichen Ergebnis gekommen sind wie wir. Der Junge war vollkommen gesund.«

»Also wussten Sie, dass er das Sichelzellen-Gen hatte?«

»Das haben die Bluttests ergeben, ja, aber es gab keine Veranlassung, ihn deshalb aus dem Versuchsprogramm zu nehmen.«

»Wie es aussieht, haben sehr viel mehr Schwarze als Weiße an den Tests teilgenommen. Wie können Sie da von einem repräsentativen Querschnitt sprechen?«

Cameron Ingoe lächelte erneut. »Sie mögen vielleicht über die Teilnehmer Bescheid wissen, die von der Westland-Jugendstrafanstalt zu uns gekommen sind, aber Sie wissen nichts über die Testpersonen, die wir andernorts angeworben haben – zum Beispiel die Studenten an der Universität, die sich auf diese Weise ihre Finanzen aufbessern wollten. Das Gesamtprofil unserer Testpersonen ist ausgeglichen und für unsere Zwecke sehr wohl repräsentativ. Wir haben nicht nur die offizielle Erlaubnis der Gesundheitsbehörde für unsere Studie, sondern auch die Zustimmung der entsprechenden Regierungsstellen. Ich würde Ihnen die Antragsbewilligung ja gerne zeigen, aber sie enthält Details über das Medikament, um das es geht. Sie werden sicher Verständnis dafür haben, dass wir solche Unterlagen streng vertraulich behandeln.«

Helen hegte nicht den geringsten Zweifel, dass Yttrias Testprogramme genau im Rahmen der gesetzlichen Vorschriften abliefen.

»Sagen Sie mir wenigstens, welche Krankheit mit dem Medikament bekämpft werden soll.«

»Wie ich Ihnen bereits am Telefon erklärte, laufen unsere Arzneimittelprogramme unter strengster Geheimhaltung ab. Das ist notwenig, damit sie nicht in die Hände der Konkurrenz gelangen. Ich kann also beim besten Willen nicht mit Ihnen über unsere Projekte reden.«

»Ich bin kein Konkurrent.«

»Nein, aber . . .«

»Hören Sie, ich unterschreibe Ihnen alles, was Sie wollen, als Garantie dafür, dass ich keinerlei Informationen weitergebe.« Helen sah Cameron Ingoe eindringlich an. »Wie haben Sie es noch am Telefon genannt? Eine Geheimhaltungsklausel.«

»Das reicht nicht«, mischte sich Urling-Clark in das Gespräch. »Eine Unterschrift auf einem Blatt Papier ist keine

Garantie dafür, dass Sie nicht doch etwas ausplaudern. Es gibt uns allenfalls die Möglichkeit, Sie im Nachhinein dafür zu belangen.«

»Diese Genehmigung, von der Sie sprachen«, sagte Helen. »Handelt es sich dabei um eine Lizenz des Gesundheitsausschusses für Fragen der Gentherapie?«

»Kein Kommentar«, erwiderte Stuart Urling-Clark spröde.

»Okay. Dann sagen Sie mir wenigstens eines: Falls Dwights Zustand verursacht wurde durch –«

»Wurde er nicht.«

Urling-Clarks Einwand ignorierend, fuhr Helen fort: »Wenn die Medikamente etwas mit Dwights Koma zu tun haben, können Sie mir dann nicht einen Hinweis darauf geben, wie ich die Wirkung der Substanzen außer Kraft setzen kann – und zwar ohne dass Sie Ihre kostbaren Betriebsgeheimnisse offenbaren?«

»Wohl kaum«, sagte Cameron Ingoe mit seiner unheimlich klingenden Stimme, die viel zu hell für einen Mann seiner Statur war. »Ich kann Ihnen versichern, dass unser Medikament nichts damit zu tun hat.«

»Was ist mit einem Gegenmittel oder einem Impfstoff?«

Es war nur für den Bruchteil einer Sekunde, als die beiden Männer eine Reaktion auf Helens Frage zeigten. Sie sahen einander wie beiläufig an, setzten jedoch gleich darauf wieder ihre gleichgültigen Mienen auf. Urling-Clark sagte: »Als Ärztin verwenden Sie diesen Begriff sicher nicht willkürlich. Indem Sie nach einem Impfstoff fragen, deuten Sie an, dass es sich Ihrer Meinung nach um eine bakterielle oder virale Infektion handelt. Verstehe ich Sie da richtig?«

Helen merkte, dass sie Oberwasser hatte. Das musste sie ausnutzen.

»Ich habe sehr viele Tests durchgeführt«, sagte sie selbstsicher. »Glauben Sie mir, ich habe Mittel und Wege. Mir stehen Möglichkeiten zur Verfügung, die Sie überraschen würden.«

»Wenn Sie tatsächlich so gut informiert sind, warum haben Sie dann noch keinerlei Fortschritte gemacht, was diesen Jungen angeht? Und warum sind Sie überhaupt hierher gekommen?«

»Weil ich von Ihnen eine Bestätigung dessen bekommen möchte, was ich bereits weiß.«

»Und was wissen Sie?« Jetzt behandelten sie die beiden Männer nicht mehr wie ein intellektuelles Fliegengewicht. Sie schienen begriffen zu haben, dass die junge Ärztin mehr entdeckt hatte, als sie zu sagen bereit war. Auf alle Fälle jedoch mehr, als man bei Yttria geglaubt hatte.

»Lassen Sie es mich so sagen: Sie sind Experten auf dem Gebiet der Heilmittelforschung und Biotechnologie. Was würden Sie davon halten, wenn ein Probant nach einem Medikamententest eine genetische Abnormalität aufweist?«

Betont lässig erwiderte Dr. Ingoe: »Ich würde mich zuallererst fragen, warum das überhaupt etwas mit dem Medikamententest zu tun haben sollte.«

»Wenn es sich dabei aber um eine gentherapeutische Versuchsreihe handelt?«

Diesmal hatten sie sich unter Kontrolle. Mit unbewegter Miene antwortete der Wissenschaftler: »Nun, das kommt darauf an, von welcher Art von Gentherapie wir sprechen, aber eine solche Therapie könnte in der Tat eine Veränderung oder besser gesagt: eine Korrektur der Gensequenz zur Folge haben. Es könnte sich aber auch nur um einen technisch bedingten Irrtum in Ihrer Analyse handeln.«

»Dr. Ingoe, ich mache keine Fehler. Das Leben meiner Patienten hängt davon ab.« Sie entschloss sich Pauls Anteil an der Sache zu verschweigen – ebenso wie seine Skepsis hinsichtlich der Ergebnisse. Sie musste sich ihrer Sache sicher sein oder zumindest so erscheinen.

Keiner der beiden Männer reagierte auf Helens letzte Bemerkung. Ihr war klar, dass sie freiwillig nicht mehr Informationen herausrücken würden als unbedingt nötig. Sie warteten darauf, dass Helen ihre Karten aufdeckte. Erst dann würden sie entscheiden, ob sie ihre Trümpfe ausspielen würden oder nicht.

Helen versuchte sich davon nicht beeindrucken zu lassen. »Dwight Grant hat eine Gentherapie bekommen, die über ein Virus in den Körper eingebracht wurde. Vermutlich ging es darum, das Sichelzellen-Gen zu reparieren. Das ist sehr ehrenwert und ich bin froh, dass jemand sich diesem Gebiet widmet. Abgesehen davon gehören Fehler in der Forschung nun mal dazu, wenn man Fortschritte erzielen will. Aber wenn etwas schief läuft, dann gehört es ebenfalls dazu, den Fehler einzugestehen und alles daran zu setzen, ihn zu korrigieren. Ohne das ist mein Patient dazu verdammt, ohne jede Hoffnung auf Besserung vor sich hin zu vegetieren.«

»Das ist reine Spekulation«, murmelte Ingoe.

»Also gut«, erwiderte Helen, die langsam die Geduld verlor. »Dann erklären Sie mir doch, bitte schön, warum ein weiterer Ihrer Freiwilligen aus Westland – ebenfalls schwarz, ebenfalls Sichelzellenträger – exakt die gleiche genetische Abnormität aufweist?«

So wie Paul erwiderte auch Cameron Ingoe skeptisch: »Möglicherweise nichts als Zufall. Noch wahrscheinlicher jedoch ein Analysefehler bei beiden Tests.«

»Überprüft und verworfen«, gab Helen knapp zurück, so als

hätte sie die Ergebnisse tatsächlich überprüft, um mögliche Messfehler auszuschließen. »Die Anomalie zeigt sich nicht, wenn mit den gleichen Methoden das Blut eines Weißen untersucht wird. Und sie zeigt sich auch nicht bei Schwarzen, die keine Sichelzellenträger sind. Wenn es sich um einen Analysefehler handelte, würden wir ihn bei allen Proben feststellen können.«

»Wir?«

»Das Labor im Krankenhaus«, sagte Helen prompt. Die Rolle der Rebellin fing langsam an ihr Spaß zu machen, zumal sie, wie es aussah, die Nase vorn hatte.

»Um wen handelt es sich bei dem zweiten Freiwilligen?«, fragte Dr. Ingoe.

»Tja, das ist wirklich komisch«, antwortete Helen mit süffisantem Unterton. »Wie einige andere Insassen auch beging er Selbstmord. Ist das nicht seltsam?«

»Nicht unbedingt. So eine Jugendstrafanstalt kann ein sehr deprimierender Ort sein.«

»Nicht *so* deprimierend«, erwiderte Helen scharf. »Wollen Sie mir nun helfen oder muss ich meine Untersuchungen auch auf die anderen so genannten Selbstmorde ausweiten und die Ergebnisse an die Öffentlichkeit bringen?«

»Ihren Worten entnehme ich eine äußerst schwerwiegende Anschuldigung, Dr. Crear«, sagte Cameron Ingoe warnend. »Das ist nicht sehr weise von Ihnen.«

Helen beschloss einen Schuss ins Blaue zu wagen. »Da ich in einem Krankenhaus arbeite, habe ich natürlich auch Zugang zur Gewebeprobenbank, deren Bestand Monate, ja Jahre zurückreicht. Wenn sich Dwight Grants Zustand allerdings verbessern sollte, habe ich keinerlei Anlass mehr, meine Nachforschungen auszudehnen.«

Urling-Clark, dessen Gesicht ihr immer noch bekannt vorkam, sah sie an. Seine Miene drückte selbstgerechte Empörung aus. »Haben Sie mit irgendjemandem darüber geredet?«, fragte er scharf.

Auch jetzt wollte Helen es vermeiden, Paul in die undurchsichtige Sache zu verwickeln. »Nein«, sagte sie. »Aber das heißt nicht, dass das auch so bleibt. Es kommt ganz auf ihre Kooperationsbereitschaft an.«

»Wir haben Ihnen unseren Standpunkt bereits deutlich gemacht«, sagte Urling-Clark. »Es gibt nichts weiter dazu zu sagen. Wir sind nicht verpflichtet Informationen über unsere Medikamententests weiterzugeben und wir werden es auch nicht. Das ist alles. Damit ist die Sache für uns erledigt.«

Was war nur mit ihm geschehen? Ein Urlaub, zwei Wochen in Cambridge, zwei Wochen mit Helen, ein paar Drinks und gemeinsame Mahlzeiten, eine Tour zu den alten Lieblingsplätzen, ein Squash-Spiel, einige Auftragsarbeiten für das Addenbrooke's und schon war er wie verwandelt. Was hatte diese Veränderung bewirkt? Er war doch schließlich ein intelligenter Mann. Tatsächlich brauchte Paul nicht lange, um diese Frage zu beantworten, auch wenn es für seine Gefühle keine wissenschaftliche Erklärung gab. Er wusste nur eines: Das Wiedersehen mit Helen hatte ihn in einem solchen Maße berührt, wie er es sich nie vorgestellt hatte, als er vor zwei Wochen hierher gekommen war. Es war, als hätte er in Cambridge ein Teil seiner selbst wiedergefunden, den er bei seinem Weggang zurückgelassen hatte. Es war ihm nie aufgefallen, dass etwas fehlte, bis er es hier wieder entdeckt hatte. Er wollte es auf keinen Fall mehr verlieren.

Als er damals von Helen weggegangen war, hatte sie voller Optimismus einer langen und erfolgreichen medizinischen Karriere entgegengesehen, in der sie sich um Menschen kümmern wollte, die ihre Zuwendung stärker brauchten als Paul. Diesmal war sie wütend und deprimiert darüber, dass es Leute gab, die ihre Bemühungen um die Heilung eines Patienten zu behindern trachteten.

Paul hatte sie an der Schulter gefasst und Helen legte ihre Hände an seine Taille. »Schicke mir weitere Gewebeproben. Ich werde mich sofort an die Arbeit machen und sie untersuchen, aber ich bin nicht sicher . . .« Er zögerte, verärgert darüber, dass er nicht die richtigen Worte fand, denn er wollte nicht herzlos klingen. »Vielleicht wirst du diese YPI-Sache aufgeben müssen, Helen. Du hast dein Bestes getan, um diesem Jungen zu helfen. Mehr geht einfach nicht. Alles, was du jetzt noch machen kannst, ist ihn am Leben zu erhalten und zu hoffen, dass er eines Tages aufwacht und sich darüber wundert, was für ein Aufsehen um ihn gemacht wird.«

Sie schüttelte den Kopf. »Ich habe es gesehen, Paul. Diese beiden YPI-Leute – Stuart Urling-Clark und Cameron Ingoe – sie sind so knallhart, als hätte man jedes Gefühl für Moral aus ihrem Herzen geschnitten und durch einen Bypass ersetzt. Sie wissen ganz genau, was da vor sich geht. Ich habe es ihnen angesehen. Aber sie werden nichts sagen. Ich kann . . . ich kann sie einfach nicht verstehen.«

»Es wird dir wohl nichts anderes übrig bleiben, als nach neuen Behandlungsmethoden zu fahnden.«

»Das ist wie die Suche nach der Nadel im Heuhafen.«

»Mir gefällt der Gedanke nicht, dass du dich immer mehr in eine Auseinandersetzung mit diesen YPI-Bossen verstrickst.

Wenn du mit deinen Vermutungen Recht hast, dann sind das mächtige Strippenzieher. Ich will nur nicht, dass sie auch versuchen dich nach ihrer Pfeife tanzen zu lassen.«

Helen, die nicht die leiseste Absicht hatte, zurückzustecken, sagte: »Also gut, ich werde mich benehmen.« Sie lächelte. »Du brauchst gar nicht so besitzergreifend zu werden. Das passt nicht zu einem Mann, der sich all die Jahre nicht um mich gekümmert hat.«

»Das stimmt nicht«, protestierte Paul. »Ich habe dir alle zwei Jahre eine Weihnachtskarte geschrieben.«

Sie schmiegte sich in seine Arme und küsste ihn.

Paul sagte: »Ich muss gehen – ich höre förmlich, wie mich das neue Trimester mit Donnergrollen ruft. Aber ich komme wieder, sobald ich kann. Diesmal wird es anders sein. Versprochen. Okay?«

»Ja. Natürlich.« Helens Augen schimmerten feucht. Sie würde ihn vermissen. Sie würde seine Hilfe, seine Unterstützung und Zuneigung vermissen.

»Sollte dir etwas über eine freie Stelle für einen brillanten Chemiedozenten hier in Cambridge zu Ohren kommen, sag mir Bescheid. Ich bin sofort zur Stelle.«

Sie nickte.

»Und, Helen?«

»Ja?«

»Du siehst gut aus.«

Sie schüttelte den Kopf. »Ich fühle mich aber gar nicht so.«

»Ich weiß.«

»Nun mach schon«, sagte sie. »Fahr los, bevor ich . . . ach, was soll's, fahr einfach los.«

Paul drückte sie fest an sich und flüsterte: »Ich liebe dich.« Dann wandte er sich ab, stieg in sein Auto und schloss rasch die Tür, damit Helen nicht merkte, wie ihn seine Gefühle übermannten. Als er losfuhr, kam er sich vor wie ein Patient, der die Zuwendung von Dr. Crear dringend nötig hatte.

Es gab nicht sehr viel, was ihn fröhlich stimmte, als er zu Hause ankam. Doch als er die neueste E-Mail-Nachricht las, musste er lächeln. Sie war unmittelbar, nachdem er in Cambridge aufgebrochen war, abgeschickt worden und lautete: *Ich dich auch, H.*

In derselben Nacht zog eine dunkle, geheimnisvolle Gestalt mit dünnen silbrigen Haaren eine lange Spur Benzin hinter sich her. Es war weder sehr heiß, noch regnete es. Perfekt. Die schimmernde Flüssigkeit würde sich weder verflüchtigen, noch würde sie fortgewaschen. Zwanzig Meter von dem Gebäude entfernt hielt der Mann inne und stellte den leeren Kanister lautlos ab. Ein Zigarettenanzünder flackerte kurz auf. Die kleine Zündquelle reichte aus, das reinigende Feuer zum Leben zu erwecken. Die glänzende Spur des Benzins entlang tänzelte die Flamme gierig auf das Gebäude zu. Wie ein zögernder Besucher verweilte sie für einige Sekunden an der Türschwelle, bevor sie sich weiter in das petroleumgetränkte Innere fraß.

Die dunkle Gestalt draußen verharrte wartend. Zu gerne wäre der Mann weggelaufen, bevor die Welt um ihn herum aufgeschreckt wurde, doch er konnte nicht. Er musste dableiben, um sicher zu gehen, dass er seinen Auftrag zufriedenstellend erledigt hatte.

Zu beiden Seiten des Eingangs waren Flammen an den Fenstern zu sehen. Es war, als hätte jemand die Beleuchtung eingeschaltet. Doch dieses Licht war unstet und lebendig. Es flackerte, sprang über, wuchs. Dann geschah es. Die Fensterscheiben zersprangen und der gierige, geisterhafte Besucher nährte sich mit dem Sauerstoff aus der kalten Luft. Das Feuer breitete sich aus, erfasste die Räume, erfüllte das Gebäude mit flammenden Farben, röhrte geradezu vor Freude, denn nichts konnte ihm jetzt mehr Einhalt gebieten.

Als die unnatürliche Hitze dem Beobachter wie eine Welle entgegenschlug, wusste er, dass seine Arbeit beendet war. Unbemerkt ging er davon, verschwand in der Dunkelheit zwischen zwei Häusern.

Das Geräusch von Sirenen erfüllte die Umgebung des Addenbrooke's Hospital. Drei Löschwagen rasten an der Ambulanz vorbei in Richtung Forschungsabteilung und Pathologie, wo sich die Gewebeprobenbank befand. Doch die Feuerwehrleute kamen zu spät. Die umfangreiche Sammlung war unwiederbringlich zerstört.

Es war nicht der einzige Zwischenfall in Cambridge in dieser langen, dunklen Nacht. Die Zentralheizung in Dr. Crears Haus spielte verrückt. Als die automatische Zeitschaltuhr in den frühen Morgenstunden die Heizung anspringen ließ, kam es zu einer unerklärlichen Verstopfung in der Wasserzuleitung. Der Gasboiler erhitzte sich. Doch das siedende Wasser konnte sich nicht im Heizkreislauf ausbreiten. Es wurde heißer und heißer, dehnte sich immer weiter aus, bis es in dem Boiler keinen Platz mehr hatte. Mit einer ohrenbetäubenden Explosion zersprang das Gerät in tausend Einzelteile und riss ein so riesiges Loch in die Wand, dass an dieser Seite die Außenmauer des Hauses einstürzte. Helen Crears Bett fiel vom ersten Stock durch den aufgerissenen

Fußboden in die Küche hinunter, wo die Gasleitung noch immer ihre entzündliche Fracht ausspuckte, dorthin, wo vor kurzem noch der Boiler stand. Mit einem wilden Zischen schlugen die Flammen aus dem zerstörten Rohr und breiteten sich aus, erfassten das Bett und alles, was von dem Raum noch übrig geblieben war. Die hellgelben Finger griffen weiter aus, glitten durch das Loch in der Wand das rußgeschwärzte Mauerwerk empor, erhellten die Dunkelheit noch vor dem ersten Licht der Dämmerung und beleuchteten das zerstörte Haus und den leeren nachtschwarzen Himmel.

Kapitel 32

Was ist denn mit dir passiert?«, fragte Kyle mit einem Lächeln und deutete auf Max' blaues Auge. »Das ist aber ein hübsches Veilchen. Du bist über Ostern nach Memphis gefahren, nicht wahr? Hat dich am Ende ein anderer Elvis-Imitator so zugerichtet?«

»Sehr lustig«, entgegnete Max brummig. »Ich hatte eine unliebsame Begegnung mit einer Tür, die mir im Wege stand, das ist alles.«

Kyle fragte sich, wie ein Zusammenstoß mit einer Tür Max nur dieses blaue Auge verpassen konnte, ohne dass auf seinem Gesicht weitere Blessuren zu sehen waren, aber er sagte nichts. Es war klar, dass Max nicht über seine Verletzung reden wollte. Sie saßen gemeinsam am Tisch und aßen ihr Mittagessen, sprachen jedoch nicht viel. Als Kyle aufstand, um zu seiner Arbeit zurückzukehren, fragte Max ihn: »Hast du Lust, beim nächsten Mal mit nach Memphis zu fahren? Es gibt dort viel zu sehen, auch wenn Graceland wegen Reparaturarbeiten geschlossen ist.«

»Ja, klar. Das wäre nett.«

»Ich gebe dir Bescheid«, sagte Max.

»Danke.«

Bei seiner Rückkehr in den Computerraum bot sich Kyle völlig unverhofft die günstige Gelegenheit, auf die er die ganze Zeit gewartet hatte. Als seine Kollegin zur Linken ihn sah, sprang sie auf und sagte: »Hast du kurz mal ein Auge auf meinen Computer, Kyle? Mir ist nicht . . .« Sie presste die Hand gegen den Magen, um anzudeuten, dass ihr schlecht war.

»Okay.«

Kyle sah ihr nach, wie sie in Richtung Toiletten eilte. Sobald man den Bildschirmplatz auch nur für kurze Zeit verließ, musste der Computer auf Standby geschaltet werden, so lautete die unmissverständliche Regel. Ging ein anderer Benutzer an das Gerät, wurde dessen Daumenabdruck eingelesen, damit er nur Zugang zu den für ihn freigeschalteten Daten hatte. Aber jetzt saß Kyle neben einem Terminal, dessen System noch lief, und zwar mit einer sehr weit reichenden Zugangsberechtigung. Es gab nur ein Problem: Wenn er die Gelegenheit beim Schopf packte und sich an den Computer der Kollegin setzte, würde das System den unterschiedlichen Daumenabdruck erkennen und sofort den Zugriff auf die Daten verweigern.

Aber würde es das tatsächlich?, schoss es Kyle mit einem Mal durch den Kopf. Er fragte sich, ob es nicht doch eine Möglichkeit gab, das Sicherheitssystem zu überlisten. Rasch zog er den Klebepunkt von seinem Daumen, nahm

vor dem Bildschirm Platz und legte seinen künstlichen Daumen auf die Maus.
Der Computer zeigte keinerlei Anzeichen, dass er einen veränderten Abdruck registriert hatte. Der arme Kerl war überfordert. Es war offensichtlich, dass ein Benutzer dem System Befehle gab, die Maus bewegte, Dateien anklickte und öffnete, die Daten über die Testpersonen aus Gefängnissen enthielten. Aber da es keinen Daumenabdruck gab, musste das Sicherheitssystem davon ausgehen, dass es auch keinen Benutzer gab. Hin und wieder blickte Kyle hoch, um sicherzugehen, dass seine Kollegin nicht zurückkam oder dass keiner seiner Vorgesetzten unerwartet auftauchte und ihm über die Schulter sah. Aber niemand wurde auf ihn aufmerksam. Kyle saß an einem Computer und tippte auf der Tastatur herum, so wie er es immer tat. Allerdings wagte er es nicht, etwas auszudrucken. Das Risiko, dass ein vorbeikommender Mitarbeiter sah, was er da gerade druckte, war zu groß. Außerdem wurde er möglicherweise beim Verlassen des Gebäudes von den Sicherheitskräften durchsucht – die ihn, wie es ihm vorkam, ohnehin häufiger kontrollierten als andere. Also versuchte er sich so viele Details zu merken wie irgend möglich.
Bei den Häftlingen, die sich freiwillig für den SZP-19-Test gemeldet hatten, gab es fünf Todesfälle. Offiziell handelte es sich dabei um drei Selbstmorde, eine irreguläre allergische Reaktion auf den Virus sowie eine Überdosis Heroin. Inoffiziell aber sah das um keinen Deut besser aus als bei den vorgetäuschten Selbstmorden der Westland-Jugendstrafanstalt.
Vielleicht hatte so ein künstlicher Daumen, mit dem man nicht mehr Gitarre spielen konnte, dennoch seine Vorteile.

Ohne lange zu überlegen, loggte Kyle sich in die Site von YPI England ein und öffnete das Verzeichnis sämtlicher chemischer Substanzen, die in Cambridge vorgehalten wurden. Auf der Liste für Lab 47 stand in schwarzen Buchstaben: *Labor-Safe*. Als er darauf klickte, erschien diesmal nicht die blutrote Warnung *Zugang verweigert*, sondern genau das, was er sich erhoffte.

Code-Name: BF 19, umbenannt in SZP 19
Entdecker: B. N. Fleetwood
Eigenschaften: harmlos bei Mäusen, Ratten, Hunden, Affen; toxisch bei Menschen mit Sichelzellen-Gen (siehe Westland-Versuche)
Standort: Safe, Lab 47

Was dastand, war so ungeheuerlich, dass Kyle sich in seinem Stuhl zurücklehnte und mit offenem Mund auf den Bildschirm starrte. *Toxisch bei Menschen mit Sichelzellen-Gen. Siehe Westland-Versuche.* Mit aller Macht versuchte er das eisige Schaudern, das ihn durchfuhr, zu unterdrücken. Wenn er nur mehr Zeit hätte, dann könnte er sich die Dokumente zu den Versuchsreihen in Cambridge genauer ansehen. Doch es reichte auch so. Er hatte alles gesehen, was er wissen wollte. Bevor jemand misstrauisch wurde, versetzte er den Computer wieder in den ursprünglichen Zustand und setzte sich auf seinen eigenen Platz. Erst danach wagte er es, über das, was er soeben herausgefunden hatte, nachzudenken.
Jegliches Gefühl des Triumphes und der Bestätigung wurde überlagert von dem blanken Horror seiner Entdeckung. Wie Kyle es bereits vermutet hatte, barg der Safe in Lab 47

eine biologische Waffe, ein barbarisches Werkzeug gegen die schwarze Bevölkerung, das man an den Insassen von Westland getestet hatte. Der Eintrag in die Datenbank erstaunte ihn dennoch. Es war ein Unterschied, ob man nur einen Verdacht oder eine absolute Gewissheit hatte. So lange schon hatte er nach einer Verbindung zwischen den Westland-Versuchen und einem Medikament, dessen Wirkungsweise aus dem Ruder gelaufen war, gesucht. Jetzt, da er den Beweis dafür hatte, war er überwältigt und wusste nicht, was er tun sollte.

Heftige Kopfschmerzen vorschützend, verließ er die Firma, um nach Hause in sein Apartment zu gehen. Die frische Luft ließ ihn klarer denken. Er beschloss keinen Skandal heraufzubeschwören, indem er die Presse einschaltete. Dieser BAD-Aktivist, Linton Okri, hatte ihm ja erzählt, dass die britische Regierung einschreiten konnte, um sicherzustellen, dass eine Story wie diese erst gar nicht veröffentlicht wurde. Kyle konnte sich sehr gut vorstellen, dass in Amerika genau das Gleiche passieren würde, wenn einer der mächtigen Konzerne unter Beschuss geriet. Nein, als Erstes musste Kyle Dwight Grants Ärztin benachrichtigen, denn vom menschlichen Standpunkt aus gesehen war das das Wichtigste. Erst danach würde er sich überlegen, wie er die Fortentwicklung von SZP 19 sabotieren konnte.

Kapitel 33

Bis die Schäden an ihrem Haus repariert waren, würde Helen bei einer Freundin wohnen. Jedes Mal, wenn sie an die vergangene Nacht dachte, durchfuhr sie ein eisiger Schrecken. Wenn sie zum Zeitpunkt des Unglücks zu Hause in ihrem Bett gelegen hätte, hätte sie nicht die geringste Überlebenschance gehabt.

In gewisser Weise hatte sie es Paul zu verdanken, dass sie noch am Leben war. Helen war ungefähr um Mitternacht zu Bett gegangen, hatte jedoch nicht einschlafen können. Allein und ruhelos, weil Paul nach Cambridge zurückgekehrt war, und immer noch verärgert über Yttria Pharmaceuticals, hatte sie sich mehr als eine Stunde lang in ihrem Bett hin und her gewälzt. Schließlich hatte sie das Radio neben ihrem Bett eingeschaltet. Als sie in den Lokalnachrichten hörte, was geschehen war, hatte sie sich sofort angezogen und war ins Addenbrooke's gefahren, um sich mit eigenen Augen davon zu überzeugen, wie groß der Schaden war. Und da sie nun schon einmal im Krankenhaus war, hatte sie auch gleich die Nachtschicht übernommen. Die Arbeit hielt sie davon ab, über Einsamkeit, Enttäuschung und Tod nachzudenken.

Am Morgen danach, noch immer unter Schock über die zweite Schreckensnachricht, hatte Helen die Polizeibeamten gefragt, ob es irgendwelche Hinweise darauf gab, dass man ihre Heizung absichtlich manipuliert hatte. Nachdem die zerfetzten Teile, die auf dem Rasen, der Straße und im Vorgarten des Nachbarn verstreut lagen, eingesammelt und von Technikern untersucht worden waren, teilte man ihr mit, dass das Ergebnis leider nicht eindeutig war. Es gab weder einen hinreichenden Beweis für Sabotage noch einen dagegen. Das Ausmaß der Zerstörung war zu groß, um klare Schlussfolgerungen zu ziehen. Als Helen später mit Paul telefonierte, musste sie ihm daher eingestehen, dass man Sabotage nicht völlig ausschließen konnte.

»YPI kennt keine Skrupel«, sagte Paul, der sofort den Schuldigen ausgemacht hatte. »Und das alles nur, weil es um eine Menge Geld geht. Wenn man bedenkt, dass sie bereits mehrere Todesfälle kaschiert haben . . .«

»Moment mal! Das hast du doch gestern noch bezweifelt.«

»Mir fehlte nur der endgültige Beweis. Ich habe nie behauptet, dass es nicht so war.« Er versuchte erst gar nicht seinen Gefühlsaufruhr zu verbergen.

»Ich habe nichts in der Hand, um behaupten zu können, YPI habe meine Zentralheizung zum Explodieren gebracht, und trotzdem glaubst du, dass es so ist. Wasserleitungen verstopfen manchmal von ganz alleine.«

»Aber . . .«

»Deine Gefühle gehen mit dir durch, Paul.«

»Aha, ich soll also ruhig bleiben, während du, kaum dass ich dich für ein paar Minuten allein lasse, beinahe in deinem Bett in die Luft gejagt wirst.«

Helen lächelte. Paul war der typische Wissenschaftler. Er konnte Fakten mit kühlem Kopf und klarem Verstand beurteilen, aber wenn persönliche Gefühle mit ins Spiel kamen, war er ebenso wenig dagegen gefeit, durchzudrehen, wie jeder andere auch. Trotzdem freute sie sich über seine leidenschaftliche Reaktion und sagte: »Dann verstehe ich aber nicht, warum du daran zweifelst, dass YPI an Gefängnisinsassen Gentherapien ausprobiert. Was das betrifft, sind die Hinweise doch sehr viel eindeutiger.«

»Denk an das Feuer im Krankenhaus. Du sagst, es war Brandstiftung. Das ist mehr als nur Zufall. An dem gleichen Tag, an dem du YPI damit drohst, Gewebeproben zu untersuchen, gehen genau diese Proben in Rauch auf, und dein Haus stürzt in sich zusammen zu einem Zeitpunkt, an dem man davon ausgehen kann, dass du dich darin aufhältst. Zugegeben, das sagt uns noch nicht, wer der Schuldige ist, aber für mich sieht es wie ein von zwei Seiten geführter Angriff aus, um dich loszuwerden. Offenbar hast du da in ein Wespennest gestochen.«
»Du glaubst also, sie manipulieren nicht nur Totenscheine, sondern schrecken auch vor Mord nicht zurück? Das ist ein schwerer Vorwurf.«
»Wenn jemand Massenvernichtungswaffen produziert, dann handelt er mit dem Tod. Was spielen da ein oder zwei zusätzliche Opfer für eine Rolle? Keine.«
»Ich habe die Hoffnung noch immer nicht aufgegeben, dass sie bei YPI nur neue Heilmethoden gegen Sichelzellenanämie austesten, dabei peinliche Fehler zu vertuschen versuchen und der Rest tatsächlich nur ein Zufall ist.«
»Das mit dem Zufall kannst du vergessen, Helen. Das war ein Gegenangriff.«
Am anderen Ende der Leitung war es für einige Sekunden still.
»Helen?«
»Vielleicht ist es genau das . . .«
»Wie bitte?«
»Ein Gegenangriff.« Nachdenklich fügte Helen hinzu: »Der Virus an sich ist ungefährlich, allerdings transportiert er eine Substanz, die sich an das Sichelzellen-Gen bindet. Es wäre denkbar, dass sich das Immunsystem der Testpersonen

gegen den Fremdkörper richtet – die Anomalie, von der du gesprochen hast. Statt chemische Prozesse in Gang zu setzen, um den genetischen Schaden zu reparieren, schickt der Körper seine Soldaten aus. Und dann bricht die Hölle los. Ein solchermaßen in Aufruhr versetztes Immunsystem kann ohne weiteres zum Organversagen führen. Ja, das würde es erklären. Das Medikament aktiviert die körpereigene Abwehr – allerdings nur bei Sichelzellenträgern. Bei allen anderen zeigt sich diese Wirkung nicht, denn dort fehlt die defekte Stelle in der DNA, an der die gentherapeutische Substanz ansetzen kann. Das könnte es sein, Paul!«

Das war typisch für Helen, dachte Paul. Sie sorgte sich mehr um ihre Patienten als um ihr eigenes Wohlergehen.

Helen kam immer mehr in Fahrt. »In Dwights Fall könnten weiße Blutkörperchen in sein Gehirn gelangt sein. Das wiederum könnte zu einer Schwellung geführt haben, die allerdings viel zu klein war, als dass man sie bei der Tomografie hätte entdecken können. Dabei werden einige Nervenenden zerstört, sodass der Patient das Bewusstsein verliert.«

»Würde dieser Zustand dauerhaft sein?«, fragte Paul.

»Nicht unbedingt. Sein Gehirn hat sich möglicherweise in eine Art Winterschlaf versetzt, um sich zu regenerieren. Aber wie dem auch sei, ich ziehe hier voreilige Schlüsse.«

»Was wirst du als Nächstes unternehmen?«

»Das ist eine gute Frage.«

»Das heißt, du weißt es selbst nicht genau.«

Es gab eine Pause. Dann sagte Helen: »Natürlich weiß ich es. Die *Black and Asian Defenders* haben eine umfangreiche Akte über die Versuchskaninchen, die unter minder schweren Beschwerden litten. Vielleicht gibt es dennoch Übereinstimmungen mit Dwights Reaktion, nur dass die

Symptome nicht so ausgeprägt sind. Ich wette, der Krankheitsverlauf sieht folgendermaßen aus: Stufe 1: Depressionen, Stufe 2: Schwindelgefühl, Stufe 3: Ohnmacht, Stufe 4: Koma. Dwight hat Stufe 4 erreicht, die scheinbaren Selbstmörder sogar Stufe 5: Tod. Ich muss diejenigen untersuchen, die nur bis zu den unteren Stufen gelangt sind. Und dazu muss ich mich mit dem Gefängnisdoktor in Verbindung setzen. Ich gehe davon aus, dass Westland einen eigenen Arzt hat.«

»In Ordnung.« Kaum hatte er es ausgesprochen, biss Paul sich auf die Lippe. Es hatte so geklungen, als gebe er ihr sein Einverständnis. »Was ich sagen wollte, war: Das klingt vernünftig. Ich möchte nur nicht, dass du dich noch mehr in Schwierigkeiten bringst. Ich könnte es nicht ertragen, wenn du . . . Okay?«

»Du klingst von Mal zu Mal mehr wie mein Vater.«

»Gib einfach auf dich Acht, ja?«

»In Ordnung. Versprochen.« Sie legte den Hörer auf und mit einem Mal war ihr viel leichter ums Herz. Das eine oder andere in ihrem Leben mochte zwar in Trümmern liegen, doch jetzt hatte sie zumindest die Gewissheit, welchen Weg sie einschlagen musste.

Stuart Urling-Clark setzte sich in seinem Sessel zurück und konzentrierte sich auf die Akten. Bevor YPI ein Produkt auslieferte, musste sichergestellt sein, dass sämtliche Unterlagen korrekt und auf dem neuesten Stand waren. Bei gentherapeutischen Tests musste das Unternehmen nicht nur etwaige Todesfälle, sondern auch gesundheitliche Beeinträchtigungen freiwilliger Teilnehmer dem Gene Therapy Advisory Committee melden. Urling-Clark lächelte zufrieden. Das GTAC hatte zugestimmt, die Todesfälle als unvorhergesehene Selbstmorde einzustufen. Über Dwight Grants Fall war allerdings noch nicht endgültig entschieden. Für den Augenblick ging die Kommission davon aus, dass die Ursache für seine schwere Erkrankung ein Schlag auf den Kopf während eines Fußballspiels war. Für gegenteilige Annahmen gab es keinerlei Beweise. Die leichteren Krankheitserscheinungen einiger anderer dunkelhäutiger Insassen von Westland wurden auf unbekannte Ursachen zurückgeführt und von dem Gefängnisarzt behandelt, der sie eher den besonderen Umständen des Anstaltsleben zuschrieb als einem Medikamententest.

Der Arzt der Westland-Jugendstrafanstalt war zwar nicht unfreundlich, aber auch nicht sehr zuvorkommend. Er bedauerte ihr nicht sofort behilflich sein zu können, versprach jedoch Helen mit YPI-Freiwilligen zusammenzubringen, falls diese sich bereit erklärten über ihren Gesundheitszustand zu sprechen und an Helens Tests teilzunehmen. Als Helen aufstand und sich umsah, bemerkte sie, dass die Wände des Arztzimmers mit Postern von Yttria Pharmaceutical International zugepflastert waren. Während sie ihren Mantel zuknöpfte, nickte sie in Richtung eines Werbedisplays und sagte: »Sie haben sehr guten Kontakt zu YPI, nicht wahr?«

»Das Unternehmen hat sich gegenüber Westland sehr großzügig gezeigt. Meine Praxis hier ist zum Teil von YPI gesponsert.«

»Das ist gut«, erwiderte Helen und behielt ihre wahren Gefühle für sich. In ihrem Übereifer hatte sie überhaupt nicht daran gedacht, dass die Loyalität des Arztes nicht nur sei-

nen Patienten, sondern auch dem Pharma-Unternehmen gelten könnte. »Jedenfalls vielen Dank für Ihre Hilfe.«
Sobald Helen die Tür hinter sich zugemacht hatte, griff der Arzt nach dem Telefonhörer.

Helen hielt nichts von Aberglauben. Sie kannte den Spruch, dass ein Unglück selten allein kommt, aber da sie nicht abergläubisch war, erwartete sie nichts Weiteres. Sie hatte bereits die unersetzbare Gewebeprobenbank verloren und einen beträchtlichen Teil ihres Hauses, aber während sie sich auf den Rückweg ins Krankenhaus machte, dachte sie keinen Augenblick daran, dass sie auch noch ihr Leben durch einen zu schnell fahrenden Autofahrer verlieren könnte.

Kapitel 34

Etwas war faul. Paul versuchte erst gar nicht Helen eine E-Mail zu schicken – ihr Computer war bei der Explosion in ihrem Haus zerstört worden –, aber er wunderte sich, dass ihr Telefon nicht funktionierte. Er rief im Addenbrooke's an, aber dort weigerte man sich ihm zu sagen, warum Dr. Crear nicht zu erreichen war. Als man ihn endlich zu jemandem durchstellte, den er vom Analyselabor her kannte, konnte er zuerst gar nicht glauben, was er hörte. Er war wie vor den Kopf geschlagen.
»Sind Sie sicher?«
»Ich fürchte, ja.«
»Helen? Nein. Gibt es wirklich keinen Zweifel?«

»Leider nein. Dr. Turrell ... Ist mit Ihnen alles in Ordnung?«
In Ordnung? Nichts war in Ordnung. Ohne ein weiteres Wort ließ Paul den Hörer fallen und starrte vor sich hin. Die Welt um ihn herum drehte sich weiter, der Zukunft entgegen – so wie sie es immer tat –, aber ihn schien sie zurückzulassen. Er hatte das Gefühl, als hätte er ganz plötzlich keinen Platz mehr im Leben, als sei er unfähig mit den anderen mitzuhalten. Das letzte Mal, als er etwas annähernd Ähnliches gespürt hatte, hatte er mit einer Sportverletzung im Krankenhaus gelegen und auf die bevorstehende Operation gewartet. Das Anästhetikum war durch die Blutbahnen seines linken Armes geflossen und beinahe im gleichen Augenblick wurde der Arm vom Handgelenk aufwärts kalt, so als hätte man ihn in eisig kaltes Wasser getaucht. Die Kälte war in ihm weitergekrochen, und kurz bevor sie auch den letzten Winkel seines Gehirns erreicht hatte, überkam ihn das Gefühl völliger Verlorenheit. Dann, ganz plötzlich, war nichts mehr.
Das Betäubungsmittel hatte ihn für mehrere Stunden außer Gefecht gesetzt. Diesmal jedoch hielt die Betäubung nicht so lange an, sondern wich nach kurzer Zeit. Die Frau, um die er sich all die Jahre – verlorene Jahre – so gut wie nicht gekümmert hatte, die Frau, die er gerade eben erst wiedergefunden hatte, war ihm entrissen worden. Und Helen selbst? Was hatte sie verloren? Eine Karriere, die Fähigkeit, zu heilen, ein Leben. Paul hatte auch bei ihr so etwas wie ein Erwachen festgestellt. Und ihre letzte E-Mail hatte es ihm bestätigt. Man hatte ihr die Möglichkeit genommen, einen Teil ihres Lebens mit ihm zu verbringen. Man hatte ihr die Hoffnung auf Liebe genommen. Ein anderer Arzt würde nun in Helens Fußstapfen treten und sich um ihre Patienten

kümmern. Doch das war nicht dasselbe. Wenn Dwight Grant eines Tages aufwachte, würde er nicht einmal wissen, wer so unermüdlich um ihn gekämpft hatte. Niemand war da, um Helens Leben für sie zu leben. Es war für alle Zeit vorbei.

Und daran sollte wirklich nur ein durchgedrehter Autofahrer schuld sein, der möglicherweise betrunken oder mit Drogen voll gepumpt war und zu sehr aufs Gaspedal gedrückt hatte? Das war blanker Unsinn.

Paul stand auf und holte tief Luft. Das war kein Streich, den das Schicksal gespielt hatte, sondern ein absichtlicher, kaltblütiger Mord. Helen war für YPI zum Quälgeist geworden und YPI hatte sich dieses Quälgeists entledigt. Paul musste daran denken, wie er tags zuvor zu Helen gesagt hatte: »Wenn jemand Massenvernichtungswaffen produziert, dann handelt er mit dem Tod. Was spielen da ein oder zwei zusätzliche Opfer für eine Rolle?« Helens Tod überzeugte Paul, dass sie mit ihren Vermutungen Recht gehabt hatte. Ihre Beweisführung war zwar noch nicht wasserdicht gewesen, aber ihr »Verkehrsunfall« bewies, dass sie auf der richtigen Fährte gewesen war. Die Person, die hinter dem Steuer des Wagens gesessen hatte, war kein betrunkener Möchtegernrennfahrer gewesen, sondern ein fähiger, gut bezahlter Profi.

Paul schwor sich Helens Tod zu rächen. Er würde alles andere beiseite schieben und nur dieses eine Ziel im Augen haben. Ausschließlich diesen einen Gedanken im Kopf, eilte er zu seinem Auto.

Paul Turrell hatte sich selbst immer für einen ruhigen, vernünftigen Mann gehalten, aber jetzt raste er nach Cambridge wie ein unaufhaltsamer Wirbelsturm. Sein erster Halt war YPI. Er kam allerdings nicht viel weiter als bis zum Torhäuschen. Wenn er keinen Termin vereinbart hätte und niemand ihn erwarte, hieß es, könne er das Firmengelände nicht betreten. Als er protestierte und Urling-Clark oder Dr. Ingoe zu sprechen verlangte oder irgendeinen anderen der Verantwortlichen, tauchten plötzlich zwei Wachleute rechts und links neben ihm auf.

»Wie heißen Sie?«, wollten sie von ihm wissen.

»Das geht Sie nichts an«, erwiderte er unwirsch.

»Haben Sie getrunken?«

Paul schrie: »Ihr seid Mörder! Ihr seid alle Mörder!«

Da war der Punkt erreicht, an dem die beiden stämmigen Wachleute genug hatten. In der Annahme, einen Betrunkenen vor sich zu haben, packten sie ihn grob am Arm und führten ihn hinaus. Sie schafften ihn möglichst weit fort in eine wenig belebte Straße, dorthin, wo sie vor einiger Zeit den Obdachlosen zusammengeschlagen hatten, der mit gekreuzten Beinen und seinem umgedrehten Hut vor den Werkstoren von YPI gesessen hatte.

Danach versuchte Paul sein Glück im Krankenhaus, aber dort behandelte man ihn nicht viel anders. Er wurde zwar nicht hinausgeworfen, doch der Ersatzmann, der Helens Dienst übernommen hatte, erwies sich als Fehlschlag.

»Sie sind also für Helen Crear eingesprungen«, begann Paul.

Der neue Arzt sagte: »Nicht ganz, ich betreue nur einige ihrer Patienten mit. Warum?«

»Was ist mit ihr passiert?«

»Sie wurde überfahren.«

Aufgeregt erwiderte Paul: »Ja, aber was ist *wirklich* passiert?«

»Hören Sie«, sagte der Arzt, der es eilig hatte, fortzukommen. »Ich übernehme hier einige von Dr. Crears Aufgaben, das ist alles. Ich habe sie kaum gekannt.«

»Aber Sie müssen doch wissen –«

»Es tut mir Leid. Es tut mir Leid wegen Helen, aber . . .« Er zuckte die Schultern.

Paul starrte den Arzt mit einem so wilden Gesichtsausdruck an, als wolle er ihn gleich packen und die Antwort aus ihm herausschütteln.

»Wer sind Sie eigentlich?«, fragte der Arzt. »Ihr Bruder?«

»Nein. Ich bin . . . ich war ihr Freund. Paul Turrell.« Normalerweise hätte er seine Hand ausgestreckt, aber er war viel zu aufgewühlt, um Höflichkeiten auszutauschen.

»Sie sind von ihrem Tod sehr mitgenommen, das sehe ich. Aber ich kann ihnen leider nicht helfen. Alles, was ich sagen kann, ist, dass ich gerade eben einen Anruf aus den Staaten erhalten habe, von einem Mann namens Kyle. Er fragte nach Dr. Crear und teilte mir dann mit, was seiner Meinung nach den ernsten Zustand eines unserer jungen Patienten, Dwight Grant, verursacht haben könnte. Ich bin sehr froh darüber. Es könnte uns bei seiner Behandlung weiterhelfen.«

Langsam beruhigte sich Paul ein wenig. Die Hände in die Seiten gestemmt, stand er da und seufzte. Die Worte des Arztes erinnerten ihn daran, dass Helen ja einen Verbündeten im Lager des Feindes hatte. Er musste sich möglichst rasch mit diesem Kyle Proctor in Verbindung setzen. »Hat er Ihnen seine Nummer oder E-Mail-Adresse genannt?«

»Nein, tut mir Leid. Wenn Sie mich jetzt entschuldigen würden? Meine Patienten . . .« Mit diesen Worten eilte der Arzt davon.

Paul ging an der Aufnahme vorbei in Richtung Ausgang, ohne die junge Frau in den ausgewaschenen Jeans zu bemerken, die dort stand und von den Krankenhausoffiziellen Informationen über Dr. Helen Crear zu bekommen versuchte. Entschlossen, so lange in Cambridge zu bleiben, bis er die Antworten auf seine Fragen gefunden hatte, stieg Paul in einem Hotel in der Stadt ab. Dann ging er in die Hotelbar, um seinen Schmerz mit Alkohol zu betäuben.

»Arme Dr. Crear«, murmelte Stuart Urling-Clark kopfschüttelnd und ließ die Zeitung sinken. »Gerade erst haben wir erfahren, dass sie in unserer Nachbarschaft lebt – besser gesagt: lebte –, haben die Explosion in unserer Straße gehört und nun ist sie . . .« Er brach ab.
»Vielleicht haben wir sie ja sogar einmal getroffen oder zumindest gesehen«, sagte Mrs Urling-Clark. »Ich frage mich, ob sie Kirchgängerin war.«
»Ich glaube nicht. Als sie mich im Büro aufsuchte, habe ich sie jedenfalls nicht erkannt. Sie sah mich jedoch einige Male so an, als würde sie mich kennen. Möglicherweise sind wir uns auf der Straße begegnet. Gesagt hat sie allerdings nichts.«
»Es ist traurig – eine so tüchtige junge Frau wie sie. War sie verheiratet?«
»Ich glaube nicht«, erwiderte Urling-Clark. Mit einem Nicken in Richtung Zeitung fügte er hinzu: »Hier steht, dass sie alleine lebte. Und damals im Büro sagte sie mir, sie hätte mit niemandem über den Fall ihres Patienten gesprochen. Ich nehme an, sie war eine Einzelgängerin.«
»Dann ging sie sicher völlig in ihrer Arbeit auf.«
»Sieht ganz so aus«, antwortete Urling-Clark.

»Sehr lobenswert«, sagte seine Frau.
Urling-Clark seufzte. »Ich hätte ihr dieses Schicksal wahrhaftig nicht gewünscht, aber von Yttrias Standpunkt aus gesehen, hat sich die Angelegenheit zum Guten gewendet. Dr. Crear hat die wüstesten Drohungen gegen uns ausgesprochen, nur weil sie sich etwas in den Kopf gesetzt hatte. Am Ende hätte sie noch unser gesamtes Projekt gefährdet.«
»Wo Wolken sind, ist immer auch ein kleiner Sonnenstrahl«, sagte Mrs Urling-Clark. »Trotzdem ist es schade um so eine hingebungsvolle und fürsorgliche Ärztin.«
»Fürsorglich und in die Irre geleitet«, erwiderte ihr Mann.
»Wir alle gehen hin und wieder in die Irre und bedürfen der Führung, Stuart. Möchtest du noch eine Tasse Tee?«
Urling-Clark nahm die Zeitung wieder in Hand und sagte: »Ja. Das wäre nett. Vielen Dank.«

Kapitel 35

Die Frau am Telefon des Addenbrooke's weigerte sich standhaft Kyle mitzuteilen, wo Dr. Helen Crear sich momentan aufhielt. »Ich kann Ihnen keine Auskunft darüber geben«, sagte sie. »Ich bin sicher, Sie werden das verstehen. Schließlich könnten Sie irgendwer sein. Ich schlage vor, Sie setzen sich mit ihrer Familie in Verbindung.«
»Ich kenne Dr. Crears Familie nicht«, erwiderte Kyle, der von seinem Apartment aus anrief. »Ich bin eine Kollege von ihr. Darf ich Ihnen einen Vorschlag machen: Wenn Dr. Crear nicht im Haus ist, würden Sie mich dann bitte zum Dienst habenden Arzt durchstellen, der einen Patienten namens

Dwight Grant auf der Intensivstation betreut? Es ist dringend.«

»Ja. Einen Moment bitte.«

Als der Arzt ihm von Helens Unfall berichtete, konnte Kyle es kaum glauben. Entsetzt starrte er aus dem Fenster auf das Apartmenthaus gegenüber, ohne jedoch wirklich etwas zu sehen. Sein Gehirn wurde überflutet von den quälenden Bildern seines Bruders, von Professor Fleetwood, wie er mit seinem Flugzeug vom Himmel stürzte, und von Helen Crears hübschen Gesichtszügen.

»Mr Proctor?«

»Ähm, ja. Ich bin noch dran. Das ist ja . . . furchtbar.« Kyle hoffte, dass Helen Crear von einem Raser überfahren worden war, denn die Alternative dazu war noch viel, viel schrecklicher. Andererseits konnte er nur schwer glauben, dass es sich bei dem Unfall tatsächlich um ein fatales Unglück wie bei seinem Bruder gehandelt hatte. Helen war Yttria ein Dorn im Auge gewesen. Und sie behandelte Dwight Grant. Doch jetzt . . . Der Unfall passte YPI verdächtig gut ins Konzept. Für Kyle war Dr. Crears Tod nicht weniger anrüchig als der Unfall Brandon Fleetwoods. Beide Male stank es zum Himmel. Bei Helen Crear war zwar ein Auto in den Unfall verwickelt und kein Flugzeug, aber hinter beidem steckte die gleiche Denkweise, die gleiche finstere Verschwörung.

Kyle fühlte sich einsam. Allein in einem fremden Land, hatte er niemanden mehr, mit dem er über seine schlimmsten Ängste sprechen konnte. Er hatte neue Informationen über schwarze Jugendliche in amerikanischen Gefängnissen, die ebenfalls das schädliche SZP 19 bekommen hatten. Die Verantwortung, was er mit diesem Wissen anfing, lag nun ganz allein bei ihm. Er riss sich zusammen und erklärte dem Arzt in Cambridge, worum es bei den Tests in Westland gegangen war, da dies für Dwights Behandlung hilfreich sein konnte. Dann legte er auf. Kyle wusste nicht, was er sonst noch tun konnte. Um die tödliche Waffe zu entschärfen, beschloss er noch eine weitere Person mit den Fakten zu konfrontieren. Er hatte dem Mann in der Chefetage von Yttria bereits gegenübergestanden, aber ...

Kyle machte einen Satz, als das Telefon schrillte. »Hallo. Kyle Proctor«, meldete er sich.

Es war Max. »Alles in Ordnung? Deine Stimme klingt ein bisschen, nun ja, zittrig.«

»Alles bestens«, log Kyle.

»Gut. Was hältst du davon, an diesem Wochenende ins gute alte Memphis zu fahren?«

»Äh, ja, okay«, antwortete Kyle geistesabwesend. Unter den gegebenen Umständen war es einfacher, zuzustimmen als zu erklären, warum er seine Meinung inzwischen geändert hatte.

»Also abgemacht.«

»Max?«

»Hmm?«

»Kennst du Tristan Lockhart?«

»Ich nicke ihm zu, wenn ich ihn sehe, aber ich kann nicht sagen, dass ich ihn kenne. Nicht wirklich. Warum?«

»Tja, ich habe ihn mal getroffen, aber ich kenne ihn ebenso wenig wie du. Ich habe daran gedacht, ihn aufzusuchen.«

»Du machst wohl Witze. Er bewegt sich in einer anderen Galaxie, Lichtjahre von dir entfernt. Was willst du denn von ihm?«

»Na ja«, sagte Kyle. »Da ist was mit SZP 19 im Gange.«

»Was denn?«
»Das kann ich dir am Telefon nicht sagen. Es ist zu . . . brisant.«
Max schwieg eine Weile, dann sagte er: »Brisant. Dann willst du Mr Lockhart nicht wirklich sprechen. Am besten, du vergisst das Ganze.«
»Warum denn?«
»Denk doch mal nach! Wenn du mit deiner Vermutung falsch liegst, blamierst du dich bis auf die Knochen«, sagte Max. »Wenn es aber stimmt, wird er dir trotzdem keine Medaille umhängen. Ich kann mir nicht vorstellen, dass er allzu begeistert darüber sein wird, wenn du eine Menge Staub aufwirbelst. Egal, wie es ausgeht, du stehst schlecht da. Hörst du mir zu?«
»Ja, aber . . .« Kyle brach ab. Was Max sagte, war nicht von der Hand zu weisen. »Nein, du hast Recht. Danke.«
»Ich seh dich dann in der Firma. Dort können wir alles Weitere für das Wochenende besprechen. Also bis dann.«
Kyle legte den Hörer auf und stieß einen tiefen Seufzer aus. Er fühlte sich noch immer unsicher und allein. Und er musste sich erst noch von dem Schock über Helen Crears Tod erholen.

»Ich habe gehört, bei Ihnen hat es gestern aufregende Neuigkeiten gegeben? Ein Enkelsohn oder eine Enkeltochter?«
Auf Tristans Gesicht machte sich ein Lächeln breit. »Ein kleiner Junge. Er ist ein paar Wochen zu früh gekommen.« Eine leise Stimme in seinem Kopf fügte hinzu: »Ein kleiner Junge mit dem Sichelzellen-Gen.«
»Und wie geht's der Mutter?«

»Sehr gut. Wir haben ausführlich miteinander telefoniert. Mutter und Kind sind wohlauf.«

»Wusste ich's doch, dass es einen Grund für dieses Strahlegesicht gibt. Ein Enkelsohn oder eine neue Superdroge. Eines von beiden.«

Tristan Lockhart war auf einer Party seines Nachbarn und unterhielt sich mit dem Gastgeber, während seine Frau weggelotst worden war, um irgendeine Neuerwerbung zu begutachten. Das Wohnviertel war exklusiv: zentral gelegen im vornehmen Stadtteil Buckhead, wo die Großverdiener von Atlanta lebten. Alle Bewohner waren wohlhabend und taten modern, besaßen große Häuser mit Kunstrasen und sorgfältig gestutzten Baumreihen davor. Hier gab es die teuersten Geschäfte, die verrücktesten Galerien und Restaurants, in denen die Plätze so heiß begehrt waren, dass die Gäste zwei Stunden warteten, um eine Designer-Mahlzeit einzunehmen. In Atlanta war es der Ort, an dem man sehen und gesehen werden konnte.

Tristans Nachbar war ein gesprächiger und nie um Argumente verlegener Jurist. »Da wir gerade von Babys sprechen, spielt Yttria immer noch mit menschlichen Genen herum?« Seine Wortwahl verriet seine Missbilligung. Als bibeltreuer Christ war er der Überzeugung, dass Tristans Arbeit darin bestand, dem Herrgott ins Handwerk zu pfuschen.

»Natürlich beteiligen wir uns am Genom-Projekt. Uns bleibt gar nichts anderes übrig. Darin liegt die Zukunft.«

»Und wird es in dieser Zukunft auch möglich sein, dass Leute wie Ihre Tochter zu Ihnen kommen und ein Kind haben wollen, das garantiert keinen Krebs bekommen wird?«

»Es wird nicht mehr lange dauern, bis so etwas möglich ist.«

»Und ein Genie oder einen Topathleten zu züchten?«, fragte Lockharts Nachbar.
Tristan zögerte. Er kam hier in gefährliches Fahrwasser. »Auch das wird kommen, ob es Ihnen nun gefällt oder nicht. Zumindest als ethische Streitfrage. Ich für meinen Teil bin vollkommen glücklich damit, Genveränderungen aus medizinischen Gründen vorzunehmen, damit unsere Enkelkinder weder Krebs noch sonst etwas bekommen können. Was das Herumspielen, wie Sie es nennen, aus kosmetischen Gründen angeht, so bereitet es mir Unbehagen. Meiner Ansicht nach ist es keine Abnormität, wenn jemand klüger oder dümmer, stärker oder schwächer ist als andere. Das ist die Spannbreite menschlichen Lebens. Eine zystische Fibrose jedoch ist sehr wohl eine Abnormität und sie sollte mithilfe der Gentherapie aus der Welt geschafft werden.« Er vermied es bewusst, Sichelzellenanämie als Beispiel anzuführen, um keinen Hinweis auf die neuesten Entwicklungen bei Yttria zu geben.
»Okay, Tristan, den Krebs zu besiegen ist natürlich medizinisch erstrebenswert, das verstehe ich durchaus. Anders hingegen verhält es sich mit dem blauäugigen, blonden Wunschbaby. Sie sagen, das geht einen Schritt zu weit. Aber was ist mit dem, was dazwischen liegt? Zum Beispiel das Älterwerden? Ist das nun medizinisch oder kosmetisch begründet? Was würden Sie sagen, wenn ich von Ihnen verlangen würde, dass meine Enkelkinder ewig leben und immer jung aussehen sollen?«
»Die Technologie, die dazu nötig wäre, ist durchaus vorstellbar«, antwortete Tristan und trank den Rest seines Bieres aus. Das hatte er auch nötig, um diese Unterhaltung zu überstehen. »Eines Tages wird die Wissenschaft einen Weg

finden, den Alterungsprozess zu stoppen. So viel steht fest. Vielleicht in zehn Jahren, ganz sicher aber in hundert. Uns winkt die Unsterblichkeit.«

»Genau das erfüllt mich mit Sorge, Tristan. Noch ein Bier? Unsterblichkeit ist nicht für den Menschen gedacht. Sie ist allein Gott vorbehalten.«

»Dann wird es Sie freuen, wenn ich Ihnen sage, dass es nicht zu meinen Aufgaben gehört, das zu entscheiden. Ich bin nur ein Wissenschaftler. Ich finde nur heraus, was machbar ist und was nicht.«

»Sich in den Lauf der Natur einzumischen heißt sich gegen Gott zu versündigen. Sie versuchen die Wissenschaft zur Religion zu erheben.«

»Nein, das stimmt nicht«, widersprach Tristan. »Es ist nicht etwa so, dass das eine das andere ablösen wird. Wir brauchen beides. Wenn Sie wissen möchten, wie ein Gehirn funktioniert, gehen Sie nicht in die Kirche, sondern wenden sich an die Wissenschaft. Wollen Sie aber herausfinden, wie der Besitzer dieses Gehirns sich seinem Nachbarn in Not gegenüber verhalten soll, werden Sie ganz bestimmt keinen Wissenschaftler fragen. Sie holen sich Rat bei der Kirche. Verstehen Sie, was ich meine? Wissenschaft und Glaube kommen sich nicht in die Quere. Soweit es die Gentherapie betrifft, ist es Ihre Aufgabe, ist es die Aufgabe der Öffentlichkeit, eine Grenzlinie zu ziehen zwischen dem, was man erreichen möchte, und dem, was verbotenes Terrain sein sollte. Das ist der Punkt, an dem Ethik und Religion ins Spiel kommen.«

»Hmm, okay, aber wer wird ausgewählt werden ewig zu leben, und wer nicht? Ich bin der Meinung, dass jeder, der für sich Unsterblichkeit anstrebt, unverzüglich aussterben sollte. So jemand muss doch nicht ganz bei Trost sein.«

»Eins zu null für Sie.« Tristan versuchte das Gespräch nicht allzu ernst zu nehmen. Schließlich sollte das hier eine lockere Party sein und kein Ethikseminar. Dennoch hatte er das Gefühl, seine Arbeit rechtfertigen zu müssen.

Der Jurist erwärmte sich immer mehr für das Thema. »Und da ist noch etwas. Wer kann sich diese neuen Heilmethoden denn leisten? Ich kann es und Sie können es auch. Die Leute hier in Buckhead können es alle. Aber wer sonst noch? Tüchtige Menschen in Indien, Pakistan oder Äthiopien? Niemals.«

»Das ist ein weiterer moralischer Streitpunkt, den die Öffentlichkeit und die Politik klären muss. Natürlich nimmt eine solche Entwicklung immer in den reichen Ländern ihren Ausgang. Wir sind einfach diejenigen, die die Ressourcen dafür haben.«

»Es wird die Kluft zwischen Reich und Arm vergrößern«, warf Tristans Nachbar ein, bevor dieser weiterreden konnte. »Ihre Enkel oder Urenkel – und meine auch – werden weder an Krebs erkranken, noch werden sie altern. Aber für die Menschen in den ärmeren Ländern wird es auch weiterhin Krankheiten, die Beschwerden des Alters und all die anderen Übel geben, weil sie sich unsere moderne Technologie nicht leisten können. Heutzutage sterben in den tropischen Ländern tausende an Krankheiten, die heilbar sind, weil sie die Medikamente, die für uns selbstverständlich sind, nicht bezahlen können. Die neuen Heilmittel sind noch teurer, was die Situation nur verschlimmern wird. Und was tut unsere Pharma-Industrie dagegen? Sie verschwendet ihre Energie darauf, gut verdienenden Amerikanern Designerbabys zu ermöglichen.« Er machte eine wegwerfende Handbewegung, als würde ihn das alles anwidern, und verschüttete dabei beinahe sein Getränk.

»Ich kann Ihre Vorbehalte verstehen«, sagte Tristan. »Aber im kalten Licht der Wirtschaftlichkeit betrachtet, gibt es in den armen Ländern einfach keinen lohnenden Absatzmarkt.«

»Es gibt aber einen Bedarf.«

»Natürlich gibt es einen Bedarf«, stimmte Tristan seinem Gastgeber zu. »Niemand wird das bestreiten wollen. Aber die Pharmaunternehmen müssen das, was sie in die Forschung investieren, auch wieder hereinholen. Ansonsten sind sie nicht mehr lange im Geschäft. Und damit ist niemandem geholfen, weder den Reichen noch den Armen. Regierungen und Wohltätigkeitsorganisationen müssen einspringen, damit es sich für die Industrie lohnt, ihre Produkte in den Entwicklungsländern auf den Markt zu bringen.«

Tristans Nachbar versetzte ihm einen leichten Schlag auf den Rücken. »Tut mir Leid. Sie kommen auf einen Drink vorbei, und statt entspannt miteinander zu plaudern, halte ich Ihnen einen Vortrag. Aber es richtet sich nicht gegen Sie persönlich. Es ist das System, das ich kritisiere. Aber kein Wort über Politik, sonst sind wir noch die ganze Nacht hier und diskutieren.«

Beide Männer lachten höflich. Doch hinter dem Lachen des frisch gebackenen Großvaters verbarg sich noch etwas anderes. Ein Wirrwarr von Gedanken ging Tristan Lockhart durch den Kopf. Seine Firma war angetreten, um ein Heilmittel für eine auf der ganzen Welt verbreitete Krankheit zu entwickeln. In England hatten sie mit dem Projekt begonnen, waren dann jedoch auf eine bestens verkäufliche biologische Waffe gestoßen. Was, wenn einer von Yttrias zukünftigen Kunden SZP 19 tatsächlich einsetzte? War es denkbar, dass es jemanden gab, der Menschen mit dem Sichelzellen-Gen dermaßen hasste? Und woher käme dieser Hass? Neugeborene hassen nicht. Also musste es später irgendeinen Punkt geben, an dem sich das änderte. Wer lehrte die Kinder zu hassen? Das konnten nur Eltern und andere Erwachsene sein. Und wenn jemand SZP 19 anwendete, wäre dann sein Unternehmen, das diese intelligente Technologie entwickelt hatte, daran schuld? Nein. Seelenlose Objekte trugen keine Schuld. Die Menschen, die sie benutzten, die Menschen, die hassten, trugen die Verantwortung dafür, nicht diejenigen, die die Waffe verkauften. Wenn Waffenhersteller nachts ruhig schlafen konnten, dann konnte er, Tristan Lockhart, das auch.

Kapitel 36

Paul saß unerkannt in der hinteren Bankreihe der Kapelle. Ab und zu blickten sich einige der Trauergäste verstohlen nach ihm um. Unter ihnen war eine Frau, die genauso aussah wie Helen. Nur dreißig Jahre älter. Vermutlich war sie Helens Mutter. Es war offensichtlich, dass die Leute in der Kirche sich fragten, wer er war. Aber Paul hatte nicht die geringste Lust, sich ihnen vorzustellen oder überhaupt ein Wort mit ihnen zu wechseln. Er war gekommen, um sich in aller Stille zu besinnen, nachzudenken, zu bedauern.

Die Universität hatte ihn offiziell von seinen Pflichten befreit. Paul hatte dem Personalchef erklärt, dass es einen unerwarteten Todesfall gegeben habe und er nun verschiedene Dinge regeln müsse. Abgesehen davon brauche er Zeit, um zu trauern. Möglich, dass er die Universitätsverwaltung in dem Glauben gelassen hatte, dass es sich um einen Todesfall innerhalb der eigenen Familie handelte, direkt gelogen hatte er nicht. Man hatte Verständnis für seinen Wunsch geäußert und ihm versichert, dass er sich ruhig die nötige Zeit nehmen sollte, um seine Angelegenheiten in Ordnung zu bringen.

Bei der Trauerfeier für Helen sagte irgendjemand irgendwelche unangebrachten Worte und dann rollte der schmucklose Holzsarg automatisch durch eine Vorhangwand, hinter der sich das Krematorium befand. Es war so mechanisch, so kalt. Niemand begleitete sie, niemand hielt ihre Hand, niemand sah sie an. Eingeschlossen in den Sarg, rollte Helens Leichnam über ein Förderband und verschwand aus dieser Welt wie ein ausrangierter Gebrauchsgegenstand. Es war, als schämte man sich ihres Todes, als könnte man es nicht ertragen, sie so anzusehen. Paul fragte sich, ob wohl jemand von Yttria an der Trauerfeier teilnahm. Dort hatte man allen Grund, über Helens Tod beschämt zu sein. Langsam leerte sich die Kapelle. Die Trauergäste gingen hinaus, um die aufgestellten Blumengebinde zu betrachten. Paul blieb allein zurück und starrte auf die Stelle, an der Helens Sarg gestanden hatte. Er versuchte nicht daran zu denken, was mit ihr hinter dem Vorhang geschah, rief sich angestrengt in Erinnerung, wie sie gewesen war, als er sie zuletzt gesehen hatte. Leidenschaftlich, frustriert, mitfühlend und schön. Nach fünf Minuten – oder war es eine halbe Stunde? – stand er auf und ging hinaus.

Vor der Kapelle stieß er unabsichtlich mit einer Frau zusammen, die an der Tür stand und unentwegt die Trauergesellschaft beobachtete. Sie war Anfang zwanzig, hatte kurze dunkle Haare und eine randlose Brille. Um ihren Hals baumelte ein Fotoapparat.

»Entschuldigung«, murmelte Paul.

»Macht nichts.«

Während er davonging, blickte er sich noch einmal nach der Frau um und überlegte, was sie wohl am Krematorium zu suchen hatte. Sie war ganz sicher nicht gekommen, um Helen die letzte Ehre zu erweisen, denn sie trug völlig unpassende helle Jeanskleidung.

Für gewöhnlich kooperierte die Polizei mit Victoria Scates. Sie bekam die Informationen, die sie brauchte, um eine gute Story zu schreiben, und die Polizei hatte die Gewissheit, dass nur das an die Öffentlichkeit kam, was sie wollte. Diesmal jedoch kam Victoria nicht weiter. Unmittelbar nach der Trauerfeier fragte sie den Pressesprecher der Polizei: »Hat Dr. Crear zu irgendeinem Zeitpunkt in der Gynäkologie gearbeitet?«

»Nein.«

»Und was ist mit Forschung?«

»Nein.«

Victoria stützte sich mit den Ellbogen auf die Empfangstheke. »Hey, wie wär's damit: Sie wollen doch sicher nicht, dass ich hier den ganzen Tag herumstehe und Ihnen mit meinen Fragen auf die Nerven gehe. Warum erzählen Sie mir nicht einfach, ob die Frau etwas mit den ... nun ja, Schwierigkeiten des Addenbrooke's zu tun hatte?«

»Da fragen Sie besser im Krankenhaus nach.«

»Das habe ich bereits«, erwiderte Victoria. »Aber die kriegen ihren Mund nicht auf.«

»Noch nie was von investigativem Journalismus gehört?«,

entgegnete der Polizist mit einem Grinsen. »Warum stellen Sie nicht Ihre eigenen Nachforschungen an?«
»Ach, kommen Sie. Sie wissen genau, worauf ich hinauswill. Das Haus der Ärztin ist ein Schutthaufen, sie selbst stirbt und jede Menge Gewebeproben lösen sich in Rauch auf. Zehn zu eins, dass es da einen Zusammenhang mit dem dummen kleinen Problem gibt, das das Krankenhaus momentan hat.«
»Kein Kommentar.«
»Wenn es um den Tod von Babys geht, wird es immer heikel, das weiß ich. Aber irgendeinen Hinweis werden Sie mir doch geben können.«
»Offensichtlich sieht das Krankenhaus das anders. Und ich kann Ihnen leider auch nicht weiterhelfen. Bei dieser Sache nicht.«
Victoria seufzte. »Ich werde also nichts weiter als Ihr ewiges ›Kein Kommentar‹ hören?«
»Sie haben es erfasst.«
»Also gut«, sagte Victoria und wandte sich zum Gehen. »Diesmal kommen wir wohl nicht miteinander ins Geschäft.«

Kapitel 37

Die Scheibe heruntergekurbelt, den Ellenbogen lässig auf den Fensterrahmen gestützt, lenkte Max das Auto.
»Und jetzt erzähl mal, was es mit dem SZP 19 auf sich hat.«
Kyle, dessen Aufmerksamkeit von der flachen Landschaft Tennessees gefangen genommen war, die sich ihm als ein

Meer aus Baumwoll-, Mais-, Tabak- und Bohnenfeldern präsentierte, erwiderte: »Ach . . . eigentlich gar nichts.« Er war sich nicht sicher, inwieweit er Max trauen konnte.

Max sah seinen Beifahrer prüfend an. »Gar nichts?« Er warf einen Blick nach hinten auf die lange, schnurgerade Straße. »Das klang am Telefon aber ganz anders.«

»Ja, aber . . .«

»Sehe ich etwa aus wie ein Firmenspion?«, fragte Max mit einem breiten Grinsen und zupfte an seinen langen Koteletten herum. »Oder wie ein Reporter?«

Sie fuhren auf der Staatsstraße 57 in Richtung Westen und näherten sich langsam Memphis und dem Mississippi. Max war ein neuer Freund und Kyle wusste nicht viel von ihm, aber er war verständnisvoll und Kyle sehnte sich verzweifelt danach, jemandem sein Herz auszuschütten. Er war sehr dankbar für Max' Freundschaft in einem Land, in dem es für ihn nur Fremde gab. Abgesehen davon war Kyle überzeugt, dass Max nicht der Typ war, der ihn in der Firma verpfeifen würde. Er konnte sich nicht ernsthaft vorstellen, dass ein Elvis-Imitator zugleich auch ein YPI-Agent war. Zugegeben, Max war intelligent, sonst könnte er nie für Yttria arbeiten, doch in Kyles Augen war er nicht mehr als ein harmloser Spinner. »Ich . . . ähm . . .« Kyle holte tief Luft, räusperte sich und dann vertraute er Max seine Befürchtungen hinsichtlich SZP 19 an.

»Wow!«, sagte Max. »Das ist 'ne heiße Kiste. Warst du bei Mr Lockhart?«

»Nein.«

»Wenn ich du wäre, würde ich es auch bleiben lassen.«

»Was glaubst du? Du hast doch damit gearbeitet. Ist es eine Waffe?«

Max schüttelte den Kopf. »Soweit ich weiß, ist es ein Heilmittel gegen Sichelzellenanämie.«

»Aber du wusstest über die Nebenwirkungen Bescheid.«

»Das ist genau der Grund, warum es noch nicht auf dem Markt ist und man weiter daran arbeitet. Ein paar schwarze Gefangene testen, schön und gut, aber ein lebensgefährliches Medikament auf den Markt zu bringen, ist eine andere Geschichte.«

»Als ich dich kennen gelernt habe, hast du angedeutet, dass die Nebenwirkungen nützlich sein könnten.«

»Hier in den Staaten sind wir nicht so zimperlich wie bei euch da drüben.«

»Was soll das heißen?«

»Das soll heißen, dass ich keine Probleme damit habe, wenn Yttria es als Waffe verkauft. Herr im Himmel, wir sind umgeben von Gewehren, Raketen und dem ganzen Zeug. Es gibt uns Sicherheit. Wenn wir eine biologische Waffe hätten, könnten wir uns noch sicherer fühlen. Wunderbar!«

»Und wenn du selbst das Sichelzellen-Gen hättest?«

»Mit meiner weißen Haut ist das ja wohl unwahrscheinlich, oder?«

»Das ist der Zufall der Geburt. Was ist mit all den Amerikanern, die tatsächlich Sichelzellenträger sind?«

Max warf Kyle einen Blick zu. »Ich verstehe dich nicht. Derjenige, der ein gut bestücktes Waffenarsenal besitzt, ist doch bloß flexibel. Er hat für jede Aufgabe die richtige Waffe, verstehst du? Jede Gesellschaft, die Waffen hat, muss darauf vertrauen, dass mit ihnen verantwortlich umgegangen wird. Freiheit und Sicherheit durch Verantwortung; das ist die amerikanische Art – und nicht alles verbannen und verbieten.« Er nickte und deutete nach vorn.

»Was soll's? Eigentlich sind wir ja deshalb hierher gekommen.«
Vor ihnen war Memphis zu sehen. Obwohl sie noch einige Meilen entfernt waren, sah Kyle, dass auch diese Stadt in den Himmel wuchs.
»Gleich sind wir da«, kündigte Max an.
Kyle machte keine Anstalten, die Unterhaltung wieder aufzunehmen. Er hatte genug gehört, um zu begreifen, dass Max' Standpunkt sich grundlegend von seinem eigenen unterschied. Erneut fühlte Kyle sich sehr allein und sehr beunruhigt.
Am Rande des Stadtzentrums verlief die Mulberry Street mit dem Lorraine Hotel. Natürlich war es inzwischen umfunktioniert worden und kein Hotel mehr.
»Was ist das?«, fragte Kyle in bester Touristenmanier. »Halb Hotel, halb irgendetwas anderes?«
Ohne den Blick von der Straße zu nehmen, antwortete Max tonlos: »Es ist ein Museum.« Er fuhr an den Straßenrand, und als der Verkehr es erlaubte, stieß er rückwärts bis zum National Civil Rights Museum. Er brachte es nicht über sich, zu sagen, dass das Gebäude seit 1991 eine Art Heiligtum war. »Hier wurde dieser – wie hieß er doch gleich? – erschossen. Irgendwann in den Sechzigern.«
»Ah ja. Martin Luther King.«
»Genau«, erwiderte Max.
»Ich habe einige seiner Reden gesehen. Auf Video, meine ich. Erstaunlich.« In Kyles Stimme schwang Bewunderung mit. Er betrachtete das seltsame Museum. »Er provozierte die Welt, indem er sich schlechten Gesetzen widersetzte, ohne Gewalt anzuwenden. Kein Wunder, dass er den Friedensnobelpreis bekam.«

Mit einem Grinsen sagte Max scherzend: »Aber er ist nicht der wahre King von Memphis.«
»Wie kommt es, dass ich genau wusste, dass du das sagen würdest?« Kyle konnte die mangelnde Begeisterung seines Fremdenführers verstehen. Würde er umgekehrt Max London zeigen, hielte sich sein Enthusiasmus beim Anblick des Buckingham-Palastes ebenfalls in Grenzen. Vertraute Selbstverständlichkeit wirkt dämpfend und erweckt manchmal sogar Widerwillen.
»Wie wär's mit 'ner Flasche Cola und so weiter?«, fragte Max. »Schnapp dir die Getränkedosen und Lunch-Pakete auf dem Rücksitz, ja?«
Kyle öffnete die erste Plastikschachtel und lächelte. »Nicht gerade ein Festmahl.« Er zeigte Max den Inhalt.
Max warf einen Blick auf das einzelne Ei. »Tut mir Leid. Das ist die falsche Schachtel. Die liegt schon seit einer Ewigkeit im Auto. Ich hätte sie schon längst wegwerfen sollen. Sieh mal in der anderen nach.«
Während sie sich über die Sandwiches und die Cola hermachten, sah sich Max nach einer Abfalltonne um. Als er zwei Polizisten entdeckte, drückte er Kyle seine Cola-Dose in die Hand, stopfte den Rest seines Essens in den Mund und legte den Gang ein. Das Fahrzeug setze sich in Bewegung und Max sagte: »Lass uns lieber weiterfahren, sonst kriegen die mich noch wegen Falschparkens dran. Wir fahren in die Beale Street, die Heimat des Blues, ein paar Straßen nördlich von hier.« Aus irgendeinem Grund lachte er nervös auf.
Kyle erkannte die Beale Street sofort, obwohl er noch nie dort gewesen war. Es war ein Ort, der vor Musik und Kreativität geradezu vibrierte. Durch das geöffnete Fenster

lauschte Kyle den Geräuschen der Straße. Zum Glück war es noch zu früh im Jahr, als dass sich Gluthitze und hohe Luftfeuchtigkeit über Memphis ausgebreitet hätten. Doch trotz der Brise war es nicht kalt. Vom ersten Augenblick an liebte Kyle das Gefühl der Leichtigkeit, das diese Straße ausstrahlte. Beinahe jedes Gesicht, das er sah, war schwarz. Die wehmütigen Klänge des Blues drangen aus den geöffneten Türen der Bars, Klubs und Lokale. In dem Park zu seiner Linken scharte sich eine kleine, begeisterte Gruppe um einen Gitarristen, der einen Blues als schnellen Rap darbot. Kyle konnte das Gesicht des Jungen nicht erkennen, aber er schätzte, dass er nicht älter als sechzehn oder siebzehn war. In Kyles Ohren klang die Musik gut und erdig. Alles um ihn herum war so faszinierend. »Tolle Lieder«, sagte er. »Du wirst mir nicht zustimmen, aber vom Blues sind so viele Impulse ausgegangen.«

Max zuckte merklich zusammen. »Tolle Lieder? Du machst wohl Witze? Eine Musik ohne jede Melodie.«

Kyle schüttelte den Kopf, sagte jedoch nichts. Er entdeckte eine große Statue im Park und fragte: »Wer ist der Typ mit der Trompete?

»Ein Blues-Musiker, der unter dem Namen Handy bekannt ist. Er schrieb *Memphis Blues,* hier in der Beale Street. Nach ihm hat man den Ort Handy Park genannt.«

Max hielt auf der gegenüberliegenden Straßenseite der Statue von W. C. Handy und trank seine Cola aus. Dann holte er die Plastikschachtel mit dem Ei vom Rücksitz hervor. »Kannst du gut zielen?« Er nickte in Richtung eines Abfalleimers im Park, der sich auf Kyles Seite des Fahrzeugs befand. »Tu mir den Gefallen und wirf es da hinein.«

»Und wenn ich daneben treffe?«

»Mach schon. Ist doch keine große Sache.«

Kyle hörte auf, im Takt der Musik mit dem Fuß zu wippen. »Lieber nicht. Ich erwische höchstens jemanden damit oder verursache eine totale Sauerei.«

»Wie du meinst.« Max öffnete die Fahrertür und murmelte: »Dann schaffe ich das Ding eben selbst weg.«

Abgelenkt durch den jungen schwarzen Sänger, sah Kyle aus den Augenwinkeln, wie Max die Straße überquerte und das Ei in den Abfalleimer warf, ohne dabei die Schale zu berühren. Er ließ das Ei aus einer solchen Höhe fallen, dass es im Abfalleimer zerschellte. Dann ging er mit langen Schritten zum Wagen zurück und stieg rasch ein. »Das wäre erledigt.« Sobald eine Lücke im Verkehrsfluss war, scherte er ein und beschleunigte. Erst dann lehnte er sich entspannt zurück und sagte lächelnd: »Und jetzt zeige ich dir, was wahre Musik ist: der Grund, warum wir überhaupt nach Memphis gekommen sind. Zuerst gehen wir zum Sun Studio in der Union, zwei oder drei Häuserblocks nördlich von hier. Dort haben Roy Orbison, Jerry Lee Lewis und natürlich Elvis Presley ihren Sound kreiert. Dann fahren wir nach Graceland. Mal sehen, wie weit die Reparaturarbeiten inzwischen gediehen sind. Vielleicht sind einige Abschnitte ja sogar bereits wieder für die Öffentlichkeit zugänglich gemacht. Unterwegs kannst du überall Geschichte atmen. Es ist alles da, vom Bürgerkrieg bis zu Bürgerunruhen.«

Kyle sah Max von der Seite her an. »Über dieses Stadium ist man hier inzwischen doch hinaus, oder nicht?«

Max knurrte nur. Dann sagte er: »An der Oberfläche vielleicht, aber unterschwellig . . .«

Die Wände des Beale Street Bar-B-Que waren mit Fotografien von Berühmtheiten tapeziert. Nathan McQueen saß an einem Tisch und versuchte sich bei Bier und Gegrilltem zu entspannen. Die zwei bewaffneten Bodyguards links und rechts neben ihm überboten sich gegenseitig darin, die Namen der abgebildeten Stars aufzuzählen. Nathan machte nicht mit. Sein aufgewühlter Geist war noch immer mit den hässlichen Bildern jener Nacht im Stadion beschäftigt.
Bewaffnete Bodyguards boten keinen Schutz gegen den Attentäter, der unsichtbar mit einem Luftzug in die Bar wehte und das schaffte, was weder Fäuste noch Knüppel noch Hammer und Nägel vermocht hatten. Gewehre und Muskelkraft richteten gegen diesen Feind nichts aus. Sie konnten es nicht verhindern, dass Nathan das erste Opfer wurde, dass er der Erste war, den man ins Krankenhaus brachte.

Kapitel 38

Nachdem er auf der Internetseite von Yttria Inc. in Atlanta die Telefonnummer herausgesucht hatte, versuchte Paul nun bereits zum dritten Mal Kyle Proctor ans Telefon zu bekommen. Nach einigen Minuten des Wartens war er erleichtert, eine Stimme mit englischem Akzent zu hören.
»Ist Kyle am Apparat?«
»Ja«, lautete die Antwort und Paul hörte die Neugier seines Gesprächspartners heraus.
Da möglicherweise jemand das Gespräch mithörte, wählte Paul seine Worte sehr sorgfältig.

»Spreche ich mit dem Kyle, der mit Dr. Helen Crear zusammenarbeitete?«
»Ja.« Jetzt klang der Tonfall angespannt.
»Mein Name ist Paul Turrell. Ich rufe aus Cambridge an. Ich habe die Analysen für Dr. Crear gemacht.«
»Ah ja. Ich glaube, sie hat Ihren Namen einmal erwähnt.«
»Dann erinnern Sie sich vielleicht auch daran, um was es bei unserer Arbeit ging.«
»Ja, aber . . . Es ist schwierig, hier in der Firma . . .«
»Ich verstehe. Sie sind sicher sehr beschäftigt. Wenn Sie mir Ihre private Telefonnummer geben, rufe ich Sie heute Abend an – hier bei uns ist dann mitten in der Nacht.«
»Okay.«
Um ein Uhr nachts rief Paul Kyle an und stellte sich als Helens Freund vor. Er berichtete ihm alles, was er wusste, ebenso wie das, was er nur vermutete, angefangen von der Explosion der Zentralheizung bis zu Helens tödlichem Unfall.
Kyle informierte ihn seinerseits über das, was er in Amerika in Erfahrung gebracht hatte. Diesmal, so stellte Paul fest, schwang in der Stimme des jungen Chemikers Erleichterung mit. Offensichtlich war Kyle Proctor nur zu froh, seine Befürchtungen jemandem mitteilen zu können. Vielleicht kam er sich danach nicht mehr so allein gelassen vor. Vielleicht hoffte er auch, dass Paul eine Lösung parat hielt, wie man die Welt von SZP 19 befreien konnte.
Paul, der sich auf dem Hotelbett ausgestreckt hatte, sagte: »Soweit Sie das beurteilen können, hatte Helen also Recht?«
»Das hatte sie zweifellos.«
»Vielen Dank. Das wollte ich hören, auch wenn uns noch immer der eindeutige Beweis fehlt. Wir haben keinen, oder?

Wir haben nichts Handfestes, mit dem wir zur Polizei gehen können, nicht wahr? Sondern nur das, was Sie und Helen gehört und gesehen haben?«

»Ich fürchte, ja.«

Paul hatte nicht die geringste Ahnung, wie man mit Verbrechen dieser Größenordnung umgehen sollte, doch nach diesem Gespräch war er zuversichtlich, den Kampf mit YPI aufzunehmen. Es war für ihn leichter als für Kyle, denn er konnte sich frei bewegen. Kyle hingegen arbeitete innerhalb der Organisation und bezog sein Gehalt von ihr. Das machte ihn angreifbar. Paul steckte nicht so tief drin. Yttria wusste ja nicht einmal, wer er war, obwohl er davon ausging, dass sie es in kürzester Zeit herausfinden würden. Tatsächlich hoffte er sogar, dass sie möglichst bald begreifen würden, um wen es sich bei ihm handelte.

Als bekannter Wissenschaftler im Bereich der analytischen Chemie wurde Dr. Turrell von den Mitarbeitern der forensischen Abteilung zwar freundlich empfangen, trotzdem ließ man ihn nicht in die Nähe des Wagens, mit dem Helen überfahren worden war. Man erklärte ihm, dass die Polizei von den Ergebnissen der forensischen Analyse keine Rückschlüsse darauf ziehen konnte, dass es sich um einen verrückten Raser gehandelt habe, und zwar deshalb nicht, weil es keinerlei Spuren gab. Sämtliche Fingerabdrücke, Haare und Gewebepartikel stammten ausschließlich vom Besitzer des Fahrzeugs.

Paul war zugleich erstaunt und verärgert. »Spricht das nicht für sich selbst?«, fragte er.

»Was?«

»Dass es keinerlei Spuren gibt. Hier war kein Amateur am

Werk«, erklärte er mit Bestimmtheit. »Seit wann verwischen Raser ihre Spuren? Seit wann wissen sie genau darüber Bescheid, welche Kleidung keine Stoffpartikel hinterlässt?«

»Wir haben die Fakten an die Polizei weitergeleitet. Wir sagen ihr nicht, welche Schlussfolgerung sie daraus ziehen soll. Aber bei diesem Mangel an Spuren liegt es nahe, von einem Täter auszugehen, der sein Lieblingsauto gestohlen hat, um eine Spritztour zu machen, und zwar an einem Ort, an dem sehr häufig Autos gestohlen werden, und es dann an der A24 abgestellt hat an einem Platz, an dem sehr häufig Autos abgestellt werden. Die Polizei mag es gerne simpel.«

»Ja, simpel. Man könnte auch naiv sagen. In Wirklichkeit werden sie von einem Profi an der Nase herumgeführt.«

»Das ist Ihre Meinung. Wir werden uns dazu nicht äußern«, hieß es daraufhin nur lapidar.

Das Gleiche wiederholte sich bei Helens Haus. Da es keine verdächtigen Spuren gab, kamen die Untersuchungsbeamten zu dem Schluss, dass es sich um einen Unglücksfall gehandelt hatte. Was das niedergebrannte Gebäude des Addenbrooke's Hospital betraf, sprach niemand von einem Unglück. Der Geruch nach Benzin sprach eine eindeutige Sprache. Es brauchte keine ausgeklügelten Methoden, sondern nur die Nasen der Kriminalermittler, um herauszufinden, dass es sich um Brandstiftung handelte. Aber wer war der Täter? Was das anging, tappte man im Dunkeln.

»Die Polizei hat einen Verdacht«, teilte ihm eine Mitarbeiterin der forensischen Abteilung leise mit, so als fürchtete sie, jemand könnte sie hören.

Paul seufzte. »Und der wäre?«

»Es hat da diesen Skandal im Krankenhaus gegeben.«

»Oh?«

»Ja. Einige Väter und Mütter befinden sich auf dem Kriegspfad. Ihre Babys starben im Addenbrooke's eines natürlichen Todes. Als die Eltern die Leichname ihrer Kinder zurückerhielten, sagte ihnen niemand etwas davon, dass man zu Forschungszwecken Organe entnommen hatte. Allerdings ohne die Eltern vorher zu fragen. Die Kinder wurden beerdigt oder eingeäschert. Jetzt ist man dahinter gekommen und natürlich ist die Aufregung groß.«

»Und die Polizei geht nun davon aus, dass die Eltern der Kinder sich gerächt haben, indem sie ein Feuer legten? Das ist doch lächerlich!«, rief Paul. »Wenn sie die fehlenden Organe ihrer Kinder zurückhaben wollten, um sie mit den Leichnamen zu begraben, warum sollten sie sie dann zerstören? Das ergibt doch keinen Sinn.«

»Nein«, stimmte die Frau ihm zu. »Daher kamen sie mit einer zweiten Idee. Mitglieder des Krankenhauspersonals hätten auf diese Weise die Beweise vernichten wollen.«

»Erscheint Ihnen das plausibler?«

»Wenn Sie mich fragen, nein«, sagte sie. »Niemand würde eine solche Zerstörung anrichten, nur um seine eigene Rolle in diesem Skandal zu vertuschen.«

»Richtig. Außerdem lässt sich damit die Untersuchung nicht verhindern.«

Am darauf folgenden Tag stattete Paul der Westland-Jugendstrafanstalt einen Besuch ab. Er ließ sich weder von den drei Wachmännern noch von der widerstrebenden Sekretärin aufhalten, sondern stürmte direkt in das Sprechzimmer des Arztes. Paul musste daran denken, dass der Arzt vermutlich der Letzte gewesen war, der Helen lebend gesehen hatte – abgesehen von ihrem Mörder hinter der Windschutzscheibe.

Als er die vielen Werbeposter von Yttria sah und den wachsamen Blick des Arztes registrierte, während er sich ihm als Helens Freund vorstellte, wurde Paul klar, dass der Mann mehr wusste, als er zuzugeben bereit war. Hinter der versteinerten Miene des Arztes entdeckte er eine Spur von Schuld. Sofort erkannte Paul die Zusammenhänge und entwickelte eine Strategie. Dass sein Plan sehr gefährlich war, schreckte ihn nicht.

»Was hat Helen – Dr. Crear – von Ihnen wissen wollen?«

»Nun ja, sie kam einfach mir nichts, dir nichts herein und wollte an den Häftlingen, die an den Versuchsreihen von YPI teilgenommen hatten, Bluttests durchführen.«

»Aber das war nicht möglich.«

»Nein.«

»Wie sind Sie und Dr. Crear dann verblieben?«

»Ich erklärte ihr, dass ich mich darum bemühen würde, sie mit Insassen zusammenzubringen, falls diese sich dazu bereit erklärten, über ihren Gesundheitszustand zu sprechen. Der Rest läge dann bei ihr. Entweder es gelänge ihr, die Jugendlichen zu überreden bei ihrem Test mitzumachen, oder eben nicht.«

»Und das war alles?«

»Soweit ich weiß, ja.«

Paul fragte: »Sie hat sich damit zufrieden gegeben und nichts weiter zu Ihnen gesagt?«

»Ich glaube nicht.«

»Haben Sie jemandem erzählt, dass sie ihre Nase in die Angelegenheiten von Yttria steckte?«

»Hören Sie, Dr. . . .«

»Turrell.«
»Ich muss Ihnen gar nichts erklären. Ich versuche Ihnen nur zu helfen, weil die junge Frau ein so beklagenswertes Schicksal ereilte. Sie haben mein Mitgefühl, aber ich werde mir Ihre versteckten Anschuldigungen nicht länger anhören.«
Paul blieb davon ungerührt. »Haben Sie jemandem bei Yttria von Helens Besuch hier bei Ihnen berichtet?«
»Was werfen Sie mir eigentlich vor?«
Paul stützte sich auf den Schreibtisch und beugte sich ganz nah an den Arzt heran. »Ich werfe Ihnen und YPI vor für den Tod von Helen Crear verantwortlich zu sein.«
Der Arzt öffnete den Mund. »Das ist . . .«
»Legt ihr Ärzte nicht den Eid des Hippokrates ab?«, unterbrach ihn Paul. »Und heißt es darin nicht, dass ihr niemandem ein Leid zufügen werdet? Das bezieht sich nicht nur auf Patienten, sondern auch auf Kollegen.«
»Ja. Ich habe nie . . .«
»Und verpflichtet ihr euch nicht niemals einen Ratschlag zu geben, der zum Tod eines Menschen führen könnte?«
»Hören Sie, das lasse ich mir nicht länger bieten.«
Der Gefängnisarzt griff zum Telefonhörer, doch Paul legte seine kräftige Hand über die des Arztes. »Und verpflichtet ihr euch nicht, nur Mittel zu verschreiben, die dem Patienten helfen?«
»Genau das habe ich getan. Ich warne Sie, wenn Sie . . .«
Paul, der jede seiner Bewegungen genau kalkulierte, ließ die Hand des Arztes unvermittelt los und trat einen Schritt zurück. »Vielen Dank. Sie haben mir alles gesagt, was ich wissen wollte. Ihr Gesicht hat es mir verraten.« Er wandte sich um und verließ den Raum.

Wie Paul gehofft hatte, griff der Arzt sofort zum Telefon, kaum dass sein ungebetener Besucher ihn verlassen hatte.

Für Paul hieß es jetzt, Geduld aufzubringen, doch während er darauf wartete, dass sich der Sturm zusammenbraute, gab es keinen Grund für ihn, seinen Feldzug auszusetzen. Es bereitete ihm Genugtuung, für YPI zum Plagegeist zu werden.

Die Parlamentsabgeordnete für Helens Wahlkreis war im Verteidigungsministerium tätig und hielt jeden zweiten Mittwoch im Monat eine Sprechstunde für die Bewohner ihres Wahlkreises ab. Paul nahm ihr gegenüber vor dem Schreibtisch Platz. Wie ein Vater, der zur Elternsprechstunde gekommen war, durfte er genau zehn Minuten der kostbaren Zeit der Politikerin in Anspruch nehmen.

»Ich dachte, Sie würden gerne darüber Bescheid wissen, wie ein prominentes Mitglied ihres Wahlkreises, Dr. Helen Crear, zu Tode gekommen ist«, begann er.

Wie um zu beweisen, dass sie auf dem neuesten Stand war oder zumindest die Ausgabe der Lokalzeitung las, sagte die Parlamentsabgeordnete: »Ein Verkehrsunfall. Schrecklich. Es hat mich sehr bestürzt. Seit langem schon versuche ich die örtlichen Verantwortlichen dazu zu bewegen, verkehrsberuhigende Maßnahmen einzuleiten . . .«

Paul gewöhnte sich langsam daran, dazwischenzureden. »Ich glaube nicht, dass ein paar Straßenbuckel den Anschlag verhindert hätten.«

»Den was?«

Schritt für Schritt informierte Paul sie über den Mord an Helen, über YPI, SZP 19, Brandon Fleetwoods Unfall, die Todesfälle in Westland. Es war offensichtlich, dass die Politikerin Mühe hatte, Paul Glauben zu schenken. Aber als Mitglied des Parlaments hatte sie die Pflicht, zuzuhören und sich Notizen zu machen. Paul konnte ihre Skepsis verstehen. Schließlich musste sie Yttrias Bedeutung für den Arbeitsmarkt in Betracht zu ziehen. Und nicht zuletzt musste sie auch an ihre eigene Karriere denken. Aber sie hatte zumindest genug Anstand, um blass zu werden, während sie Paul zuhörte. In dem Bemühen, einen Mittelweg zwischen Leichtgläubigkeit und Skepsis zu wählen, sagte sie: »Das ist eine sehr ernste Sache. Sehr ... heikel. Am besten, Sie überlassen mir die Angelegenheit, dann kann ich mich in Ruhe damit befassen und die Polizei bitten ihre Ermittlungsergebnisse noch einmal zu überprüfen.« Dann sah sie auf ihre Uhr.

Paul hatte nicht sehr viel mehr erwartet. Egal, ob die Politikerin etwas unternahm oder nicht, das, was Paul erreichen wollte, hatte er erreicht. Falls ihm in den nächsten Tagen etwas zustieße, würde die Abgeordnete sicher Fragen stellen. Falls ihm etwas passierte, wüsste sie den Grund dafür und YPI wäre erledigt. Zumindest hoffte er das.

Als Nächstes beschwatzte er die Leute von der Chemischen Fakultät der Universität von Cambridge in der Lensfield Road. Er bot ihnen an, sowohl dem Lehrpersonal als auch den Studenten seine fachlichen Kenntnisse zur Verfügung zu stellen, wenn er im Gegenzug dafür hin und wieder die Laboreinrichtungen der Universität benutzen durfte. Als man sich einig war, kehrte Paul in sein Hotel zurück. Es war nicht mehr als ein gemächlicher Zehn-Minuten-Spaziergang.

Erfolglos suchte er in dem Telefonbuch in seinem Zimmer nach den Nummern der YPI-Bosse. Weder ein Urling-Clark,

S., noch ein Ingoe, C., waren zu finden. Vermutlich wollten sie keine unerwünschten Telefonanrufe von Tierschützern und Gegnern von Genmanipulation bekommen und hatten sich daher nicht in das Verzeichnis eintragen lassen. Das war Pech. In seinem Überschwang, sich bei ihnen so unbeliebt wie nur möglich zu machen, hätte Paul nicht gezögert sie zu Hause aufzusuchen, um sie zu beleidigen und gegebenenfalls sogar anzugreifen. Stattdessen schloss er seinen Laptop an und stattete der Website von YPI einen Besuch ab, auf der in rosigen Farben die verschiedensten gesundheitlichen Themen abgehandelt wurden. Dort fand er sowohl Urling-Clarks als auch Ingoes E-Mail-Adresse. Er hinterließ beiden eine knappe Nachricht, in der er sie um eine Umredung bat, um über die Umstände von Helen Crears Tod, Dwight Grants Gesundheit und SZP 19 zu sprechen. Das durfte reichen, um ihre Aufmerksamkeit zu bekommen. Er schaltete den Computer aus und ging nach unten in die Bar. Mittlerweile hatte er mit dem Barmann eine nützliche Freundschaft geschlossen. Er bestellte einen Whisky und sagte: »Genehmigen Sie sich auch einen. Und, wie geht's so?«

»Danke der Nachfrage. Es könnte schlimmer sein.«

»Sie kennen nicht zufällig die Ergebnisse von Cambridge United?«

»Oh, die könnten kaum schlimmer sein«, erwiderte der Barkeeper, reichte den Drink über den Tresen und setzte ihn auf Pauls Rechnung.

»Und die freie Stelle im Hotel? Hat sich da schon etwas getan?«

»Morgen gibt es ein Vorstellungsgespräch – ein Mann, glaube ich –, aber ich weiß nichts über ihn und habe auch keine

Ahnung, wann er bei uns anfängt, falls er den Job bekommt.«

Paul nickte. Er hob sein Glas und sagte: »Cheers. Halten Sie mich auf Laufenden, ja?«

»Wird gemacht. Danke für die Einladung.«

»Gern geschehen.«

Mit einem unvernünftig hohen Alkoholspiegel im Blut kehrte Paul sehr viel später in sein Zimmer zurück. Er schaltete den Fernseher ein und beachtete ihn nicht weiter. Stattdessen stellte er sich, den Rücken dem leeren Bett zugewandt, ans Fenster und starrte in den nächtlichen Himmel über Cambridge.

Kapitel 39

Vom Fenster in Kyles Apartment aus betrachtet, schien es keinen Nachthimmel über Atlanta zu geben. Hohe, beleuchtete Gebäude durchstießen die Dunkelheit und drängten die Natur beiseite.

Kyles Gedanken rasten. Hinter ihm lief der Fernseher. Der Nachrichtensender berichtete pausenlos von Memphis. Es war, als sähe man dabei zu, wie ein Krieg ausbrach und die Zahl der Opfer von Minute zu Minute stieg. In diesem Krieg waren jedoch alle Toten und Verletzte schwarz. Ein Freiheitsaktivist namens Nathan McQueen war das erste Todesopfer gewesen. Mittlerweile hatten dutzende das Bewusstsein verloren, hunderte fühlten sich schwindelig und fielen in Ohnmacht. Niemand konnte genaue Zahlen nennen, aber es stand zu befürchten, dass sie weiter steigen würden.

Memphis war in den Klauen einer neuen Variante des schwarzen Todes.
Der Nachrichtenkommentator stellte allerlei Vermutungen an. Sie reichten von einem geheimnisvollen Bazillus über eine Charge schlechten Bieres in den Bars der Beale Street, dem Freiwerden einer giftigen Chemikalie aus irgendeinem Labor, Lebensmittelvergiftung und einem Ausbruch der Legionärskrankheit bis zu Massenhysterie und einem Fremden, der eine ansteckende Krankheit nach Memphis eingeschleppt hatte. Je haarsträubender die Begründung, desto besser die Einschaltquoten. Man interviewte jeden, den die Kamera länger als dreißig Sekunden vors Objektiv bekam: Polizeibeamte, Zeugen, Sanitäter, zufällig vorbeikommende Spinner, Politiker, Behördenvertreter, Opfer, Psychologen, einen Wiedererweckten, der vorausgesagt hatte, dass der Zorn Gottes auf Memphis niederkommen würde. Keiner von ihnen hatte die leiseste Ahnung.
Hätte man Kyle Proctor vor den Kameras befragt, er hätte mit einer ganz anderen Story aufgewartet. Noch völlig unter Schock stehend, hätte er davon gesprochen, dass ein Rassist eine raffinierte biologische Waffe eingesetzt hatte, die sich nur gegen Schwarze richtete. Natürlich hätten etwaige Zuhörer ihn in die Kategorie »zufällig vorbeikommender Spinner« eingeordnet, ein Verrückter, dessen Phantasie mit ihm durchging.
Die schrecklichen Ereignisse in Memphis ließen ihn an Max Levine und sein Ei denken. Den Nachrichten hatte Kyle entnommen, dass sich die Sache auf Handy Park konzentrierte, wo Max das Ei weggeworfen hatte. Konnte es sein, dass . . .? Gewiss nicht. Zumindest hoffte Kyle das. Doch dann fiel ihm ein, wie Max ihn zu überreden versucht hatte das Ei für ihn

wegzuwerfen. Hatte er die Schuld auf jemanden anderen abwälzen wollen? Kyle überlegte, ob Max das Ei ursprünglich vor dem National Civil Rights Museum loswerden wollte und von den zwei patroullierenden Polizisten daran gehindert worden war. Ein Ort, der für die Schwarzen Symbolcharakter hatte.

Und warum ein Ei? So ein Ei war ein Mittel der Natur, neues Leben heranzuzüchten, durch die Schale geschützt und umgeben von hochwertigen Nährstoffen – Proteinen, Wasser und Fett. Gut, Max' Ei war für einen Hühnerembryo gedacht, aber konnte es nicht auch ein wirksamer Nährboden für SZP 19 sein? Die Bedürfnisse eines heranwachsenden Embryos und eines sich vermehrenden Virus waren so ziemlich die gleichen. Aber wie war das Virus in das Hühnerei hineingekommen? Nur durch absichtliche Manipulation. Kyles Magen verkrampfte sich schmerzhaft wie in den Nächten, in denen er aufwachte, weil sein Bruder ihm im Kopf herumging.

Er musste die Behörden verständigen, damit sie jeden in dem Viertel auf das Sichelzellen-Gen untersuchten. Wiesen alle Erkrankten und Toten das Gen auf, lieferte das einen Hinweis auf die richtige Antwort. Und wenn diejenigen, die nicht erkrankt waren, es nicht hatten, gab es keinen Zweifel mehr. Jemand hatte SZP 19 auf Memphis losgelassen.

Auf der Website von *Storm Force* schwirrte es nur so vor Geschäftigkeit. Dem »Bullet Board« waren diesmal keine düsteren Prognosen zu entnehmen, vielmehr herrschte eitel Freude. Zwischen den vielen Meldungen von Leuten, die fälschlicherweise die Verantwortung für den Anschlag übernahmen, und den wilden Freudenbekundungen, stach eine

Nachricht hervor: *Ich habe euch ja gesagt, dass ich es kann. Voller Zufriedenheit, Light.*

Kyle suchte sich im Internet die Telefonnummer des medizinischen Zentrums heraus und die der Polizei von Memphis, Tennessee. Beide Nummern waren ständig besetzt. Es frustrierte ihn, dass er es nicht schaffte, seine Informationen über das Sichelzellen-Gen weiterzugeben. Als auf dem Fernsehbildschirm Notfallnummern eingeblendet wurden, versuchte er es damit – vergeblich. Bis er, vollständig bekleidet, auf dem Bett einschlief, hörte er nichts anderes als die aufgeregten Kommentare der Fernsehmoderatoren und das endlose Piepsen überlasteter Telefonleitungen.
Als Kyle sehr früh am nächsten Morgen aufwachte – der Fernseher lief immer noch –, blieb ihm nichts anderes übrig, als erneut sein Glück am Telefon zu versuchen, denn Memphis war 340 Meilen entfernt. Beim dritten Mal klappte es. Doch die Polizeibeamtin, die Kyles Namen und Wohnort notierte und auch das, was er ihr über eine raffinierte biologische Waffe mitteilte, nahm Kyle nicht ernst. Ja, natürlich schrieb sie sich alles auf, so lautete schließlich die Anordnung, aber sie war beinahe die ganze Nacht auf den Beinen gewesen und hatte zahllose Anrufe von Trittbrettfahrern, aufgebrachten Bürgern und verstörten Verwandten entgegengenommen. Sie war müde und zynisch. Kyle, der in seinem Hotelzimmer in Atlanta saß, sah förmlich, wie sie seine Aussage in einem Aktenordner mit der Aufschrift »Besonders abwegige Theorien« ablegte, der erst dann wieder aufgeschlagen werden würde, wenn sämtliche anderen Möglichkeiten ausgeschöpft waren.
Es war klar, was er zu tun hatte. Er machte sich eilig fertig,

um zur Arbeit zu gehen. Falls Max Levine hinter der Katastrophe von Memphis steckte, musste Kyle genau das tun, was dieser abgelehnt hatte. In der Annahme, dass die Behörden eher auf den Präsidenten von Yttria Inc. hören würden als auf einen jungen Engländer, entschloss sich Kyle Tristan Lockhart aufzusuchen. Er würde ihn davon überzeugen, Kontakt mit den Behörden aufzunehmen und zuzugeben, dass eines seiner Produkte für die Krise verantwortlich war. Es war ein kühner, tapferer und möglicherweise törichter Versuch, aber er passte zu Kyle.

Das erste Hindernis, auf das er stieß, war Lockharts Sekretärin. Sie rümpfte die Nase und murmelte: »Kyle Proctor. Ich glaube nicht . . .«

Kyle, der nichts anderes erwartet hatte, unterbrach sie sofort. »Als ich hier meine Arbeit aufgenommen habe, hat Mr Lockhart mir versichert, falls ich jemals ein Problem haben sollte, würde er mich jederzeit empfangen.«

»Tatsächlich?«

Kyle nickte. »So ist es.« Er hoffte, dass er mit dieser Lüge durchkommen würde, weil ein sich um seine Untergebenen sorgender Vorgesetzter so etwas beim ersten Zusammentreffen mit einem neuen Mitarbeiter durchaus gesagt haben konnte, auch wenn er es in Wirklichkeit nie ernst gemeint hatte.

»Nun, ich kann Ihnen nichts versprechen . . . Um was geht es denn?«

»Um Memphis.«

»Memphis?«

»Ja, Memphis.«

Neugierig geworden, betrat die Sekretärin Lockharts Büro. Und so unwahrscheinlich es schien, fünfzehn Minuten später stand der Firmenneuling vor dem Chef des Unternehmens in dessen beeindruckendem Büro in der neunzehnten Etage. Vom Fenster aus hatte man einen guten Blick auf das riesige Gebäude der Zentrale des Senders CNN.

»Wie gefällt es Ihnen in den Staaten? Haben Sie schon private Kontakte geknüpft?«

Kyle war versucht zu erwidern: »Ich kann es kaum erwarten!«, aber er war nicht in der richtigen Stimmung dafür. »Ja«, sagte er. »Alles bestens.«

»Und die Arbeit?«

»Auch gut«, antwortete er ungeduldig, um endlich auf den Grund seines Besuchs zu kommen.

»Schön. Und nun sagen Sie mir bitte, was das mit Memphis sollte.«

Natürlich hatte Tristan Lockhart dem Engländer niemals gesagt, dass er jederzeit kommen und ihn sprechen könne, aber er bewunderte die Nervenstärke des jungen Mannes. Daher hatte er beschlossen ihm zehn Minuten seiner Zeit zu gewähren. Aber es gab noch einen weiteren Grund: Tristan hatte ein persönliches Interesse an Memphis. Seine Tochter lebte mit ihrer Familie da. Genauer gesagt lebten sie normalerweise da. Als Lockhart in der vergangenen Nacht die schlimmen Nachrichten von dort gehört hatte, war er sofort zum Telefon geeilt. Ganz egal, was die Ursache für das war, was sich in Memphis abspielte, es war kein Ort für ein neugeborenes Kind, so viel stand fest. Lockhart brauchte keine großen Überredungskünste, um seine Tochter und Gerry davon zu überzeugen, zu ihm nach Buckhead, Atlanta zu kommen. In Haus der Lockharts war genug Platz für alle.

Er forderte den jungen Engländer auf Platz zu nehmen. »Also, was ist mit Memphis?«

»Ich spreche von dem Ausbruch dieser merkwürdigen Krankheit.«

Lockhart nickte. »Ja, und?«

»Kommen Ihnen die Umstände nicht bekannt vor?«

»Bekannt? Nein. Was meinen Sie damit?«

Kyle Proctor holte tief Luft. »Mich erinnert es an die Nebenwirkungen von SZP 19.«

»SZP 19?«

»Ja.«

Lockhart zog scharf die Luft ein, aber ansonsten sah man ihm sein Unbehagen nicht an. »Sie wissen darüber Bescheid?« Seine Kollegen in Cambridge hatten kein Wort davon gesagt, dass ihr Störenfried so gut informiert war.

Kyle, der sich langsam entspannte, erwiderte: »Da können Sie Gift darauf nehmen.«

»Genau, ich setze auf Lebensmittelvergiftung. Salmonellen vielleicht, in einer dieser Hähnchenbratereien.«

»Das letzte Mal stieß ich auf diese Symptome bei einem schwarzen Strafgefangenen, der nach der Teilnahme an Medikamententests bei Yttria erkrankte.«

Tristan setzte sich aufrecht hin. Kein Wunder, dass man den Burschen in Cambridge loswerden wollte. Er war von einem anderen Kaliber, als es zunächst den Anschein hatte. »Woher wissen Sie das?«

Kyle zuckte die Schultern. »Ich habe es auf dem Computerbildschirm eines Kollegen gelesen. Aber wie ich zu diesen Informationen gekommen bin, spielt keine Rolle.«

»Da gibt es aber doch wesentliche Unterschiede zu der Krankheitswelle in Memphis.«

»Und die wären?«
»Zunächst einmal führen wir in Memphis keine Tests durch. Dort gab es keine Versuchsreihen, wie also sollten die Leute mit SZP 19 oder irgendeinem anderen Mittel aus unserem Haus in Berührung gekommen sein?«
»Und wenn jemand von hier nach Memphis gefahren ist und SZP 19 in Umlauf gebracht hat?«
»Sie scherzen!« Lockharts Miene drückte unverändert Skepsis aus, aber innerlich verkrampfte er sich. Er hatte in der Nacht zuvor den gleichen Gedanken gehabt, bevor er seine Tochter, seinen Enkel und Gerry außerhalb der Gefahrenzone wusste. »Das ist unmöglich«, erklärte er. »Unsere Sicherheitsmaßnahmen sind zu gut, als dass sich etwas hinausschmuggeln ließe.«
»Kennen Sie Max Levine?«
»Max Levine.« Lockhart zögerte, dann bat er über Sprechanlage seine Sekretärin ihm die Personalakte Levine zu bringen. »Der Name kommt mir bekannt vor, aber ... nein, doch nicht. Was ist mit ihm?«
Schweigend lauschte er, was Kyle Proctor ihm über den Mann berichtete. Der junge Chemiker zeichnete ein erschreckendes, aber auch glaubwürdiges Bild. Lockhart würde mit den Spezialisten in der Firma Rücksprache halten, um herauszufinden, ob ein Ei ein denkbares Transportmedium für SZP 19 war, aber bereits jetzt erschien ihm das möglich. Falls sich Proctors Vermutungen bewahrheiten sollten, was waren Max Levines Motive?
Als Kyle geendet hatte, drängte es Tristan, den Großvater, ihm die entsprechende Antwort zu geben, doch Tristan, der Präsident, entschied sich dagegen. »Das ist ja ziemlich starker Tobak, was Sie da von sich geben.«

»Aber . . .«

»Hören Sie zu«, sagte Lockhart und beugte sich nach vorn. »Niemand kann SZP 19 einfach so mitnehmen. Haben Sie mich verstanden? Es ist unmöglich. Aber gut, ich werde Ihnen den Gefallen tun und diesen Max Levine überprüfen lassen . . .« Er lehnte sich, die Hände hinter dem Kopf verschränkt, zurück.

Kyle sah ihn eindringlich an. »Das reicht nicht.«

»Was wollen Sie denn noch? Erwarten Sie allen Ernstes von mir, dass ich den Mann festnehmen lasse, obwohl ich nichts gegen ihn in der Hand habe?«

»Nein.«

»Was dann?«

»Sie könnten herausfinden, ob er sich in Memphis aufgehalten hat, als ein Obdachloser namens Mitch starb.«

Lockhart runzelte die Stirn. »Mitch.«

»Ich habe es in den Nachrichten gehört. Bevor er starb – ungefähr vor einem Monat muss das gewesen sein –, litt er unter genau den gleichen Symptomen. Und da ist noch etwas. Veranlassen Sie, dass die neuen Opfer daraufhin untersucht werden, ob sie Sichelzellenträger sind. Dann wissen Sie, ob SZP 19 im Spiel ist.«

Lockhart nickte nachdenklich. »Einverstanden. Das klingt vernünftig. Wenn einige der Patienten das Gen nicht haben, geben Sie hoffentlich Ruhe.«

»Und falls es alle haben?«

»Worauf wollen Sie hinaus?«, fragte Lockhart.

»Sie müssen mit SZP 19 an die Öffentlichkeit gehen«, antwortete Kyle.

»Ich bin zuversichtlich, dass es nicht dazu kommen wird. Wie dem auch sei«, Lockhart stand auf und streckte seine große, kräftige Hand aus, »lassen Sie mich nur machen. Vielen Dank, dass sich mich aufgesucht haben. Ich weiß das zu schätzen.«

»Hier, Dad – oder sollte ich ab sofort nur noch Granddad sagen? –, halte du ihn.«
Daheim in seinem Haus in Buckhead sagte Tristan Lockhart: »Es ist doch nicht etwa Zeit für eine neue Windel, oder?«
Seine Tochter lachte. »Nein, ich habe sie gerade gewechselt. Du kannst dich wieder entspannen.«
Lockhart war den Umgang mit Säuglingen nicht gewohnt. Mit ungelenken, aber behutsamen Bewegungen nahm er sein erstes Enkelkind auf den Arm und betrachtete das dunkle Gesicht des kleinen Jungen.
Tristan Junior hatte keine Haare, und wenn er gähnte, war er ganz runzlig im Gesicht. Unverwandt starrte er zu dem fremden Mann hoch, der ihn hielt. Er sah verwundert aus und auch ein wenig verschreckt, weil es nicht seine Mutter oder sein Vater war. Seine kleinen Hände, die unter seinem Jäckchen hervorspitzten, waren von tiefen Furchen durchzogen und suchten nach etwas, an dem sie sich festklammern konnten.
Und was erblickte Tristan Senior? Nicht den zukünftigen Präsidenten der Firma, sondern den zukünftigen Präsidenten der Vereinigten Staaten. Er sah einen Weltklasseathleten, einen berühmten Musiker oder Schriftsteller, einen Arzt, einen Kirchenführer. Er sah unbegrenzte Möglichkeiten. Tristan Junior würde viel lernen, viel vergessen. Er würde sich für das Gute entscheiden oder für das Böse. Er würde viele Freunde haben und manche Feinde. Aber was immer er auch tat, er würde stets die Liebe und Unterstützung von Tristan Senior besitzen.

Der Junge war vollkommen. Zumindest äußerlich. Aber er besaß jenes Gen, das verrückt spielte und von dem Lockhart gehofft hatte, dass seine Firma es erfolgreich korrigieren konnte. Dieses winzige, verletzliche Wesen mit den unbegrenzten Möglichkeiten war nicht krank, doch es trug einen unsichtbaren Makel in sich, der für immer in ihm schlummern würde. Und es war nicht ausgeschlossen, dass man dies eines Tages dazu missbrauchte, ihn zu töten.

Kapitel 40

Auf den März folgte der April. Die Temperaturen sanken tagsüber auf gnädige 25 Grad Celsius. Die Erde war trocken. Zum Glück gab es noch die Regenstürme, aber da der Sommer sich dem Ende zuneigte, waren sie nicht mehr so häufig und heftig wie zuvor. Duma hielt seinen Kopf unter die Wasserleitung, drehte voll auf und schüttelte sich wie ein struppiger Straßenköter nach einem Bad. Das Wasser spritzte in alle Richtungen. Er lachte. Es war so erfrischend. Tatsächlich war das Wasser recht warm und auch das Leitungsrohr war von der Sonne aufgeheizt, aber die Nässe vermittelte ein angenehmes Gefühl der Abkühlung. Duma fing mit seinen Händen – die noch Spuren der Verbrennung aufwiesen – das Wasser auf und trank. Er hatte nie mit Wasser herumspielen dürfen. Es war viel zu kostbar gewesen, um es so zu verschwenden. Aber seit es die Wasserleitung gab, war es für Duma ein einziger Spaß. Der Schnaps seines Vaters war merkwürdig verwässert, Schwester Nummer eins schlief auf einer feuchten Matratze und über Schwester

Nummer drei kippte er eine Schüssel mit Wasser aus, als sie die Hütte betrat. Duma fragte sich, wie er es ohne die Wasserleitung überhaupt ausgehalten hatte.

Heute war ein besonderer Tag. Ein Mitglied des National Land Committee besuchte die Quartiere der Farmarbeiter, um zu überprüfen, ob auch in Hartswater der Geist des neuen Südafrika Einzug gehalten hatte. Alles, was er sah, war die Wasserleitung.

Der Älteste im Dorf, der sich zeit seines Lebens als Politiker gefühlt hatte, trug seine Beschwerden vor. »Die weißen Farmer machen ihre eigenen Gesetze. Das weiß hier jeder. Für sie ist das Leben eines Schwarzen weniger wert als das eines ihrer Farmtiere. Das ist das Problem. Vielleicht sind wir die Schilder in den Städten losgeworden, auf denen ›Zutritt für Schwarze verboten‹ steht, aber in den Köpfen der Menschen sind sie immer noch da.« Dabei tippte er sich mit seinem runzlig gegerbten Finger an die Stirn.

»Wir haben große Fortschritte erzielt, indem wir die Gleichberechtigung gesetzlich eingeführt haben.«

»Gesetze! Ihr könnt die Gedanken der Menschen nicht durch Gesetze verändern. Ihr könnt nicht sagen: ›So darfst du aber nicht mehr denken.‹ Das funktioniert nicht.«

Duma, der vor Wasser triefte, hörte die letzte Bemerkung und sagte: »Unser Baas hat uns Wasser gegeben. Und er erzählt uns lustige Geschichten über sein Lieblingsschwein.«

Das Komitee-Mitglied nickte. »Sehr gut.«

Gut? Für Duma war es viel mehr als das. Die Wasserleitung war ein Wunder, von Gott gesandt. Natürlich war der Baas ein harter Mann, aber tief in seinem Inneren schlug dennoch ein Herz.

Die Männer, die sich den Namen Knobel Industries gegeben hatten, saßen entspannt auf der Veranda. Pieter trank sein Bier in großen Schlucken und Eugene nippte an seinem geeisten Wasser, als habe er einen erlesenen Wein vor sich. Sie waren in angeregter und erwartungsvoller Stimmung. Pieter redete und redete und redete. Eugene saß schweigend da. Er hatte gelernt eine interessierte Miene aufzusetzen, so als lausche er aufmerksam dem Geplapper seines Gesprächspartners, während er in Wirklichkeit mit seinen Gedanken ganz woanders war.

Heute war ein besonderer Tag. Die E-Mail, die sie aus England erreicht hatte, kündigte an, dass die Auslieferung von etwas, das sich SZP 19 nannte, unmittelbar bevorstand. Die sorgfältige Wortwahl hatte sie amüsiert – hatte man sie doch daran erinnert, dass das Produkt ausschließlich zu Forschungszwecken bestimmt war. Bald würde sich die Investition der Wasserleitung für die Schwarzen auszahlen.

Pieter erhob sich und sagte: »Heute ist ein Tag der guten Nachrichten. Ich werde mir noch ein Bier genehmigen.«

Eugene nickte abwesend und fragte: »Würdest du mir noch etwas Wasser eingießen, bitte?«

Kapitel 41

Nachdem das Zimmermädchen am Montag sein Hotelzimmer sauber gemacht hatte, untersuchte Paul jeden Zentimeter. Er stellte das Tablett mit dem Wasserkessel und den Tassen an eine ganz bestimmte Stelle, und zwar so, dass eine Ecke des Tabletts die Wand genau da berührte, wo er mit dem Bleistift eine Markierung gemacht hatte. Dann tat er das Gleiche mit dem kleinen Korb, in dem sich Kekse, Teebeutel, Kaffee, Zucker und Milchpulver befanden, und markierte es ebenfalls mit einem hauchdünnen Bleistiftstrich. Er prägte sich die Anordnung der verschiedenen Dinge in dem Plastikkorb genau ein. Sorgfältig platzierte er ein Haar auf seinem Bett – da, wo die Daunendecke mit der oberen Kante des Kopfkissens abschloss. Im Badezimmer merkte er sich die exakte Position von Rasierapparat und Zahnbürste sowie die der anderen Utensilien wie Shampoo, Seife, Duschgel und Zahnpasta. Er öffnete die Schranktür einen Spalt breit. Nach Augenmaß waren es ungefähr fünf Millimeter. Auf dem Schreibtisch arrangierte er die Papiere so, dass das zehnte Blatt Papier von unten einige Millimeter herausragte.

Ein heimlicher Beobachter wäre wohl zu dem Schluss gekommen, dass Paul unter Verfolgungswahn oder einer Zwangsneurose litt. Aber dem war nicht so. Bei seiner Rückkehr wollte er überprüfen können, ob sich jemand in seinem Zimmer zu schaffen gemacht hatte. Er hatte keine Lust, von einem Eindringling, der sich in Schrank oder Bett versteckt hielt, überrumpelt zu werden, noch wollte er aus dem Fenster gestoßen oder durch einen Wasserkocher mit defektem Elektrokabel ins Jenseits befördert werden. Auch ob jemand seine Unterlagen durchwühlt oder sonst etwas im Zimmer verändert hatte, wollte er wissen.

Paul hatte sich alles ganz genau zurechtgelegt. Wenn die Bosse von YPI ihn loswerden wollten, würden sie es kaum wagen, erneut einen Verkehrsunfall oder eine Brandstiftung vorzutäuschen. Das wäre zu offensichtlich. Nein, es würde anders ablaufen. Paul ging davon aus, dass sie seinen

Aufenthaltsort ausfindig machen und dort etwas unternehmen würden. Das wäre nicht schlecht, denn hier im Hotel konnte er sich vorsehen. Was ihm viel mehr Sorgen bereitete, waren die unzähligen anderen Gefahrenpunkte außerhalb des Hotels.

Vielleicht würden sie es nicht auf einen Unfall anlegen, sondern »Selbstmord« wählen. *Akademiker bringt sich um nach Unfalltod seiner Freundin.* Möglicherweise verbreiteten sie sogar Gerüchte über einen gemeinschaftlich geplanten Selbstmord von ihm und Helen, um die Täuschung noch weiterzuführen.

Paul versprach sich von einem Besuch auf der Polizeistation nicht viel. Und in der Tat erklärte man ihm, dass der Fall Brandon Fleetwood zu den Akten gelegt worden war. Den tödlichen Unfall Helen Crears stufte man als tragisches Verkehrsunglück ein. Die Untersuchung war offiziell zwar noch nicht abgeschlossen, aber es sah nicht so aus, als würde sie zu einem Ergebnis führen. Nach Dwight Grant befragt, erklärten die Beamten, dessen Gesundheitszustand sei nichts, was die Polizei anginge, und sie könnten auch keinerlei Verbindung zwischen den drei Vorfällen erkennen. Und um die Führungskräfte eines bedeutenden Pharma-Unternehmens zu befragen, fehle erst recht jede Grundlage.

Ein rangniederer Beamter lauschte ungefähr eine halbe Stunde lang Pauls Ausführungen. Es war ein Entgegenkommen der Polizei, eine vertrauensbildende Maßnahme gegenüber der Bevölkerung. Der Mann zeigte sich nicht sonderlich interessiert. Er hielt Pauls Anklagen für aus der Luft gegriffen, aber immerhin machte er sich einige Notizen. Paul sprach beharrlich weiter, denn es war wichtig, dass die

Wahrheit ans Licht kam, auch wenn manche Leute ihr keinen Glauben schenken würden. Wie die Parlamentsabgeordnete zuvor erfüllte der Polizist seinen Zweck. Falls Paul unter mysteriösen Umständen etwas zustieß, würden die Gesetzeshüter wissen, wo sie den Schuldigen zu suchen hatten. Auch wenn Paul dann nicht hier sein und mit Genugtuung feststellen konnte: »Habe ich es Ihnen nicht gleich gesagt?«, würden sich die wachsamen Augen der Polizei auf YPI richten.

Nachdem er die Polizeistation verlassen hatte, ging Paul zum Firmengelände von Yttria, um ein wenig für Unruhe zu sorgen. Ja, Dr. Urling-Clark und Dr. Ingoe hätten seine E-Mail erhalten. Ja, sie seien einverstanden sich mit ihm zu treffen. Nein, sie hätten sich noch nicht auf einen Termin geeinigt. Ja, sie würden sich bei ihm melden. Und nein, jetzt sofort ginge es leider nicht. Das war's. Als Paul wegging, folgten ihm die Blicke zweier Wachmänner so lange, bis er nicht mehr in Sichtweite war.

Wieder in seinem Hotelzimmer zurück, stellte er fest, dass Blatt zehn auf seinem Schreibtisch genauso weit vorragte wie zuvor. Auch das Tablett und der Korb standen unverändert an Ort und Stelle. Das einzelne Haar lag noch immer quer über Decke und Kopfkissen, im Badezimmer sah alles so aus wie vorher und auch die Schranktür stand im richtigen Abstand offen. Für den Augenblick war er also sicher.

Vom Barkeeper des Hotels erfuhr er, dass der neue Mitarbeiter seine Arbeit bereits aufgenommen hatte. Er war für den Zimmerservice zuständig. Nicht unpraktisch, falls Yttria auf diese Weise an Paul herankommen wollte. Die Leute von YPI musste nur einen geeigneten Kandidaten finden und im Hotel einschleusen. Paul beschloss einen Test zu machen. Er würde dem Neuen eine Gelegenheit auf dem Präsentierteller servieren.

Paul rief den Zimmerservice. »Können Sie mir bitte einen frischen Kaffee bringen?«

»Selbstverständlich, Sir. Das ist Zimmer 38, nicht wahr?«

»Richtig.«

Fünfzehn Minuten später war es so weit. Der Kaffee wurde von einem großen muskulösen Mann mit sehr kurzen silbrigen Haaren gebracht. Paul hatte ihn noch nie zuvor gesehen, daher nahm er an, dass es sich um den neuen Hotelangestellten handelte. Außerdem benahm er sich viel zu dienstbeflissen und wartete nicht auf ein Trinkgeld. Er war eindeutig neu im Geschäft.

Als er wieder allein im Zimmer war, hielt Paul den Kaffee gegen das Tageslicht, das durch das Fenster fiel. Das Getränk sah völlig normal aus. Es roch auch normal – ziemlich verlockend. Trotzdem würde Paul es nicht trinken. Er goss die Flüssigkeit in ein Teströhrchen, das er von der Universität ausgeliehen hatte, versiegelte es und machte sich auf den Weg zum Labor.

Den Rest des Tages verbrachte er damit, die Probe zu analysieren. Es erwies sich als normaler kolumbianischer Kaffee, der nichts Schlimmeres enthielt als Koffein. Wenn der Neue vom Hotelservice auf Yttrias Lohnliste stand, hatte er den Köder nicht geschluckt, den Paul für ihn ausgelegt hatte.

Während er zum Hotel zurücklief, dachte Paul über seinen misslungenen Plan nach. Als er am Straßenrand stand und auf eine freie Lücke im Verkehr wartete, um den Gonville Place zu überqueren und durch den Park zu gehen, fühlte er plötzlich eine Hand am unteren Teil seines Rückens. Vor ihm tauchte ein riesiger Lastwagen auf. Jemand versetzte ihm einen Stoß. Für einen Augenblick dachte Paul, dass er auf die Straße stürzte, direkt vor die großen, hohen Reifen. Er sah das breite, hoch aufragende Fahrzeug vor sich, er fühlte, wie Yttrias Arm sein Schicksal besiegelte. Einen Moment lang durchzuckte ihn Furcht. Dann stemmte er sich gegen den Widerstand in seinem Rücken und drehte sich um.

Ein überraschter Aufschrei war zu hören und Paul stolperte über ein vor Schreck erstarrtes Kind, das direkt hinter ihm stand.

Hastig entschuldigte sich der Vater des kleinen Jungen. »Tut mir Leid. Er ist noch so, na, Sie wissen schon, so ungestüm. Aber zum Glück ist ja nichts passiert.« Der Mann hatte einen Ball bei sich. Offenbar wollte er mit seinem Sohn im Park Fußball spielen. Er ging in die Hocke und ermahnte das Kind. »Das darfst du nicht tun. Das ist sehr unartig – und gefährlich. Jemand könnte in ein Auto laufen oder so.«

Der Lastwagen war inzwischen vorbeigefahren. Paul atmete tief ein, bevor er die Straße überquerte. Gerade war ihm vor Augen geführt worden, wie einfach es war, ihn umzubringen. Dazu brauchte es weder besondere Schlauheit noch Stärke. Ein kleiner Stoß genügte. Es musste weder ein Killer noch ein Schläger daherkommen. Paul würde sich daran gewöhnen müssen, dass die Angst ihn von nun an immer begleitete.

Mit einem Mal fühlte Paul sich sehr niedergeschlagen. Er verlangsamte seine Schritte. Ihm wurde klar, dass er die ganze Zeit über seine Verzweiflung unterdrückt und sie mit Wut und Aktionsdrang überspielt hatte. Jetzt schlug sie über ihm zusammen. Glaubte er allen Ernstes es ganz allein mit einer Organisation wie YPI aufnehmen zu können? Ohne Helen an seiner Seite fing er an, an seinen Fähigkeiten, den Kampf fortzuführen, zu zweifeln. Er fing an zu denken, dass nichts mehr eine Rolle spielte. Wenn eine Waffe die gesamte Menschheit auslöschen würde, bestünde die einzige Reaktion des Planeten Erde darin, einen tiefen Seufzer auszustoßen und dann weiterzuexistieren. Er schüttelte den Kopf. Das würde nicht passieren. Die nächste Waffengeneration nahm spezifischere Ziele ins Visier. Sie würde sich nur gegen bestimmte Bevölkerungsgruppen richten. Und es wären ganz sicher nicht die Friedvollen, die übrig blieben.

Paul beschloss wieder einmal einen Abstecher in die Hotelbar zu machen.

In der Ecke einer der vielen Westminster-Bars saßen zwei prominente Regierungsmitglieder und unterhielten sich mit gesenkten Stimmen.

Der Verteidigungsminister hatte ein Ass im Ärmel. Er kam von einer Unterredung mit einer Mitarbeiterin, der Parlamentsabgeordneten von Cambridge. Die junge Frau, die eifrig darauf bedacht war, dass ihr Chef über alles Wichtige informiert wurde, hatte ihm von ihrem Gespräch mit Dr. Paul Turrell berichtet. Die Bereitwilligkeit, mit der die Abgeordnete dies tat, hatte nichts mit moralischen Beweggründen, sondern mehr mit ihrer Karriere zu tun. Der Verteidigungsminister wusste, dass seine Mitarbeiterin neidvoll auf die nächste Stufe der glatten politischen Karriereleiter schielte, doch er fühlte sich von ihr nicht in die Enge gedrängt. Die einzige Möglichkeit für die ehrgeizige junge Frau, seine Nachfolgerin zu werden, war seine persönliche Fürsprache. Er wusste es und die Frau, die kein Dummkopf war, wusste

es auch. Sie hatte ein verständliches Interesse daran, dass der politische Einfluss ihres Chefs wuchs, daher erfuhr der Verteidigungsminister von ihr alles, was ihm einen Vorteil gegenüber seinen Rivalen in der eigenen Partei verschaffte.
Die Wirtschaftsministerin sagte leise, aber bestimmt: »YPI betreibt Forschungen zu defensiven Zwecken, und das ist laut Biowaffen-Konvention ausdrücklich erlaubt. Ich versichere Ihnen, dass es da nicht die geringsten Probleme geben wird.«
»Sie sprechen mit einem Fachmann für Fragen der Verteidigung, der jedoch nicht zu erkennen vermag, was an der Arbeit von YPI defensiv sein soll.«
»Sie betrachten es von der falschen Warte aus. Dieses SZP-Projekt, von dem Sie gehört haben, mag vielleicht den Anschein erwecken, als könnte, ich betone: *könnte* es bestimmte Bevölkerungsgruppen gefährden. Wobei auch das nicht sicher ist. Es befindet sich erst in der Testphase. Momentan geht man noch davon aus, dass es ein Heilmittel gegen die Sichelzellenanämie ist, aber selbst wenn es sich herausstellen sollte, dass es als gentechnische Waffe gegen Schwarze eingesetzt werden könnte, rechtfertigt das dennoch die Arbeit von YPI. Wenn ein Staat, der sich nicht an den gleichen hohen moralischen Maßstäben orientiert wie wir, diese oder eine vergleichbare Technologie in die Finger bekommt, brauchen wir zum Schutz unserer schwarzen Mitbürger eine Verteidigungsmöglichkeit. Das lehrt einen der gesunde Menschenverstand. Wir müssen immer einen Schritt voraus sein.«
»Aber wie ich gehört habe, *produziert* YPI diese biologische Waffe. Für die Presse klingt das eher offensiv als defensiv. Ich bin überzeugt davon, dass der Wähler auf der Straße ge-

nauso denkt. Es hat den Anschein, als rüste man sich für einen Krieg – und das verbietet die Biowaffen-Konvention.«
»Nein, nein, nein. Verstehen Sie denn nicht? Es ist doch ganz einfach«, sagte sie. »Wenn man die Waffen nicht herstellt, kann man auch kein Gegenmittel entwickeln. Es geht hier um Forschungsarbeit, die wegweisend ist.«
»Die Schritte bei der Entwicklung einer Waffe sind die gleichen wie bei der Erforschung eines Mittels zur Abwehr«, wandte der Minister ein.
»Genau. Aber glauben Sie mir, YPI forscht ausschließlich unter pharmazeutischen und defensiven Aspekten, anderenfalls verstieße das Unternehmen nicht nur gegen die Biowaffen-Konvention, sondern auch gegen die Gesetze unseres Landes. Das würden sie nicht riskieren, meinen Sie nicht auch?«
Der Minister schnalzte affektiert mit der Zunge. »Selbst wenn *ich* Ihnen Glauben schenke, so gilt das noch lange nicht für die anderen. Heutzutage ist es wichtig, nicht nur sauber zu sein, sondern das auch nach außen hin zu demonstrieren.« Er schwieg einen Augenblick, dann fügte er hinzu: »Was, wenn Yttrias Methoden, die eigenen Produkte und Ziele geheim zu halten, etwas, nun ja, fragwürdig sind?«
»Was wollen Sie damit sagen?«
»Wenn man die Ohren offen hält, hört man so allerlei: mysteriöse Selbstmorde, ein Abteilungsleiter der Firma, der unter merkwürdigen Umständen mit seinem Flugzeug abstürzt, eine Ärztin, die einen tragischen Unfall erleidet, Gewebeproben, die in Flammen aufgehen.«
Für den Bruchteil einer Sekunde zeigte sich auf dem Gesicht der Ministerin Überraschung. Ihr Kabinettskollege hatte ei-

ne Karte ausgespielt, von der sie nicht gewusst hatte, dass er sie besaß. Gleichwohl glaubte sie zu wissen, worauf er hinauswollte. Der Verteidigungsminister hatte ein Interesse daran, sie über einen hässlichen Skandal stolpern zu sehen, der ihre steile Karriere beenden und ihre Chancen, demnächst den Parteivorsitz zu übernehmen, zunichte machen würde. »Ich habe nicht die leiseste Ahnung, wovon Sie sprechen. Mir ist jedenfalls nichts zu Ohren gekommen und ich bezweifle, dass sich dahinter auch nur ein Fünkchen Wahrheit verbirgt.«
Der Verteidigungsminister erhob sich. Zufrieden, dass es ihm gelungen war, sie zu verunsichern, sagte er: »Das kann ich nur hoffen.«

Niemand konnte genau sagen, womit Onkel Akoda so viel Geld verdiente. Es hatte jedenfalls etwas mit Computern zu tun. Er hatte ein Geschäft aufgezogen und jetzt verkaufte er alles Mögliche. Was das im Einzelnen war, wusste keiner und von Onkel Akoda kam meist die Antwort: »Alles.« Nicht dass seine Geschäfte zwielichtig waren. Die Leute rannten ihm förmlich die Tür ein, um ihr Geld bei ihm loszuwerden, also musste an der Sache ja wohl etwas dran sein. Richtige Arbeit war es trotzdem nicht. Am Ende eines Tages konnte Akoda nichts vorweisen, keinen Schweiß auf der Stirn, kein Produkt in den Händen. »Ich bringe Leute, die etwas kaufen wollen, mit Leuten zusammen, die etwas verkaufen wollen. Das ist eine Dienstleistung, die sich lohnt. Hier zehn Prozent, dort fünfzehn, und jede Menge Aufträge. Da läppert sich schon was zusammen.«
Das war der Grund, warum Akodas Taschen immer prall gefüllt waren, wenn er an Dwights Bett saß. Der Junge hätte

nur seinen Kopf bewegen müssen, um das Knistern der Geldscheine unter seinem Kopfkissen zu hören. Wenn Akoda auftauchte, versetzten sich die Krankenschwestern einen Knuff und sagten: »Da ist er wieder. Pass auf, was er tut«. Die Stationsleiterin bewahrte eine mit Zehnern gefüllte Schachtel auf, die nur darauf wartete, dass Dwight aus dem Koma erwachte. Auch die Kaffeekasse des Krankenhauspersonals war besser bestückt als üblich. Akoda steckte den Schwestern Geld zu, damit sie sich gut um seinen Neffen kümmerten, und wünschte sich sehnlichst, dass sich Dwights Zustand ebenso mit Geld verbessern ließe.

Akoda wusste nicht, was er sonst tun sollte. Mit Medikamenten und all dem medizinischen Kram kannte er sich nicht aus. Leider hatte er keinen Zauberstab, mit dem er Dwight ins Leben zurückholen konnte. So etwas fand sich auch auf keiner Internetseite, niemand bot einen solchen Zauberstab an. Alles, was Akoda hatte, war sein Mitgefühl und Geld, und das brachte er ins Krankenhaus mit, vier lange Monate lang.

Die gut aussehende Ärztin, die sonst immer gekommen war, ließ sich nicht mehr blicken. Der Arzt, der Dwight jetzt betreute, probierte zwar das eine oder andere aus, aber auch er bewirkte nicht wirklich etwas. Dabei war er längst nicht so fürsorglich wie die Ärztin. Er war immer in Eile. Das war sie zwar auch gewesen, hatte sich aber trotzdem die Zeit genommen. Ihre Bemühungen mochten zwar keinen Erfolg gehabt haben, aber sie hatte hübsch ausgesehen und war sehr mitfühlend gewesen. Man hatte ihr nur ins Gesicht sehen müssen.

Arsenals Stürmer hatte den Ball noch nicht ins Netz geschossen und das Trikot wartete noch immer darauf, dass sein neuer Besitzer es überstreifte. Medikamente und Infusionen hatten Dwight nicht zurückgebracht. Auch eine erneute Computertomografie des Gehirns hatte nichts Neues ergeben. Weder das ständige Reden an Dwights Krankenbett hatte genützt noch Onkel Akodas Geld. Trotzdem spielte das Band weiter, hing das Trikot über der Stuhllehne, pumpten die Ärzte Dwight mit allem Möglichen voll und führten Tests durch. Trotzdem hörte man nicht auf mit ihm zu reden und Onkel Akoda steckte auch weiterhin seine Fünfer und Zehner unter Dwights Kopfkissen.

Wenn Gott der Krankenstation einen Besuch abgestattet hätte, wäre Onkel Akoda sicher nicht davor zurückgeschreckt, auch ihn zu bestechen. Aber er ließ sich leider nicht blicken. Nirgendwo.

Kapitel 42

In Memphis war die Zahl der Opfer zuerst angestiegen, um dann zu stagnieren. Aber hinter der Statistik verbargen sich vierzig Einzelschicksale, sechzehn Tote und vierundzwanzig Komapatienten. Vierzig verzweifelte Familien, die es nicht begreifen konnten. Für sie lag in den Zahlen kein Trost und auch nicht in dem Wissen, dass sie nicht allein mit ihrem Schicksal waren. Für jeden Einzelnen von ihnen stand der persönliche Verlust im Vordergrund. Die Ärzte hatten hunderte zu versorgen, die weniger schwere Symptome zeigten: Depressionen, Schwindel, Ohnmacht. Ob Jung oder Alt, ob Mann oder Frau, die Krankheit machte keinen Unterschied. Allerdings suchte sie sich ihre Opfer aus-

schließlich unter den Schwarzen. Kein einziger der Erkrankten war weiß.
Das Interesse der Medien galt natürlich in erster Linie Nathan McQueen. Die Zeitungskommentatoren waren sich einig, dass aus ihm nie ein zweiter Martin Luther King geworden wäre, dennoch sah man in ihm einen einflussreichen und anerkannten Sprecher der Schwarzen. War er das Ziel – und das Opfer – einer rechtsradikalen Gruppierung geworden? Oder hatte er nur zufällig das gleiche verdorbene Essen zu sich genommen wie die anderen auch? Ein Journalist stellte die Vermutung an, dass der mysteriöse Ausbruch der Krankheit eine Racheakt für Shadows unerbittliche Attacken gegen die Weißen war. Vielleicht war dieser Shadow sogar unter den Opfern. Niemand konnte das mit Sicherheit sagen und so glaubte jeder das, was er glauben wollte. In gewisser Weise, so der Journalist, spielte es auch gar keine Rolle. Wenn Shadow tatsächlich zu den Opfern gehörte, würde es sofort fünf neue Shadows geben, die der Asche entstiegen. Den Feind gewaltsam auszulöschen schlug immer fehl, denn jeder Akt der Gewalt brachte eine neue Generation hervor, die nach Rache strebte.
Ein Medikament gegen Sichelzellenanämie, das sich in ein Gift verwandelt hatte, wurde in den Medien nicht erwähnt. Kyle fragte sich, ob Tristan Lockhart etwas unternehmen würde. Am frühen Vormittag hatte Kyle dessen luftig hohes Büro in einer positiven Stimmung verlassen, so als hätte er tatsächlich etwas erreicht und den Präsidenten des Unternehmens auf seine Seite gezogen. Doch nun machte sich Ernüchterung breit. Vielleicht war es nicht genug, jemand anderen darum zu bitten, etwas zu unternehmen. Vielleicht war es falsch, die Verantwortung auf Tris-

tan Lockhart in Atlanta und Paul Turrell in Cambridge zu übertragen.

Auf der Homepage von Nathan McQueen waren Trauerbekundungen zu lesen. Zwei unangebrachte Kommentare wurden gelöscht, noch während Kyle sich auf der Website befand.

Er holte tief Luft, dann fing er an zu schreiben.

Es war keine persönliche Würdigung des toten Menschenrechtlers. Als Weißer, der McQueen nie begegnet war, fühlte Kyle sich von der Trauer ausgeschlossen. Nein. Sein Beitrag würde darin bestehen, eine Erklärung für Nathans Tod zu liefern und darauf hinzuweisen, dass alle Opfer auf das Sichelzellen-Gen hin getestet werden sollten. Er würde Details über das Hühnerei weitergeben und über eine intelligente biologische Waffe, die die Ursache für die Vorfälle in Memphis gewesen sein könnte. Und er würde Yttria erwähnen.

Da er nun schon mal im Internet war, konnte er genauso gut auch gleich einen Flug nach Heathrow buchen, denn dass er seinen Job verlieren würde, daran bestand für Kyle kein Zweifel. Er hatte nicht vor unter die Nachricht für McQueens Website seinen Namen zu schreiben, aber jeder halbwegs versierte Computerbenutzer würde seine Identität ohne größere Anstrengungen herausbekommen.

Sicher stuften ihn viele Besucher der Website als Spinner ein, aber der eine oder andere begriff vielleicht, dass das, was er geschrieben hatte, die Wahrheit war. Und das war in Kyles Augen das Opfer wert. Er klickte auf den Send-Button.

Kyles Eintrag in das Online-Kondolenzbuch stand nicht lange da. Innerhalb weniger Minuten wurde die Website durch einen Sabotageakt zum Absturz gebracht. Die kurze Zeit reichte jedoch aus, dass zumindest zwei Leute Kyles Nachricht lasen. Der eine war ein Freund, der andere nicht.

Zuerst dache Kyle, das Geräusch käme von den Leuten im Stockwerk über ihm. Es dauerte ein paar Sekunden, bis er merkte, das jemand an seine Tür klopfte.

»Polizei! Öffnen Sie die Tür!«

Polizei? Was konnte die von ihm wollen? Kyle runzelte die Stirn, ging zur Tür und öffnete sie vorsichtig.

Die vier Leute, die vor seinem Apartment standen, trugen keine Uniformen. Zumindest keine Polizeiuniformen. Sie hatten groteske Masken aufgesetzt: Plastikversionen von George Bush, Arnold Schwarzenegger, Frank Sinatra und Jack Nicholson.

Kyle reagierte nicht schnell genug. Er versuchte die Tür zuzuschlagen, doch der Jack Nicholson hatte bereits einen Fuß und eine Schulter zwischen Tür und Rahmen geschoben.

»Was . . .?«

Die vier Männer stürmten herein und zwei von ihnen packten Kyle.

Eine Hand legte sich über Kyles Mund und hinderte ihn daran, um Hilfe zu rufen. Man drückte ihn auf den nächsten Stuhl und band seine Hände hinter der Stuhllehne zusammen. Die Fesseln hielten fest, waren aber weich, sodass sie wenigstens nicht ins Fleisch schnitten. Seine Fußknöchel banden die Männer an den Stuhlbeinen fest.

Trotz der Hand, die fest auf die gesamte untere Hälfte seines Gesichts gepresst wurde, gelang es Kyle, hervorzupressen: »Was wollen Sie von mir?« Die Worte kamen nur gedämpft heraus, trotzdem war klar, was er gesagt hatte.

Ruhig, aber bestimmt sagte die Jack-Nicholson-Maske: »Wir werden dich knebeln, wenn du versuchst zu schreien.« Er zeigte Kyle ein Stück Stoff.
Kyle nickte.
»Kein Laut?«
Kyle schüttelte den Kopf. Ihm schauderte bei der Vorstellung, dass ein Stofffetzen zwischen die Zähne gestopft würde und seinen Mund austrocknete.
»Eine falsche Reaktion – irgendeine – und du hast das Ding da im Mund, klar?«
»Hmm-hmm.«
»Gut. Belassen wir's dabei.« Er nickte dem Frank Sinatra zu, der links neben Kyle stand. Dieser zog ein Messer und legte es an Kyles Kehle. Kyle wäre vor Schreck aufgesprungen, wenn er nicht an den Stuhl gefesselt gewesen wäre. Er schluckte schwer. »Was geht hier vor? Ich habe kein Geld. Ehrlich!« Dabei wusste er, dass diese Leute nicht auf Bargeld aus waren. Dann hätten sie sich seine Brieftasche geschnappt und wären schon längst wieder verschwunden.
»Du bist ganz allein in Atlanta? Hast niemanden, der dir hier helfen könnte, nicht wahr?«
»Ich habe . . .« Kyle hielt inne. Gerade hatte er den Namen von Max Levine nennen wollen, aber er war sich inzwischen nicht mehr sicher, ob er auch wirklich ein Freund war. Außerdem wollte er nicht noch verzweifelter erscheinen, als er ohnehin schon war.
Jemand hinter ihm sagte: »Tja, aber dafür ist er ein Nigger-Freund.«
Kyles Augen weiteten sich. Plötzlich war ihm alles klar.
»Wir haben deine Lügen im Internet gelesen, weißt du?«, sagte der falsche Frank Sinatra.

Furcht hinderte Kyle am Sprechen. Diese Männer waren skrupellos und unmenschlich. Sein Verstand setzte aus. Alles um ihn herum verschwamm, nur das silbrig blitzende Messer nicht. Wie ein Raubtier, das mit ausgefahrenen Krallen lauerte, schwebte es vor seinem Gesicht. Durch den Nebel vor seinen Augen sah er, wie der Schwarzenegger Computertastatur und Telefon auf den Boden schmetterte, wild auf ihnen herumtrampelte und schließlich auch noch den Rechner selbst zerstörte.
Die Stimme hinter ihm flüsterte: »Nichts mehr mit Surfen.«
Kyle wusste, dass es damit noch nicht vorbei sein würde.
»Was wollen Sie?«, stammelte er.
»Hmm. Gute Frage«, sagte der Jack Nicholson. Er durchquerte mit langen Schritten den Raum und blickte dabei scheinbar nachdenklich zu Boden. »Diese . . . wie hast du es genannt? . . . Diese intelligente biologische Waffe. Wer, glaubst du, hat sie aus dem Labor nach draußen gebracht?«
»Ähm . . .«
»Kannst du uns den Namen nennen?«
Kyle zögerte noch. Er wusste nicht genau, was er antworten sollte. War es besser, jegliche Verbindung zu Max Levine zu leugnen, oder sollte er einfach frei heraus sprechen?
»Du weißt es selbst nicht genau, was? Das ist gut. Und was weißt du sonst noch nicht so genau? Stammt das Zeug überhaupt von Yttria?«
»Ja.«
»Falsch!«
Das Messer bewegte sich nicht. Es war etwas anderes. Harte Knöchel waren für den scharfen Schmerz in seiner Seite verantwortlich.
»Existiert das Zeug wirklich?«

»Ja.«
Diesmal war der Schmerz noch schlimmer. Der Schlag in die Seite wurde ganz präzise ausgeführt.
Der Jack Nicholson blieb direkt vor Kyle stehen. Er kam mit seinem Gesicht ganz nahe heran. »Da irrst du dich, mein Lieber. Du hast keinerlei Beweise. Versuchen wir es also nochmal: Gibt es dieses Mittel wirklich?«
Kyle konnte nur nicken.
Jetzt kam der Schlag von der anderen Seite. Darauf war er nicht gefasst gewesen. Sein Kopf fiel nach vorn, sein Mund öffnete sich und er musste würgen.
»Du tätest gut daran, dich mit uns darauf zu einigen, dass es nur ein Auswuchs deiner ausgeprägten britischen Phantasie ist. Das wäre für alle das Beste, meinst du nicht auch? Für dich ganz bestimmt. Und für deine Kollegen bei Yttria auch.«
Kyle spürte, wie ein Fuß die Fesseln nach unten trat, die seine Handgelenke umschlossen. Die Rückenlehne des Stuhls drückte sich schmerzhaft gegen seine Oberarme und seine Schultern wurden nach unten gerissen, bis er das Gefühl hatte, die Arme würden ihm ausgekugelt.
»Du hast gefragt, was wir von dir wollen? Ganz einfach. Wir wollen, dass du aufhörst Lügen über deine Arbeitskollegen zu verbreiten. Das ist alles. Mehr nicht. Entweder du siehst ein, dass du dich geirrt hast, oder wir müssen überlegen, wie wir dich daran hindern, weiter solche Lügen zu erzählen. Und glaub mir, das wird dir nicht gefallen.«
»Bitte nicht.«
»Wir werden auf jeden Fall hier bleiben, bis du zu Verstand gekommen bist«, warf die George-Bush-Maske ein. »Uns macht das nichts aus, aber es ist eine Verschwendung von

Zeit und Energie.« Er ließ seine Fingerknöchel krachen. »Also überleg es dir gut.«

Der Mann mit dem Konterfei von Jack Nicholson ging hinüber zum Fernsehapparat, schaltete ihn ein und drehte den Ton hoch. Homer Simpson brüllte noch lauter als üblich. Freundlich sagte die Jack-Nicholson-Maske: »Da haben die Nachbarn wenigstens was zu hören, nicht wahr?«

Kyle, der sich auf das Schlimmste gefasst machte, duckte sich, so weit die Fesseln es erlaubten. Der Druck auf seine Schultern ließ nach, doch im gleichen Moment sauste ein schwerer Stiefel gegen sein Schienbein. Kyle schrie gequält auf. Er wusste, was die falschen Berühmtheiten vorhatten. Sie attackierten seinen Körper an verschiedenen Stellen, sodass er nie wusste, was als Nächstes kam. Und wenn ihnen nichts mehr einfiel, gab es ja immer noch das blitzende, scharfe Messer vor seinem Gesicht. Trotz der Schmerzen konnte er klar genug denken, um zu wissen, was sie von ihm wollten. Sie würden erst dann aufhören, wenn er ihnen versicherte, dass er Max Levine nicht verriet.

Eine Faust krachte gegen seinen Kiefer und gleich darauf schmeckte er Blut.

Was dann geschah, konnte er nicht genau sagen. Möglich, dass er für eine Weile das Bewusstsein verloren hatte. Alles um ihn herum drehte sich. Er hörte jemanden lachen. Kyle bemerkte, dass die vier Männer sich ansahen. Dann hörte er es ebenfalls. Ein Klopfen.

Über Bart Simpsons Lachen hinweg rief eine Stimme: »Ist jemand zu Hause?«

Nur verschwommen nahm Kyle wahr, wie die Tür aufging und eine Person das Apartment betrat. Er riss die Augen auf, konnte jedoch nicht erkennen, um wen es sich handel-

te oder ob er am Ende nicht vielleicht Halluzinationen hatte.
Ohne ein weiteres Wort stießen Kyles Peiniger den Besucher um und rannten hinaus.
Jemand kniete sich neben Kyle und löste die Fesseln an seinen Füßen und fragte: »Alles in Ordnung?«
Noch immer verwirrt, öffnete Kyle die Augen. Er kannte den Mann, der ihm das Blut vom Gesicht tupfte.
»Ja«, sagte der Besucher. »Ich bin's. Ich weiß nicht, was hier vor sich geht, aber ich habe meinen Enkelsohn im Arm gehalten und da musste ich einfach hierher kommen.«

Kyle lag auf dem Sofa und Tristan Lockhart besah sich seine Verletzungen. Kyle fiel auf, dass alles still war, also hatte Lockhart wohl den Fernsehapparat ausgeschaltet.
»Ihr Enkelsohn?«, murmelte Kyle.
»Sie kommen schon wieder in Ordnung«, sagte der Präsident von Yttria. »Sie hätten mich mal sehen sollen, als ich noch Ski gefahren bin. Das Skifahren selbst war gar nicht das Problem. Es waren die Unfälle, die Stürze. Danach war ich immer fürchterlich zugerichtet.«
Kyle fand das nicht sehr tröstlich. Ihm tat alles weh. »Ihr Enkelsohn?«, wiederholte er.
Lockhart lehnte sich zurück und warf die blutdurchtränkten Taschentücher in den Abfalleimer. »Er hat das Sichelzellen-Gen.«
»Aber Sie sind . . . Er ist doch kein . . .« Kyle war viel zu erschöpft, als dass Lockharts Worte einen Sinn für ihn ergeben hätten.
»Mein Schwiegersohn ist schwarz.«
»Schwiegersohn. Ah.« Kyle wollte nicken, hielt jedoch so-

fort inne. Ihm war schwindelig und er hatte das Gefühl, als würde sein viel zu schwerer Kopf gleich herunterfallen.
»Verstehe.«
»Ruhen Sie sich aus«, befahl Lockhart ihm. »Es geht Ihnen noch nicht gut genug. Ich werde Ihnen etwas zu trinken bringen und Schmerztabletten. Dann werde ich meinen Arzt verständigen, damit er herkommt und Sie sich anschaut. Keine Sorge, die Kosten übernimmt Yttria. Wir reden später.«

Kyle konnte aufrecht sitzen, aber bei der kleinsten Bewegung stöhnte er auf. Seine Mundhöhle war geschwollen, doch wenn er sich anstrengte, konnte er leise sprechen. Dem Arzt gegenüber hatte er nur erklärt, dass er überfallen worden war. Den Grund dafür nannte er nur Lockhart.
Der seufzte. »Für Sie ist SZP 19 eine rassistische Waffe, aber das stimmt nicht. Sie kann es gar nicht sein, denn es gibt keine Rassen. Das hat uns die Genetik gelehrt. Die Unterschiede zwischen Schwarzen und Weißen sind weit geringer als die Unterschiede der Schwarzen und Weißen untereinander. Verstehen Sie, was ich meine? Die DNA eines Weißen kann der eines Schwarzen mehr ähneln als der eines anderen Weißen.«
Die Übelkeit hatte etwas nachgelassen, daher nickte Kyle vorsichtig. »Aber es gibt doch Rassen. Daran besteht kein Zweifel.«
»Man teilt die Menschen in Weiße, Schwarze, Asiaten und so weiter ein, aber eine biologische Grundlage gibt es dafür nicht. Diese Kategorisierung fand statt, bevor es die Genetik gab. Sie ist oberflächlich und basiert auf dem äußeren Erscheinungsbild der Menschen. Und dies ist wiederum ab-

hängig von geografischen, klimatischen und kulturellen Voraussetzungen.« Lockhart nahm einen Schluck von dem Kaffee, den er gemacht hatte. »Wenn man genauer darüber nachdenkt, begreift man, wie verrückt es ist. Wir alle haben die gleichen afrikanischen Vorfahren. Menschen anhand ihrer Hautfarbe einzuteilen ergibt keinen Sinn. Niemand ist einfach nur weiß oder schwarz oder was auch immer. Es gibt viel mehr Abstufungen. Eine klare Abgrenzungslinie lässt sich nicht ziehen.«

»Und trotzdem besitzen Sie eine rassistische Waffe«, stellte Kyle störrisch fest.

»SZP 19 ist eine Waffe, die sich gegen die Sichelzellenanämie richtet und nicht gegen eine bestimmte Hautfarbe. Denn im Grunde genommen haben wir es hier mit einer Laune der Natur zu tun.«

»Wie meinen Sie das?«

»Ursprünglich hat sich das sichelförmige Hämoglobin bei den Menschen in Afrika als Schutzmechanismus gegen Malaria entwickelt. Wussten Sie das? Na ja, Sie sind Chemiker und kein Biologe. Dringt der Malaria-Erreger in die roten Blutkörperchen eines Menschen ein, der das Sichelzellen-Gen hat, nehmen die Blutkörperchen die typische Sichelzellenform an und werden abgebaut – und mit ihnen stirbt auch der Malaria-Erreger. Es ist ein gutes Beispiel für die Evolution. Natürlich hat diese Entwicklung auch ihren Preis. Und der besteht darin, dass der Gen-Defekt zwar Malaraia abwehren kann, uns aber die Sichelzellenanämie beschert. Sie sehen, SZP 19 hat nichts mit Rassen zu tun. Es ist allenfalls ein Gift für Menschen, die einen Schutz gegen Malaria in sich tragen.«

»Für sehr, sehr viele Menschen«, erwiderte Kyle. »Einen von zwölf Schwarzen.«
»Es ist Ihnen doch hoffentlich klar, dass ich nichts von all dem sagen würde, wenn wir in der Firma wären? Ich werde meine Worte außerhalb dieses Zimmers nicht wiederholen.«
»Sie haben die Krankenhäuser in Memphis also nicht über SZP 19 informiert?«
Lockhart sah Kyle direkt an. »Als Chef von Yttria sind mir die Hände gebunden. Ich habe Verpflichtungen gegenüber dem Unternehmen.«
Kyle stieß die Luft aus. »Ich habe meinen Job verloren, nicht wahr? Es wird Zeit, dass ich nach Hause fliege.«
»Meinen Sie?«
»Ich denke schon«, sagte Kyle.
»Ich werde Sie nicht entlassen. Nicht, solange Sie Ihre Aufgabe noch nicht zu Ende gebracht haben.«
»Welche Aufgabe?«
Lockhart zuckte die Schultern. »Die, von der Sie glaubten sie durchführen zu müssen.«
»Aber . . .«
»Ich werde Sie schützen, so gut ich kann.«
»Wie bitte?« Kyle überlegte, ob er noch immer zu erschöpft war und Lockhart missverstanden hatte.
»Kommen Sie, *ich* kann es nicht tun. Ich sagte Ihnen doch, dass mir die Hände gebunden sind. Ich bin der Präsident von YPI! Aber *Sie* sind ein cleverer Bursche. Nehmen Sie sich einen Tag frei, um sich zu erholen, und denken Sie darüber nach.«
»Und dann?«
»Dann gehen Sie zur Arbeit und tun, was Sie tun müssen.«

Lockhart ging zur Tür. »Ach ja, übrigens . . . Ich weiß zwar nicht, wo Max Levine an dem Tag war, als Ihr Mitch in Memphis starb, aber in der Firma war er jedenfalls nicht.«

Kapitel 43

Paul sagte sich, dass er es sich nicht leisten konnte, in Trübsal zu verfallen, solange er seine Aufgabe noch nicht zu Ende gebracht hatte. Er konnte seinem Leben – und auch Helens Tod – einen Sinn geben, indem er alles daran setzte, die Weiterentwicklung von SZP 19 zu verhindern. Wie sein nächster Schritt aussehen sollte, wusste er allerdings selbst nicht so genau. In seinem Hotelzimmer sah alles noch genauso aus wie am Morgen. In gewisser Weise war Paul enttäuscht. Sein Plan, Yttria wegen versuchten Mordes dranzukriegen, schien fehlzuschlagen.

Mit einem Seufzer zog er seine Kleider aus, um sich zu duschen. Als er das Badezimmer betrat, fiel es ihm auf. Alles befand sich an Ort und Stelle, aber . . . Er nahm die brandneue Zahnpastatube in die Hand. Die alte war noch nicht leer gewesen. Warum hatte man sie durch eine neue ersetzt? Ein solcher Service auf Kosten des Hotels war sehr unwahrscheinlich. Paul verzichtete auf die Dusche, zog sich stattdessen wieder an, steckte die schmale Tube in seine Jackentasche und eilte ins Labor der Universität.

Er hielt die Tube unter den Abzug und schraubte den Plastikverschluss ab. Die Tubenöffnung war mit einer Aluminiumfolie versiegelt. Wenn ihn jemand vergiften wollte, war er sehr professionell vorgegangen. Von außen war absolut

nichts zu sehen. Paul streifte Handschuhe über, zog die Schutzfolie ab und drückte den gesamten Inhalt der Tube in ein Teströhrchen. Vorsichtig wusch er das winzige Aluminiumstück und die Tube, um die Zahnpastareste zu entfernen. Erst dann holte er sie unter dem Abzug hervor.
Mit dem Vergrößerungsglas des Mikroskops suchte er Folie und Tube nach Einstichen ab. Bei dem Aluminiumstück wurde er fündig: ein winzig kleines Loch, fast ganz am Rand und für das bloße Auge unsichtbar. Natürlich konnte es sich um einen Produktionsfehler handeln, aber für Paul sah es aus wie die Einstichstelle einer sehr feinen Injektionsnadel.
Er verbrachte den Rest des Nachmittags damit, die weiche, weiße Masse zu untersuchen. Er fand weder Arsen noch irgendwelche anderen gefährlichen Substanzen, auch keine natürlichen Gifte, kein Zyanid, kein Unkrautvernichtungsmittel. Dann kam ihm eine Idee. Er hatte chemische Tests durchgeführt, weil er ein Chemiker war. Yttria mochte in der Vergangenheit konventionelle Chemie betrieben haben, aber inzwischen hatte man sich dort der Biotechnologie zugewandt. YPI arbeitete mit Viren und Bakterien. Er musste die Zahnpasta auf Erreger untersuchen lassen.

Die Biologin, die sich bereit erklärt hatte ihm zu helfen, nahm das Probenröhrchen mit der Paste und verschwand. In der Zwischenzeit trank Paul eine Tasse Kaffee und hielt für ihre Studenten eine ausgedehnte Übungsstunde ab. Als sie zurückkehrte, sah sie sehr besorgt aus und verlangte von ihm unverzüglich alle möglichen Überreste der Zahnpasta.
»Warum?«, fragte Paul. Sein Herz klopfte heftig.

»Weil sie verunreinigt ist. Und zwar mit Meningokokken vom Typ B.«

»Gehirnhautentzündung?«

Sie nickte. »Ja, Meningitis. Eine sehr aggressive Sorte noch dazu. Zwar lässt sie sich mit Antibiotikum behandeln, aber der Krankheitsverlauf entwickelt sich meist so rasend schnell, dass der Patient stirbt, bevor die Behandlung anschlägt. Einen Impfstoff gibt es nicht. Wir haben sie hier alle paar Jahre einmal, in erster Linie unter Studenten oder bei Babys.«

Paul schüttelte sprachlos den Kopf.

»Wie fühlen Sie sich?«, fragte die Biologin.

»Was meinen Sie damit?«

»Leiden Sie unter Kopfschmerzen, Hautausschlag, Erbrechen, Fieber? Kältegefühl in Händen oder Füßen? Nackensteifheit?«

»Kriegen diese Krankheit nicht nur junge Menschen?«

»In der Regel schon, aber hin und wieder trifft es auch Erwachsene.«

»Mir geht es gut«, sagte Paul. »Ich habe die Zahnpasta nicht benutzt und Ihnen auch bereits den gesamten Inhalt der Tube übergeben.«

»Ich muss wissen, woher sie stammt.«

»Ich auch«, sagte Paul prompt.

»Es ist sehr gefährlich . . .«

»Keine Sorge«, sagte Paul. »Niemand versucht die Bevölkerung von Cambridge auszurotten. Es geht nur um mich.«

»Wirklich sehr raffiniert. Die Erreger können im Rachenraum eines Menschen sein, ohne jemals einen Schaden anzurichten. Das passiert erst, wenn sie in den Blutkreislauf gelangen. Sie der Zahnpasta zuzusetzen, ist schlau. Wir alle haben gelegentlich Schleimhautverletzungen oder Zahnfleischbluten. Auf diese Weise gelangen die Erreger ins Blut und innerhalb weniger Stunden ist man tot.«

Paul berührte sie am Arm. »Vielen Dank für Ihre Hilfe. Sie waren großartig. Ich werde mich um die Sache kümmern, okay?«

»Ich muss die Polizei und das Krankenhaus verständigen.«

»Tun Sie das nicht«, bat Paul. »Sie machen mir meine Arbeit nur noch schwerer.«

»Hören Sie, das ist sehr, sehr gefährlich. Sie müssen schon verdammt gute Gründe haben, um mich zu überzeugen.«

Paul nickte. »Die habe ich. Wenn Sie die Behörden verständigen, werden die Verantwortlichen untertauchen. Wenn Sie Stillschweigen bewahren, habe ich eine Chance, sie zu überführen. Nur so lässt sich die Bedrohung aus der Welt schaffen.«

Die Biologin zögerte. Dann seufzte sie, schüttelte den Kopf und sagte: »Wenn unsere Sicherheitskraft nicht gerade gegangen wäre, müsste ich den Mann sofort verständigen. Vielleicht ist es ganz gut, dass er nicht da ist. Seien Sie vorsichtig.«

»Danke.« Paul ging bereits rückwärts in Richtung Tür. »Ich werde mich bei Ihnen melden. Versprochen. Es wird nicht mehr lange dauern und dann werde ich allen erzählen können, wer das getan hat – und warum. Ich brauche nur noch den Beweis.«

Er kehrte ins Hotel zurück. Unterwegs kaufte er in einem Supermarkt eine Tube Zahnpasta, die genauso aussah wie die alte. Nachdem er sie ins Badezimmer gelegt hatte, rief er YPI an. Es überraschte ihn nicht, dass Urling-Clark sich bereit erklärte ihn am Nachmittag des kommenden Tages zu empfangen. Bei Yttria ging man offenbar davon aus, dass Paul zu diesem Zeitpunkt schon im Krankenhaus liegen und das Gespräch sich erübrigen würde. Indem Urling-Clark dem Treffen zustimmte, lenkte er jeden Verdacht von sich ab: Hätte er von Pauls Erkrankung im Voraus etwas gewusst, würde er doch gar nicht erst einen Termin vereinbart haben!

Von seinem geparkten Auto aus beobachtete Paul, wie das Hotelpersonal kam und ging. Es wurde schon dunkel. Er warf einen Blick auf seine Uhr, rechnete die Zeitverschiebung zwischen Cambridge und Atlanta aus und rief Kyle unter seiner Büronummer an.

»Hier Paul Turrell«, meldete er sich mit leiser Stimme.

»Oh! Was ist los?«

»Alles in Ordnung mit Ihnen? Sie klingen so . . . verzerrt.«

»Nur ein wunder Rachen.«

»Tut mir Leid. Ich will Sie auch gar nicht lange stören. Ich wollte Ihnen nur sagen, dass ich langsam Fortschritte mache. Und Sie können mir dabei helfen.«

»Wie?«

Paul schwieg. Jemand kam aus dem Hintereingang des Hotels. Doch es war falscher Alarm. Als die Person in den Lichtkegel der Hotelbeleuchtung trat, sah Paul, dass es sich nicht um den Mann handelte, auf den er wartete. »Wissen Sie, ob Yttria in Cambridge mit Meningitis-Erregern arbeitet?«

»Meningitis? Üble Sache. Ja, ich glaube, die Biologen machen das. Es gehört nicht in mein Ressort, aber ich bin mir ziemlich sicher gehört zu haben, wie jemand sagte, dass er ein neues Antibiotikum und Impfstoffe gegen die Krankheit testet.«

»Danke.«
»Warum wollen Sie das wissen?«
»Das ist eine lange Geschichte, tut mir Leid. Ich will jetzt nicht alle Einzelheiten ausbreiten.«
»Okay.«
»Nochmals vielen Dank. Ich muss Schluss machen.«
Während des Schichtwechsels sah Paul sich jeden der Hotelangestellten genau an. Endlich verließ auch der Mann mit den kurzen silbrigen Haaren das Hotel. Er stieg in einen grünen Nissan und fuhr los. Paul wartete eine Sekunde, dann nahm er die Verfolgung auf.
In Cambridge war eine schnelle, riskante Jagd durch die Straßen gar nicht möglich. Paul durfte nur nicht zu nahe auffahren, damit der Fahrer des Nissan ihn nicht erkannte. Die Abenddämmerung kam ihm da zu Hilfe.
Paul sah zu, dass immer drei Fahrzeuge zwischen ihm und dem Hotelangestellten waren und er den Nissan nicht an einer Kreuzung aus den Augen verlor. Er kannte sich in der Stadt nicht gut genug aus, um zu wissen, wohin die Fahrt ging, aber er war fest entschlossen sich nicht abhängen zu lassen. Der Wagen bog auf den Parkplatz eines Pubs. Paul fuhr an ihm vorbei und hielt erst in einer Parkbucht etwas weiter die Straße entlang. Er wartete einige Minuten, dann lief er zu dem Pub zurück und betrat unauffällig die rauchige Bar. Zum Glück war sie gut besucht, sodass der Hotelangestellte ihn nicht sofort bemerken würde. Er sah sich nach allen Seiten um, mischte sich dann unter die Gäste und bestellte sich ein Bier. Es dauerte etwas, bis er den silbrigen Haarschopf sah. Der Hotelangestellte saß in einer Ecke des Pubs neben einer ausrangierten Dartsscheibe und sprach mit einem Mann. Sie saßen dicht nebeneinander und steck-

ten ihre Köpfe zusammen, als säßen sie in einem Klub, in dem überlaute Musik spielte. Paul meinte den zweiten Mann zu kennen, aber er war sich nicht sicher. Wenn es stimmte, dann konnte er sich zumindest nicht mehr an den Namen erinnern – oder daran, wo er ihn schon einmal gesehen hatte.

Als beide Männer aufsahen und zufällig in Pauls Richtung blickten, hob er rasch sein Glas und trank. Erleichtert stellte er fest, dass keiner der beiden Notiz von ihm nahm. Stattdessen unterhielten sie sich weiter. Der Mann aus dem Hotel wirkte erregt, sein Gegenüber nüchtern und sachlich. Er sah skeptisch aus, so als zweifele er an dem, was ihm gesagt wurde.

Nach einigen Minuten stand der Hotelangestellte auf, steckte verstohlen einen braunen Umschlag, den ihm der andere in die Hand gedrückt hatte, in die Jackentasche, sagte noch etwas und ging durch die Hintertür hinaus auf den Parkplatz.

Paul kippte den Rest seines Biers hinunter und ging zum Vordereingang hinaus. Während er zu seinem Auto ging, warf er prüfende Blicke über die Schulter, um zu sehen, welche Richtung der grüne Nissan einschlagen würde. Paul fluchte, als er bemerkte, dass der Wagen in die Richtung fuhr, aus der sie gekommen waren. Die schmale Straße und der rege Verkehr hinderten Paul daran, eine scharfe Kehrtwende zu machen. Bis er in eine Seitenstraße gebogen war, wo er umdrehen konnte, hatte er den grünen Nissan aus den Augen verloren. Er fuhr nicht weiter, sondern stellte seinen Wagen auf dem Parkplatz des Pubs ab und betrat noch einmal die Bar.

Der zweite Mann war noch nicht weggegangen. Aufrecht

und starr wie ein Soldat saß er da und trank sein Glas aus. Paul beobachtete ihn unauffällig. Der Mann stand auf und ging zu seinem Wagen auf den Parkplatz hinaus. Sein zielstrebiger Gang hatte ebenfalls etwas Militärisches an sich. Mit dem Gedanken, dass sich die ganze Sache möglicherweise als völliger Fehlschlag erweisen würde, folgte Paul ihm in einiger Entfernung. Diesmal fuhr er einem weißen Mondeo hinterher.

Ihr Ziel war eine Kirche. Paul folgte dem Mann nicht ins Innere des Gotteshauses, denn zu dieser späten Stunde würde die Kirche sicher leer sein und er lief Gefahr, dass man ihn entdeckte. Er wartete draußen.

Nach ungefähr fünfzehn Minuten kam der Mann wieder heraus. Er stieg in sein Fahrzeug und fuhr zu einem völlig unauffälligen Mittelklasse-Doppelhaus. Die Tür ging auf. In dem hell erleuchteten Hauseingang stand ein junges Mädchen. Es begrüßte den Mann, dann schloss sich die Tür hinter den beiden.

Paul stieg aus seinem Wagen und im Schutz der Dunkelheit besah er sich das Haus etwas genauer. Er merkte sich die Hausnummer, dann ging er den Gehweg entlang an einigen Häusern vorbei, vor denen »Verkauft«-Schilder standen, und stieß schließlich auf ein Straßenschild. Nachdem er herausgefunden hatte, was er wissen wollte, fuhr er ins Stadtzentrum zu seinem Hotel zurück.

Er putzte sich die Zähne, damit die Tube benutzt aussah, verzichtete aber auf eine Dusche. Wenn er ein bisschen ungepflegt aussah – umso besser. Bevor er nach unten zur Rezeption ging, schaute er in den großen Spiegel und fuhr sich mit den Fingern durch die Haare, damit sie strubbelig aussahen. Erst, als er mit seinem Äußeren zufrieden war, verließ er den Raum. Es war weit nach Mitternacht und die schwach beleuchteten Gänge waren leer.

Der Mann am Empfang war überrascht, ihn um diese Zeit zu sehen.

»Um die Wahrheit zu sagen«, murmelte Paul, »ich fühle mich nicht sehr gut. Mir ist schlecht und ich habe Kopfschmerzen – ziemlich heftige Kopfschmerzen sogar – und mein Nacken ist ganz steif.«

»Oje. Soll ich einen Arzt rufen, Sir?«

»Nein, vielen Dank. Mein Hausarzt ist zu weit entfernt, daher werde ich wohl besser ins Krankenhaus gehen.«

»Soll ich Ihnen ein Taxi bestellen?«

»Nein. Ein Spaziergang wird mir sicher gut tun. Vielleicht brauche ich einfach nur etwas frische Luft. Aber Sie können mir einen anderen Gefallen tun.«

»Ja?«

»Für den Fall, dass ich im Krankenhaus bleiben muss . . . Würden Sie bitte dem Zimmerservice ausrichten, dass er meine Sachen nicht zusammenpacken soll?«

»Das würden wir nie tun, Sir, aber ich werde dem Zimmerservice mitteilen, dass es Ihnen nicht gut geht.«

»Danke.« Paul lächelte erschöpft und ging mit unsicheren Schritten davon.

Im Morgengrauen saß Paul in seinem Auto auf der gegenüberliegenden Straßenseite der Doppelhaushälfte. Müde saß er da und beobachtete, wie die Welt erwachte: Pendler auf dem Weg zum Bahnhof und nach London, ein Zeitungsjunge, der seine Runde drehte, Jogger in Trainingsanzügen, Frühaufsteher, die den bald einsetzenden Berufsverkehr in Richtung Innenstadt und Geschäftsviertel meiden wollten. Die ersten Lastwagen ratterten vorbei und der Milchmann stellte die Milchflaschen vor den Haustüren ab.

Darauf hatte Paul gewartet. Auf den Postboten oder den Milchmann.

Er sah zu, wie der Mann drei Milchflaschen vor dem Haus, das Paul die ganze Zeit beobachtet hatte, abstellte und dann weiterging. Paul stieg aus und ging rasch auf den Lieferwagen zu. »Darf ich Sie kurz stören?«, sagte er. »Ich werde demnächst hierher ziehen.« Er deutete auf die Häuser mit den »Verkauft«-Schildern. »Und ich möchte meine Milch geliefert bekommen. Ich habe bereits mit . . . wie hieß er doch gleich . . . ach, ich bin einfach hoffnungslos, was Namen angeht . . . Hausnummer 25 . . .«

»Mr Wooderson.«

»Genau, Mr Wooderson«, stimmte Paul zu. »Er riet mir mich an Sie zu wenden. Können Sie mir eine Telefonnummer oder so geben, damit ich mich zu gegebener Zeit mit Ihnen in Verbindung setzen kann?«

Paul kramte einen Notizblock hervor und schrieb sich die Telefonnummer des Milchlieferanten auf. Dann bedankte er sich und ging mit einem zufriedenen Grinsen zu seinem Auto zurück.

Jetzt hatte er den Namen, auch wenn er ihm leider nichts sagte.

Es kam ihm wie eine Ewigkeit vor, bis endlich der weiße Mondeo aus der ordentlich aufgeräumten Garage fuhr. Pauls Beine schmerzten, sein Rücken schmerzte, sein Kopf tat ihm weh und er hatte die ganze Nacht über nicht geschlafen. Er war unrasiert und seine Bartstoppeln kratzten. Unter diesen Umständen war es nicht schwer, die Rolle eines Kranken zu spielen. Er fühlte sich schrecklich. Aber er war auch zuversichtlich. Die Dinge entwickelten sich so, wie er es wollte.

Kapitel 44

Kyle, dem noch immer alle Glieder wehtaten, holte tief Luft und ging auf das Labor zu, in dem Max arbeitete. Es war das transatlantische Gegenstück zu Lab 47. Enttäuscht blieb er stehen. Die Tür hatte ein Sicherheitsschloss mit einem Tastenfeld, aber leider kannte er die Zahlenkombination nicht. Er schaute den Gang entlang in der Hoffnung, dass jemand, der den Code kannte, vorbeikam. Aber auf dem Korridor des sechsten Stockwerks war niemand zu sehen. Die Tür hatte auch kein Fenster, durch das er in das Innere des Labors hätte schauen können. Er schritt den Gang auf und ab, überlegte, was er tun sollte, und versuchte in seinem einmal gefassten Entschluss nicht ins Wanken zu geraten.

Innerhalb weniger Minuten tauchte ein Wachmann auf. Er hatte die Statur eines Football-Spielers, der sich mit Stereoiden voll pumpte. »Ja?«

Kyle war die Überwachungskamera gar nicht aufgefallen. »Ich muss in das Labor, um mit Max Levine zu reden«, sagte er und nannte dem Wachmann seinen Namen.

»Haben Sie den Code?«

»Nein.«

»Wenn sie den Code nicht haben, dann kommen Sie auch nicht rein«, erklärte der Mann. »Selbst wenn Sie Prinz Charles persönlich wären. Kein Code, kein Zugang.«

»Ich werde Ihnen sagen, was ich habe. Ich habe die persönliche Erlaubnis Mr Lockharts.«
»Mr Lockharts?«
»Ja, Mr Lockharts, des Präsidenten dieser Firma. Sie können es gerne überprüfen.«
Der Wachmann sprach in sein Funkgerät. Während er auf eine Antwort wartete, fragte er: »Hey, Sie kommen aus England, nicht wahr?«
Kyle nickte. Er bemühte sich ruhig zu bleiben und lächelte unbeholfen.
»Sind Sie –«
»Nein.«
Der Wachmann lauschte in sein Funkgerät, dann antwortete er: »Ja, geht in Ordnung.« Er nickte Kyle zu und sagte: »Sie haben Recht. Mr Lockharts Büro hat es mir gerade bestätigt.« Er drückte einige Tasten in dem Zahlenfeld, wobei er darauf achtete, sich so hinzustellen, dass Kyle nicht sehen konnte, welche es waren. Dann hielt er respektvoll die Tür auf. Es beeindruckte ihn, dass der junge Engländer das Vertrauen des obersten Chefs zu haben schien. »Einen schönen Tag noch.«
Kyle bezweifelte zwar, dass dieser Wunsch in Erfüllung gehen würde, aber er erwiderte: »Danke schön.«
Als Kyle das große, fensterlose Labor betrat, blickte Max auf. Die Überraschung auf seinem Gesicht wich einem breiten Grinsen. Er deutete auf Kyle und sagte: »Hat es diesmal *dich* erwischt? Na, wenn das kein schönes Veilchen ist!«
Kyle ging auf Max zu. »Ja«, antwortete er brüsk. Er war nervös und gereizt, aber auch entschlossen, Max zu stellen. Das abgeschottete Labor mochte zwar nicht unbedingt der

geeignete Ort dafür sein, aber das ließ sich nicht ändern. Kyle schluckte schwer und sagte: »Ich weiß Bescheid.«

»Wie bitte?«

»Ich weiß, dass du Arnold Schwarzenegger warst – der Einzige, der kein Wort gesprochen hat, weil ich womöglich seine Stimme erkannt hätte.«

Max sah ihn verblüfft an. Dann schaute er sich im Labor um, als wolle er seine Kollegen gegen einen irren Eindringling um Beistand bitten. Er legte das Skalpell, das er in der Hand hielt, weg und sagte: »Wovon redest du überhaupt?«

»Ich rede von deinem Ei, von SZP 19, deiner Aktion in Memphis und den Männern, die mir am Montag in meinem Apartment einen Besuch abgestattet haben.«

Max sah ihn verärgert an. »Hast du eine Gehirnerschütterung oder so? Du redest wirres Zeug.«

Mit dem gleichen Mut, der ihn auch in Tristan Lockharts Büro geführt hatte, erwiderte Kyle: »Du hast das SZP 19 genommen und es in ein Ei injiziert.«

Max schüttelte enttäuscht den Kopf. »Nach all dem, was ich für dich getan habe . . .«

»Du hast mir geholfen mich hier einzugewöhnen. Dafür bin ich dir dankbar. Aber ich kann es nicht zulassen, dass du . . .«

»Du kannst es nicht zulassen, dass ich – was?«

Noch vor kurzem hatte Kyle Max' üppige Koteletten als Zeichen männlicher Exzentrik eingestuft, doch nun kamen sie ihm nur noch lächerlich vor. Auch die Verehrung des großen weißen Elvis war ihm harmlos erschienen – aber jetzt sah er sie als eine düstere Verherrlichung der guten alten Zeiten weißer Vorherrschaft. Er schluckte. »Du bist ein Rassist und sonst gar nichts. Ich kann nicht zulassen, dass du durch die Gegend läufst und Leute vergiftest.«

»Hör zu, das ist weder der richtige Ort noch der richtige Zeitpunkt. Ich habe noch sehr viel Arbeit zu erledigen. Warum kommst du nicht heute Abend zu mir nach Hause? Meine Wohnung ist ganz in der Nähe. Dann können wir die Sache klären – oder dich bei einem Seelenklempner anmelden.« Er schrieb seine Adresse auf einen Zettel und reichte ihn Kyle. »Sagen wir acht Uhr? Bis dahin bin ich hier fertig.«
Kyle nahm an, dass Max sich auf nichts anderes einlassen würde. »Einverstanden«, sagte er.

Gerade als Shadow seine Trauerbotschaft für Nathan McQueen an dessen Website geschickt hatte, kam eine weitere E-Mail herein. Bevor Mc Queens Website zum Absturz gebracht wurde, konnte Shadow gerade noch die anonyme Nachricht lesen, in der von einem Pharmazie-Unternehmen namens Yttria die Rede war, das für die Katastrophe von Memphis verantwortlich gemacht wurde. Es war nicht nur eine mysteriöse Krankheit. Es war auch nicht nur Pech. Es war ein bewusster Anschlag auf Schwarze, die die Erbanlage zur Sichelzellenanämie hatten. Shadow verstand nichts von dem biotechnischen Zeug, um das es in der E-Mail ging, aber er erkannte das Böse, wenn er ihm begegnete.
Er hatte mit angesehen, wie seine Mitbrüder einer nach dem anderen zusammengebrochen waren wie Fliegen unter dem Insektenspray. Sogar diejenigen, die ihm im Park beim Gitarrespielen zugehört hatten. Auch er war dem Gift ausgesetzt gewesen. Da er nicht krank geworden war, brauchte er nicht erst einen Bluttest, um zu wissen, dass er dieses Gen nicht hatte. Körperlich ging es ihm gut, doch seine Seele litt. Nachdem er die anonyme Nachricht gelesen hatte, wusste er, was er zu tun hatte. Seine Brüder vertrau-

ten ihm. Also machte er sich auf nach Atlanta. Bald würde Shadow dort ebenso bekannt sein wie in Memphis.

Kapitel 45

Alles lief gut, doch dann verlor Paul den Mondeo im dichten Verkehr aus den Augen. Wütend schlug er gegen das Lenkrad und fluchte. Und jetzt? Der Faden, der ihn zu den Leuten führen sollte, die Helen auf dem Gewissen hatten und die vermutlich auch ihn töten wollten, war abgerissen. Ihm blieb nichts anderes übrig, als einen Schuss ins Blaue zu wagen. Paul blinkte rechts, scherte aus und fuhr in Richtung YPI.

Auf dem Parkplatz vor dem durch einen Zaun abgesicherten Firmengebäude standen viele Fahrzeuge. Paul stolperte im Zickzack durch die Reihen. Er nahm an, dass er von einer Überwachungskamera aufgenommen wurde. Es würde nicht lange dauern, bis die Sicherheitskräfte auftauchten, um ihn zu kontrollieren, aber das war ihm egal. Er durfte nur nicht vergessen seine Rolle zu spielen. Obwohl er lieber zielstrebig den Parkplatz abgesucht hätte, musste er sich mit langsamen, schlurfenden Schritten vorwärts bewegen, Pausen einlegen und nach Luft schnappen wie jemand, der sich kaum noch auf den Beinen halten konnte.

In der Nähe des Eingangs stand eine junge Frau in ausgewaschener Jeanskleidung und machte Fotos. Paul schaute ihr für einen Augenblick zu. Er hielt sie für eine Fotografin, möglicherweise für eine Kunststudentin, die Aufnahmen von Industriekomplexen machte. Es würde nicht lange dau-

ern, bis man sie wegscheuchte, Kunstprojekt hin oder her. Als sie den Apparat sinken ließ, erkannte er sie. Sie war auf Helens Beerdigung gewesen. Was tat sie hier? Fast war er versucht zu ihr hinüberzugehen, um mit ihr zu sprechen, aber er durfte einfach keine Zeit verlieren.
Paul setzte seine Suche fort, aber weil er den Kranken spielen musste, blieb sie erfolglos. Nach kurzer Zeit schon tauchten drei Wachleute auf, umringten ihn, fragten nach seinem Namen und wollten von ihm wissen, was er auf dem Parkplatz zu suchen hatte. Sie forderten ihn auf sie zum Büro des Werkschutzes zu begleiten. Auf dem Weg dorthin kamen sie an einem weißen Mondeo vorbei. *Dem* weißen Mondeo. Paul unterdrückte ein triumphierendes Lächeln und setzte stattdessen eine schmerzvoll verzerrte Miene auf. Seine Vermutung war richtig gewesen.
Am Werkstor scheuchte man gerade die geheimnisvolle Frau vom Gelände. Bevor sie ging, machte sie noch eine Aufnahme von Paul und seinen Begleitern.
Im Büro der Wachleute ließ Paul sich keuchend auf den Stuhl fallen, den sie ihm hinschoben.
»Und nun noch mal von vorn. Was machen Sie hier?«
»Ich habe einen Termin bei Mr Urling-Clark.«
»Hmm. Wir werden das überprüfen.« Der Wachmann sah zu seinem Kollegen hin, der am Computer saß und schließlich bestätigte: »Ja, da ist ein Treffen für zwei Uhr vorgemerkt.«
Der Wachmann sah auf seine Uhr und bemerkte spöttisch: »Da sind wir aber ein bisschen früh dran, was?«
»Zwei Uhr?«, wiederholte Paul mit gespielter Überraschung. »Ich dachte, der Termin wäre um neun.«
Der Wachmann fragte höhnisch grinsend: »Und was hatten Sie auf dem Parkplatz zu suchen?«

Paul beschloss ein wenig Schwung in die Sache zu bringen. Statt auf die Frage zu antworten, sagte er: »Ich möchte Mr Wooderson sprechen.«
»Mr Wooderson?«
»Genau.«
»Warum?«
»Weil er Ihnen vielleicht sagen kann, was ich auf dem Parkplatz zu suchen hatte.«
»Haben Sie einen Termin mit ihm vereinbart?«
»Der Termin ist jetzt«, sagte Paul. Er legte seine Hand in den Nacken und stöhnte leise.
Den Wachmann kümmerte Pauls scheinbar schlechte Verfassung wenig. »Kennen Sie unseren Sicherheitschef?«
»Oh ja«, sagte Paul. »Ich weiß viel über ihn. Sagen Sie ihm das.«
Der Wachmann sah ihn überrascht an. »Also gut. Ich frage nach, ob er im Haus ist.«
Paul ließ den Wachmann nicht aus den Augen, während dieser von einem Nebenzimmer aus telefonierte. Paul konnte zwar nicht hören, was gesprochen wurde, aber durch die geöffnete Tür sah er, wie der Wachmann nickte, sich nach Paul umdrehte, die Stirn runzelte. Seine Lippen formten die Worte: »Ja. Er sieht krank aus.« Dann war eine Pause, während er lauschte, was der Gesprächspartner am anderen Ende der Leitung zu sagen hatte. Schließlich legte er den Hörer auf und kehrte zu dem unliebsamen Besucher zurück.
»Mr Wooderson kann sie jetzt nicht empfangen. Er schlägt vor, dass sie das Gelände verlassen.«
»Warum?«
»Weil es keinen Grund für Sie gibt, hier zu sein.«
»Ich kann doch hier warten bis zum vereinbarten Termin

mit Mr Urling-Clark. Sie könnten ihn natürlich auch fragen, ob er ihn nicht vielleicht vorverlegt.«

»Das ist reine Zeitverschwendung. Mr Wooderson lässt Ihnen ausrichten, dass der Termin am Nachmittag abgesagt ist.«

»Und warum?«

»Das hat er mir nicht gesagt und ich habe ihn nicht gefragt. Das Treffen findet nicht statt.«

»Warum meiden mich plötzlich alle?«

Der Wachmann zuckte die Schultern. Sein argloser Gesichtsausdruck sagte Paul, dass Wooderson ihn nicht eingeweiht hatte. Der Sicherheitschef hatte dem Mann nicht erzählt, dass er mit jemandem sprach, der eine Meningokokken-Infektion hatte. Der Grund dafür war klar: Wooderson durfte nicht zugeben, dass er von der Krankheit des Besuchers wusste. Um ganz sicherzugehen, bemerkte Paul: »Das ist ja gerade so, als hätte ich eine ansteckende Krankheit.«

»Davon weiß ich nichts.« Dem Wachmann war das Ganze peinlich und er wechselte das Thema. »Vielleicht ist der Termin ja nur verschoben. Wenn ich Sie jetzt also bitten dürfte . . .« Er machte mit beiden Armen eine Bewegung in Richtung Tür, so als würde er ein störrisches Lamm aus dem Stall hinaus aufs freie Feld scheuchen.

Mit einem Seufzer stand Paul auf und stolperte zur Tür. Jetzt wusste er etwas mehr. Zwar nicht alles, aber es war genug. Der nächste Schritt war klar.

Paul kehrte nicht ins Hotel zurück. Er wollte, dass man dort glaubte, er läge schwer erkrankt – möglicherweise dem Tode nahe – im Krankenhaus.

Kurz nachdem Mr Wooderson am Ende eines langen Arbeitstages nach Hause gekommen war, stand Paul schwankend vor seiner Haustür. Als der Sicherheitschef auf Pauls Klingeln hin die Tür öffnete, war sein Gesichtsausdruck beinahe sehenswert.

Paul setzte sofort den Fuß zwischen Schwelle und Tür und betrat mit scheinbar unsicheren Schritten, die Hand in den Nacken gepresst, die Diele des Hauses.

»Was . . .« Mr Wooderson machte einen Satz rückwärts.

»Ich muss sie einfach sprechen«, murmelte Paul, »bevor ich ins Krankenhaus . . . ha . . . ha . . . ha . . . ha . . .« Er brach ab und tat so, als müsse er gleich niesen.

Wenn der Sicherheitschef von YPI den Meningokokken-Anschlag geplant hatte, dann würde er auch wissen, dass die Krankheit durch Tröpfcheninfektion übertragen wurde. Als Paul einen akuten Niesreiz imitierte, zuckte Mr Wooderson entsetzt zurück. Sein hastiger Rückzug würde vor Gericht vielleicht nicht als Beweis gelten – Paul sagte er genug. Am anderen Ende der Diele tauchte Woodersons Tochter auf. Ihr Vater schrie aufgeregt: »Weg hier!«, und machte eine abwehrende Handbewegung.

Er weiß genau Bescheid, dachte Paul. Er weiß sogar, dass der Meningitis-Erreger bevorzugt junge Menschen befällt.

Paul schniefte. »Entschuldigung«, sagte er und lächelte. »Es war nur ein Niesreiz, aber er ist schon wieder vorbei, glaube ich. Sicher kommt er wieder, wenn ich es am wenigsten erwarte.« Er sah Mr Wooderson an und fügte hinzu: »Ich scheine Sie erschreckt zu haben. Wieso eigentlich?«

Wooderson wand sich vor Verlegenheit. »Tut mir Leid, ich war . . . nur sehr überrascht, das ist alles. Hören Sie, ich glaube nicht, dass Sie hier richtig sind . . .«

»Sie wissen, wer ich bin?«

»Dr. Turrell. Ich habe Sie bei Yttria gesehen. Damals waren Sie sehr erregt. Sie schrien herum, klagten alle möglichen Leute an. Und jetzt würde ich Sie wirklich bitten, nein ich muss darauf bestehen, dass Sie mein Haus unverzüglich verlassen.«

Paul ließ seinen Nacken los und hielt sich die Hand vor die Nase. Aber auch diesmal konnte er den Niesreiz scheinbar unterdrücken. »Warum wollen Sie mich unbedingt loswerden?«

»Wir . . . ähm . . . sind gerade beim Essen.«

Mir krächzender Stimme fragte Paul: »Was war in dem braunen Umschlag, den Sie gestern Abend dem Hotelangestellten in die Hand drückten? Bestechungsgeld wie bei einem korrupten Politiker?«

Mr Wooderson wurde noch steifer und sah noch beunruhigter aus als zuvor. »Ich . . . ähm . . .«

»Nennen Sie mir Urling-Clarks Adresse, solange ich mich noch auf meinen Beinen halten kann, dann werde ich Sie in Ruhe lassen.«

»Ja«, sagte Wooderson, mit einem Mal sehr erleichtert. »Er ist der Mann, mit dem Sie reden sollten, nicht ich.« Er ratterte die Adresse des Yttria-Managers herunter.

Paul hatte keine Mühe, sie sich zu merken, denn ironischerweise wohnte Urling-Clark in derselben Straße, in der auch Helen gelebt hatte. Paul sagte: »Danke. Und nun werde ich Sie allein lassen, damit Sie zu Ihrer Mahlzeit zurückkehren können. Wir wollen doch nicht, dass Ihr Essen kalt wird.«

Die Kirchenglocken dröhnten. Ihr gleichförmiger Klang drang in alle Winkel des Viertels. Es schmerzte Paul, an dem zerstörten Haus vorbeifahren zu müssen, in dem er nur so wenige Tage und Nächte, glückliche Tage und Nächte, hatte verbringen dürfen. Die eine Seite des Gebäudes wurde von einem Gerüst abgestützt, dessen Balken wie Knochen aus dem Fleisch ragten.

Er konnte zwar nicht vollkommen ausschließen, dass Wooderson mit Stuart Urling-Clark telefoniert hatte, doch er bezweifelte es. Bei dem Gespräch mit dem Sicherheitschef hatte er den Eindruck gewonnen, dass Wooderson darauf bedacht gewesen war, den schwarzen Peter an den Kollegen von YPI weiterzugeben. Er würde Urling-Clark wohl kaum warnen.

Bei den Urling-Clarks reagierte niemand auf Pauls Klingeln, aber der Nachbar von nebenan, der eines seiner Autos auf der Auffahrt vor dem Haus wusch, beäugte Paul misstrauisch.

Paul trat an den niedrigen Gartenzaun. »Wissen Sie, wo ich Stuart finde? Ich bin von YPI und soll mich mit ihm zu einem Gespräch außerhalb der Geschäftszeit treffen.«

Der Mann nickte. Dass Paul YPI erwähnte und den Vornamen seines Nachbarn kannte, schien ihn zu überzeugen. »Sie können ihn hören«, sagte er.

Paul schwieg. Es dauerte ein paar Sekunden, bis er begriff. »Die Glocken?«

»Stuart wird mit seiner Frau in der Kirche sein. Sie sind ganz versessen aufs Wechselläuten«, erklärte der Nachbar.

»Danke.« Paul war nicht in der Stimmung für geistreiche Plaudereien über Glockengeläut. Er stieg in seinen Wagen und fuhr rückwärts die Straße entlang, ein zweites Mal an Helens Haus vorbei. Ihn beschäftigte ein Gedanke. Wie konnte ein religiöser Mann einen Komplott gegen Brandon Fleetwood, Helen und ihn selbst schmieden? Wie rechtfer-

tigte er die Todesfälle in Westland? Wie konnte er sich an der Entwicklung einer so aggressiven Waffe beteiligen? Was war das für ein Christentum, was für eine merkwürdige Art der Nächstenliebe?
Froh, dass die Glocken endlich schwiegen, betrat Paul die dämmrige Kirche. Er hatte die Urling-Clarks nie gesehen und doch erkannte er sie sofort. Ihr Stil verriet sie. Urling-Clark trug Stoffhosen, Strickjacke und eine gemusterte Krawatte. Die Kleidung seiner Frau war unauffällig – nur nichts Gewagtes, nur nichts Auffallendes.
Die kleine Gruppe von Glockenläutern sah kurz zu Paul herüber, dann unterhielten sie sich weiter im Flüsterton. Mit gesenktem Kopf wartete Paul in der letzten Bankreihe.
Die Urling-Clarks waren die Letzten, die den Mittelgang entlangkamen. Als sie mit Paul auf gleicher Höhe waren, erhob er sich. Er stützte sich mit den Händen auf der Sitzbanklehne ab, so als könne er sich nur mühsam aufrecht halten. »Ich würde gerne mit Ihnen reden«, sagte er.
Urling-Clark verzog unwillig das Gesicht. »Wer sind Sie?«
»Paul Turrell.«
»Aber Sie sind doch . . .«
»Ja?«
Urling-Clark hatte sich rasch wieder im Griff. Er nahm die Hand seiner Frau und wich einige Schritte zurück. »Wir waren heute Nachmittag miteinander verabredet.«
»Ihr Sicherheitschef Mr Wooderson hat den Termin abgesagt. Ich bin sicher, er hat es Ihnen erzählt, und ich bin sicher, Sie waren damit einverstanden.«
Jetzt mischte sich Mrs Urling-Clark ein. »Ich weiß nicht, was hier vor sich geht, aber fühlen Sie sich vielleicht nicht wohl?«
»Es ist nichts«, sagte Paul mit einem Achselzucken. »Nur

Kopfschmerzen, ein steifer Nacken und leicht erhöhte Temperatur.« Im Geiste ging er sämtliche Symptome durch, an die er sich noch erinnern konnte.

Ohne auf Pauls Bemerkung zu reagieren, sagte Urling-Clark schroff: »Wir können uns ein andermal unterhalten. Wenn es Ihnen besser geht. Ich habe jetzt keine Zeit, und damit basta.«

»Wir werden *jetzt* miteinander reden«, entgegnete Paul. Dann fing er an zu husten, vergaß jedoch die Hand vor den Mund zu halten.

Sofort legte Urling-Clark seine Hand schützend über Mund und Nase. Er stolperte rückwärts, ließ die Hand seiner verblüfften Frau los und murmelte: »Wenn Sie uns weiter belästigen, rufe ich die Polizei.«

»Hier, bitte sehr.« Paul zog sein Handy aus der Tasche und streckte es Urling-Clark hin. »Ich bin gespannt, wie Sie ihr erklären, warum Sie sich nicht in meine Nähe wagen.«

»Sie haben Fieber, junger Mann, das sieht man doch«, sagte Mrs Urling-Clark, »und wir möchten uns nicht gerne bei Ihnen anstecken.«

»Sie haben mit Arzneimitteln zu tun«, sagte Paul. »Was, glauben Sie, habe ich mir da eingefangen? Eine Erkältung? Die Grippe? Ob da wohl ein Aspirin hilft?«

»Ich weiß es nicht. Wie sollte ich auch?«

»Aber warum weichen Sie dann zurück, so als hätte ich Lepra?«

»Hören Sie . . .«

»Es ist zu spät, es abzuleugnen. Ich habe Wooderson in die Mangel genommen und er hat mir alles erzählt. Wie sie Ihn gezwungen haben mitzumachen, all die schmutzigen Geschäfte . . .«

»Was meinen Sie mit ›Er hat Ihnen alles erzählt?‹ Wovon reden Sie überhaupt?« Sie waren inzwischen im Vestibül angelangt. Urling-Clark zog seine Frau mit sich. Vielleicht dachte er, dass er nur ein paar Stunden warten müsse, bis das Problem mit dem kranken Irren sich von selbst erledigte.

Paul folgte dem Ehepaar. »Sie haben nicht erwartet, dass Wooderson alles ausplaudern würde, nicht wahr? Soll ich Ihnen eine Liste der YPI-Verbrechen geben?«

»Ich habe nicht die geringste Ahnung, wovon Sie reden.« Urling-Clark packte seine Frau am Unterarm.

»Ich glaube, Sie haben Fieberphantasien«, sagte Mrs Urling-Clark beim Hinausgehen. »Sie sollten ein Krankenhaus aufsuchen.«

Aber Paul ließ sich nicht abschütteln. Er folgte ihnen nach draußen. Inzwischen dämmerte es bereits. Ungerührt redete er weiter.

»Ich habe Fingerabdrücke an der Zahnpastatube, ich habe gesehen, wie Wooderson seinen Handlanger bezahlt hat, und ich habe Woodersons Aussage, wer die Befehle gab. Die Spur endet bei Ihnen.«

»Was Sie da faseln, ist blanker Unsinn«, sagte Urling-Clark, der starr geradeaus blickte und sich auf den Heimweg machte. »Was wollen Sie überhaupt?«

»Für den Anfang reicht mir eine Anzeige wegen Mordes und versuchten Mordes. Ich könnte mich allerdings dazu durchringen, nicht zur Polizei und zur Presse zu gehen, wenn das SZP-19-Projekt gestoppt wird.« Das war es ja gewesen, was Helen in erster Linie erreichen wollte.

»Sie sind wahnsinnig«, murmelte Urling-Clark. »Komplett verrückt.«

Ja. Vielleicht war er verrückt. Trotz seiner vor Urling-Clark zur Schau getragenen Selbstsicherheit fehlte Paul noch immer ein konkreter Beweis. Die einzigen Indizien waren die verschreckten Reaktionen Woodersons und Urling-Clarks. In Pauls Augen deutete das auf ihre Schuld hin, ein Beweis war es nicht. Es war ihm nicht gelungen, einen der beiden dazu zu bringen, sich zu verraten und die Krankheit eindeutig zu benennen.

Für den Moment hatte Paul seine Karten ausgereizt. Doch der Tag war noch nicht vorüber und er hatte noch eine Aufgabe zu erledigen.

Kapitel 46

Kyle war nicht dumm. Ihm war klar, dass es sich um eine Falle handeln konnte. Doch er hatte keine andere Wahl. Es war kurz vor acht Uhr und er stand vor dem Apartment, das Max in dem mehrgeschossigen Wohnkomplex ganz in der Nähe von Yttria im Westen des Stadtzentrums bewohnte.

Er hörte von drinnen irgendeinen Rock-'n'-Roll-Sänger. Es konnte Elvis sein, ganz sicher war sich Kyle aber nicht. Als er die Wohnung betrat, stellte er erleichtert fest, dass es nicht die Höhle eines Löwenrudels war. Max war allein. Das Fenster hinter ihm gab den Blick frei auf den Centennial Olympic Park und die CNN-Zentrale.

Max drehte die Musik zwar leiser, ließ sie jedoch weiterlaufen. Dann holte er für Kyle eine Flasche Bier aus dem Kühlschrank. Nachdem sie sich hingesetzt hatten, nahm Max ei-

nen Schluck von seinem Bier und sagte: »Ich habe dir vertraut. Du hast einen Bruder verloren. Du weißt, wie das ist.«
Kyle sah ihn verblüfft an. »Was hat das damit zu tun?«
»Alles.«
»Ich weiß nicht, was du meinst«, sagte Kyle.
»Du scheinst überzeugt davon zu sein, dass ich die Beale Street mit SZP 19 verseucht habe. Zuerst wollte ich es abstreiten, doch dann dachte ich mir: Warum eigentlich? Ich habe es für Shannon getan. Ich habe es für den Nigger getan, der Shannon getötet hat. Ich schäme mich nicht dafür, ich bin sogar stolz darauf.«
»Shannon? Deine Schwester?«
Max nickte.
»Sie starb auf der Straße, hast du gesagt. Was meintest du damit? Ist sie von einem Schwarzen ermordet worden?«
»So ungefähr. Sie war noch ein Kind – sechzehn – und er hat sie drogenabhängig gemacht. Dann musste sie für ihn anschaffen gehen, auf der Straße. Dort starb sie auch.«
»Das ist . . .« Kyle fand nicht die richtigen Worte, sein Entsetzen zum Ausdruck zu bringen. »Das ist furchtbar, aber . . .« Er schüttelte den Kopf. »Ich kann keinen Krieg gegen Autofahrer führen, nur weil einer einen Unfall verursacht hat. Du kannst nicht eine ganze Rasse mit deinem Hass verfolgen, nur weil einer von ihnen ein Verbrecher ist.«
Max wurde wütend. »Du denkst, er ist der Einzige? Mann, da hast du aber noch viel zu lernen! Wer, glaubst du, steckt hinter den vielen Verbrechen hier? Wer sind die Straßenräuber und Mörder, die Schieber und Zuhälter? Ich habe es getan, um es Leuten wie Shadow heimzuzahlen. Ich wehre mich gegen die Welle schwarzer Gewalt, schwarzer Verbrechen, schwarzer Drogen. So einfach ist das.«

Kyle, der sein Bier noch nicht angerührt hatte, sagte: »Hast du denn gar keine . . . Schuldgefühle?«
»Nein. Wir leben in einem Land der Freiheit. Ich habe nur für Gerechtigkeit gesorgt. Es ist ein gutes Gefühl, die eigenen Rechte zu wahren.« Max konnte nicht verstehen, warum Kyle den moralischen Anspruch hinter seiner Handlung nicht sah. »Was willst du mir denn sagen? Dass ich untätig zusehen soll?«
»Ich glaube, dass man das Gesetz nicht selbst . . .«
»Bist du etwa so etwas wie ein Fürsprecher der Schwarzen?«, unterbrach ihn Max.
»Nein, das bin nicht«, widersprach Kyle. »Ich bin auch kein Aktivist, ich bin nicht einmal sonderlich engagiert. Ich bin . . . ganz normal. Ich appelliere nur an die Menschlichkeit, das ist alles.«
»Die muss man sich erst verdienen. Manche verdienen sie nicht. Sie hocken in den Gefängnissen, sitzen in der Todeszelle – oder treiben sich noch auf den Straßen herum.«
Kyle konnte nicht glauben, dass er hier gemütlich in der Wohnung eines Rassisten, eines mehrfachen Mörders saß und mit ihm über die Vorteile genetischer Säuberungen diskutierte. Er sollte aufstehen und davonlaufen, schreien, die Polizei rufen.
Plötzlich kam ihm ein furchtbarer Gedanke.
»Hast du noch mehr solche Eier mit SZP 19?«
»Aber sicher.«
Kyle schluckte schwer. »Wie viele?«
»Vier«, sagte Max achselzuckend, so als spielte es keine Rolle, wie viele es waren. Er sah in Richtung Küche.
Sie sind im Kühlschrank, dachte Kyle. Wie Bier. Er starrte auf die Flasche in seiner Hand, die wie festgefroren war.

Max lachte. »Nein. In dem Bier ist nichts. Aber selbst wenn es so wäre, würde dir nichts passieren.«
Die CD war abgelaufen. Für Kyle war es eine willkommene Stille.
»Du musst mir die Eier mitgeben, damit ich sie wieder in die Firma zurückbringen kann«, sagte Kyle. »Dort gehören sie hin. Dort weiß man mit ihnen umzugehen.«
»Auf welchem Planeten lebst du eigentlich? Niemand gibt freiwillig seine beste Waffe her.«
»Es ist nicht richtig, Max.«
»Du bist neu hier. Du versteht das nicht.«
Kyle sprang auf und rannte in die Küche. Er lief zum Kühlschrank, kniete sich nieder und griff nach der einzigen Eierschachtel, die da stand. Als er wieder aufstand, erwartete er Max vor sich stehen zu sehen. Doch der saß immer noch im Wohnzimmer und hatte sich nicht vom Fleck gerührt. Auf seinem Gesicht lag ein ironisches Lächeln, er wirkte amüsiert und verwundert über das seltsame Verhalten seines britischen Gastes.
Kyle klemmte sich die Eierschachtel unter den rechten Arm, lief zur Tür und riss sie mit seiner linken Hand schwungvoll auf. Dann blieb er wie angewurzelt stehen.
Jack Nicholson, Frank Sinatra, George Bush und Bill Clinton versperrten ihm den Weg.
Von hinten nahm ihm Max die Eierschachtel weg. »Wie es scheint, hast du meine Freunde vergessen«, sagte er. »Willkommen zum Treffen der *Storm Force*.« Ruhig öffnete er die Box und nahm eines der todbringenden Eier heraus. Er hielt das kleine braune, ovale Ding zwischen Daumen und Zeigefinger. »Hübsch, nicht wahr? Stark und zerbrechlich zugleich.« Er ging hinüber zum Fenster.

»Nein!«, schrie Kyle.
Er wurde in die Mitte des Raumes gezerrt, dann schlug die Tür hinter ihm zu. Es klang endgültig.
Max öffnete das Fenster und schaute nach unten.
»Das machst du nicht«, sagte Kyle. »Dann wissen Sie nämlich, dass du es warst.«
Max lachte. »Du hast wirklich keine Ahnung vom Leben hier in Amerika. Überleg doch, wie viele Menschen in so einem hohen Gebäude wohnen. Hunderte. Es könnte jeder von ihnen gewesen sein. Außerdem, wer denkt schon an ein zerschelltes Ei auf dem Fußgängerweg, wenn plötzlich irgendwelche Schwarze krank werden?«
»Alle, denen ich es erzähle.«
»Aber du wirst nichts erzählen. Weißt du, es ist ganz leicht, hier oben einen Unfall zu haben. Nicht nur Eier können aus dem Fenster fallen.« Er streckte seine Hand, in der er das Ei hielt, zum Fenster hinaus.
Sich zu wehren hatte keinen Zweck. Nicht gegen fünf. Kyle hatte nicht die geringste Chance. Er musste seinen Verstand gebrauchen, nicht die Muskeln. Das war schon immer seine Stärke gewesen.
Er holte tief Luft. »Nein«, sagte er. »Alle werden es wissen, weil ich es ihnen bereits gesagt habe.«
»Wovon sprichst du, Kleiner?«, fragte Jack Nicholson scharf.
Kyle fühlte, wie ihm der Schweiß über Rücken und Wangen lief. »So dumm bin ich nun auch wieder nicht, dass ich nicht so etwas geahnt hätte . . .«
»Was?«
»Ich habe mich abgesichert.«
»Er blufft«, murmelte der falsche George Bush.
Max zog seine Hand zurück, legte das Ei aber nicht wieder

in die Schachtel zurück. »Ich bin wirklich sehr enttäuscht von dir, Kyle. Was hast du gemacht?«

»Es war gar nicht schwer. Es ist alles im Büro. Ich habe sämtliche Details über dich und SZP 19 in eine E-Mail-Nachricht verpackt, die mit einem Passwort geschützt ist. Heute Nacht versendet sie sich selbst an alle Computer von Yttria, an die Polizei, die Krankenhäuser von Atlanta und Memphis . . . Muss ich noch mehr sagen?«

Kyle war ein Chemiker. Von Computern hatte er nicht allzu viel Ahnung. Wie man eine E-Mail automatisch zu einer voreingestellten Zeit abschickte, wusste er nicht. Aber seit seinem Unfall arbeitete er am Computer. Max konnte glauben, dass Kyle genug davon verstand, um eine derartige Falle aufzubauen. In Wirklichkeit hatte Kyle bei Tristan Lockharts Sekretärin eine Nachricht hinterlassen, sodass dieser, wenn er am nächsten Morgen ins Büro kam, wusste, wohin Kyle am Abend zuvor gegangen war. Das war alles.

Er spürte einen schneidenden Schmerz, als sie ihm den Arm auf den Rücken drehten. Eine Stimme flüsterte in Kyles Ohr: »Es ist ein Bluff, nicht wahr?«

»Nein«, krächzte Kyle schmerzgequält.

Ein erneuter Ruck, der Schmerz nahm zu. »Das hast du wirklich gemacht?«

»Ja«, schrie er. »Ich kann es stoppen, wenn ich ins Büro gehe – mit den Eiern.«

»Ah, so sieht ist das also«, sagte Max und kam näher. »SZP 19 dafür, dass du die E-Mail löschst.«

»Ja.«

Betont langsam legte Max das Ei zurück in die Schachtel und nahm eine Tischlampe auf. Er schwenkte sie vor Kyles verzerrtem Gesicht auf und ab.

Kyles rechter Arm fiel schlaff an der Seite seines Körpers herab. Er schien nicht mehr in seiner natürlichen Stellung zu sein. Gebrochen war nichts, irgendetwas schien jedoch nicht mehr an seinem Platz zu sein. Der Schmerz war beinahe unerträglich, aber Kyle versuchte ihn zu ignorieren. Stattdessen kniff er die Augen zu, um sie vor dem grellen Licht zu schützen.
Plötzlich ging das Licht aus, als Max das Kabel aus dem Sockel der Lampe riss. Er hielt die defekte Lampe in der einen Hand und das Kabel in der anderen. Die zwei Drähte starrten heraus.
Kyle drehte seinen Kopf weg. »Nein!«
Die Männer hielten ihn fest. Einer packte seinen Kopf und hielt ihn ganz nah an die Metalldrähte.
»Du bluffst, nicht wahr?«
Kyle konnte nicht sagen, wer gesprochen hatte. Er starrte einzig und allein auf das Kabel.
»Also?«
»Es ist die Wahrheit«, stammelte er.
Die Drähte waren nur noch Zentimeter von seinem Gesicht entfernt. Sie mussten seine Haut gar nicht richtig berühren, oder den salzigen Schweiß, der Elektrizität so gut leiten würde. Auch so konnte ein Funke überspringen und einen Stromstoß durch seinen Körper jagen.
»Diesmal ist kein Mr Lockhart da, der durch die Tür hereinstürmt und dich rettet«, sagte Max. »Stimmt es wirklich?«
Es war schwer, nicht herauszuschreien, dass alles frei erfunden war. Es war schwer, sich zu konzentrieren. Doch sein Verstand sagte ihm, das er nicht aufgeben durfte, weil *sie* es waren, die blufften.
Ja! Natürlich. Max würde ihm keinen Stromschlag verset-

zen, denn dann würde der Strom auch die Männer treffen, die Kyle festhielten.

»Es stimmt«, sagte Kyle.

»In Ordnung«, erklärte Max und legte das Kabel weg. »Er sagt die Wahrheit.«

»Wirklich?«, fragte George Bush skeptisch.

Kyles Herz machte einen Satz, als er einen der Männer sagen hörte: »Okay, es wird ernst. Zieht ihm Hose, Schuhe und Strümpfe aus, schnallt ihn an den Stuhl und geht zur Seite.«

Die Zeit schien stillzustehen. Das Nächste, was Kyle mitbekam, war, dass man ihn an einen Stuhl fesselte. Vor ihm kniete der Jack Nicholson, die anderen waren zurückgewichen. Wie eine Schlange wand sich das Kabel direkt vor seinen bloßen Füßen.

»Keine Spielchen mehr. Hast du eine E-Mail geschrieben?«

»Ja.«

Er war sich nicht sicher, ob das Kribbeln in seinem Fuß bereits der Anfang war oder nur seiner Phantasie entsprang.

»Sicher?«

»Ja.«

Dann passierte es. Sein Kopf zuckte wild. Der Druck presste die Luft aus seinem Körper. Sein Herz und seine Lunge schienen zu bersten. Der Schock ließ ihn erstarren und er sank zurück in den Stuhl, bevor er nach hinten auf den Boden schlug.

»Na? Und das war nur die Fußsohle.« Sein Peiniger stellte sich vor ihn hin. Noch immer lag Kyle zusammengekrümmt auf dem Boden, noch immer war er an den Stuhl gefesselt, noch immer war er bei Bewusstsein.

Der Mann mit der Nicholson-Maske zeichnete mit den

Drähten die Konturen des nackten Beines nach, nur wenige Zentimeter von der Haut entfernt. »Stell dir vor, wie es etwas weiter oben sein wird.«

Atemlos starrte Kyle ihn an. Er konnte nicht sprechen, aber er stellte sich vor, wie sich das Gesicht hinter der Maske zu einem sadistischen Grinsen verzog. Dann glitt sein Blick wieder zu den hervorstehenden Drähten zurück.

»Also wie war das? Du hast eine E-Mail geschrieben, die sich automatisch versendet?«

Ein Stöhnen war zu hören. »Ahh.« Kyle erkannte es nicht als seine eigene Stimme.

»Das ist deine letzte Chance, Kleiner.«

Das Kabel berührte beinahe seinen Oberschenkel und trotzdem brachte Kyle den allerletzten Mut auf, zu nicken. Dann schlang er die Arme um seinen Oberkörper und bereitete sich innerlich auf die Qualen vor.

»Ich habe es euch ja gesagt«, sagte Max. »Er lügt nicht. Wir müssen mit ihm verhandeln.«

Der falsche Jack Nicholson stand auf, legte das Kabel zur Seite und ging zu den anderen.

Kyle nahm kaum wahr, was genau sie miteinander besprachen, aber so viel begriff er: Max sollte mit ihm in die Firma fahren und sich davon überzeugen, dass Kyle im Austausch gegen das restliche SZP 19 die E-Mail löschte. Schließlich arbeitete Max noch bei Yttria und konnte zu einem späteren Zeitpunkt, wenn Kyle nicht mehr da war, jede Menge von dem Zeug beschaffen.

Als Max den Stuhl, an den Kyle noch immer gefesselt war, aufstellte, wurde Kyle beinahe ohnmächtig. Ihm war schwindelig, er konnte weder sprechen noch die einzelnen Gliedmaßen seines Körper fühlen, denn der Schmerz war übermächtig. Seine künstlichen Fingerspitzen brannten wie Feuer, so als wären gerade erst die Nerven durchtrennt worden. Jemand schüttete ihm kaltes Wasser ins Gesicht. Das Klebeband an Armen und Beinen wurde abgerissen. Normalerweise hätte das sicher weh getan, aber Kyle war wie betäubt. Er fühlte nichts als ein leichtes Ziehen. Als er losgebunden wurde, fiel er seitwärts vom Stuhl herunter. Jemand lachte.

Auf dem Firmenparkplatz standen nur noch wenige Fahrzeuge. Nicht genug, um eine gute Deckung zu bieten, mehr als genug, um ein bisschen Spaß zu haben. Shadow lächelte. Er hatte einen schicken weißen Lexus entdeckt. Sein Lieblingsmodell. Er kniete sich im Dunkeln neben die Tanköffnung des Wagens. Auf seiner Stirn und seinen Armen glitzerten Schweißperlen. Wie Regen auf getöntem Glas rann ein Schweißtropfen über seine linke Wange und den muskulösen Hals bis unter sein altes, abgetragenes T-Shirt. Die Nacht war nicht heiß, aber er schwitzte vor Aufregung. Neben ihm stand seine Ausrüstung: ein Benzinkanister und eine Schachtel Streichhölzer.

Shadowtime. Er trat zurück und legte seine Benzinspur. Seine Finger umschlossen die kleine Schachtel. Langsam holte er ein Streichholz hervor. Eine einzige Handbewegung, ein kurzes Drehen des Handgelenks genügte und eine anmutige gelbe Flamme schoss empor. Shadow spürte ein erwartungsvolles Kribbeln. Sein Herz schlug schneller. Er ließ das brennende Streichholz fallen. Ungeduldig leckte das Benzin nach der Flamme und nahm Shadows Geschenk des Lebens in sich auf.

Lautlos, fast tänzelnd glitt die Flamme die Straße entlang

auf das weiße Auto zu. Die gelben Finger des Feuers griffen nach dem Fahrzeug, schmolzen den Lack, verweilten für einige Sekunden bei dem durchtränkten Lappen, der aus der Tanköffnung ragte, und fraßen sich dann ins Innere des Tanks.

Die Zeit stand still. Das war der Augenblick, den Shadow ersehnte. Die Flammen stiegen in die dunkle Nacht und holten sich noch mehr Sauerstoff als Nahrung. Nach einem wundervollen Moment der Stille barsten die Fenster und das Fahrzeug wurde hoch in die Luft geschleudert. Eine Stichflamme schoss empor und erhellte den nächtlichen Himmel. Den Bruchteil einer Sekunde später verspürte Shadow die unnatürliche Hitze, die wie eine Welle über ihn hinwegfegte, während er hinter einem anderen Auto in Deckung ging. Das war es, wofür er lebte. Um Nathan und all die anderen zu rächen. Seine Waffe war das wundervolle Feuer. Und der Lexus war nur der Anfang.

Shadow versteckte auch noch die Reisetasche unter dem Auto. Als er die Wachleute hörte, schlich er sich fort. Es war an der Zeit, sich dem Gebäude, auf dem in großen Lettern *Yttria Pharmaceuticals Inc.* stand, zuzuwenden. Wenn die Wachmänner erst einmal mit dem brennenden Auto beschäftigt waren, konnte er über den Zaun klettern und das Firmengelände betreten. Bei all den lauten Rufen und dem bald zu erwartenden Heulen der Sirenen würde niemand es hören, wenn Shadow eine Fensterscheibe einschlug. Niemand würde bemerken, dass er in das Gebäude einstieg.

Auf dem Parkplatz herrschte Aufruhr, als Kyle und Max dort ankamen. Ein Vandale hatte das Auto eines Nachtschichtarbeiters in Brand gesetzt. Aber vielleicht war das gar nicht schlecht. Eine einzige Wache war noch am Torhäuschen postiert. Sie schien nicht zu bemerken, dass Kyles Schritte unsicher waren und er leicht abwesend wirkte. »Haben Sie die Erlaubnis für Nachtarbeit, Mr Proctor?«, fragte er.

»Ähm . . .«

Max sah etwas verschreckt drein und beeilte sich zu sagen: »Ich glaube, Sie . . .«

»Oh, ist schon Ordnung«, unterbrach ihn der Mann und blickte von seinem Bildschirm hoch. »Sie sind hochgestuft worden, Mr Proctor. Jetzt können Sie jederzeit so gut wie überall hingehen.«

Alle drei sahen nach draußen, wo das Feuer den nächtlichen Himmel erhellte. Heulende Sirenen durchschnitten jäh die Stille.

»Ha! Übles Pack!«, murmelte der Wachmann. Er öffnete das Tor für die beiden Mitarbeiter. »Eine gute Nacht noch.« Er war so abgelenkt von dem Feuer auf dem Parkplatz, dass er ganz vergaß Max Levines Tasche zu kontrollieren.

Kapitel 47

Es war Nacht und Paul spürte, wie ihn eine Welle der Müdigkeit überkam. Es war nicht nur der Mangel an Schlaf, es war die dauernde Anspannung. Um zu verhindern, dass er ungewollt einschlief, hatte er die Wärme seines Wagens verlassen und war zur Rückseite von Woodersons Haus geschlichen, wo ein kalter Wind ihn wach hielt. Wenn heute Nacht etwas passieren würde, dann sicher nicht vor dem

Haus, unter dem hellen Licht der Straßenbeleuchtung, wo nachtschwärmende Nachbarn alles beobachten konnten.
In der hintersten Ecke des Gartens befand sich eine Rabatte mit Sträuchern. Paul setzte sich zwischen die Büsche auf den nass-kalten Boden und wartete. Ihm war langweilig. Schließlich war es halb drei Uhr morgens und nichts war geschehen – abgesehen von einem vorwitzigen Igel, der über den Rasen getrippelt kam. Vielleicht hatte Urling-Clark den Köder nicht geschluckt. Vielleicht glaubte er nicht, dass Wooderson sich gegen ihn gestellt hatte. Aber Paul folgte seinem Instinkt. Er nahm an, dass Urling-Clark zuschlagen würde, wenn er sich in die Enge gedrängt fühlte. Paul wusste nicht so genau, worauf er wartete, aber was immer es auch war, es zielte darauf, dass Wooderson in Zukunft keine Bedrohung mehr war.
Paul gähnte und sah hoch, als etwas über seinen Kopf hinwegflog. Ein Vogel vielleicht oder eine Fledermaus.
Dann hörte er ein Geräusch. Es waren keine Schritte, nur ein leises Klicken am hinteren Gartentor. Es hätte auch eine Katze oder der Wind oder sonst irgendetwas sein können, aber Paul glaubte, dass es ein Mensch war. Er hielt den Atem an.
Eine Gestalt tauchte an der Ecke des Hauses auf. Der Mann trug eine Tasche und bewegte sich vollkommen lautlos. Vor der Hintertür kniete er sich hin und stellte die Tasche neben sich ab. Dann zog er etwas heraus und begann am Türschloss herumzufummeln.
Paul strengte seine Augen an und wartete. Er duckte sich hinter die Büsche, wo er nicht entdeckt werden konnte, und sagte sich, dass nur er sein lautes Herzklopfen und seinen unregelmäßigen Atem hören konnte.

Der Mann mit den kurzen silberfarbenen Haaren steckte etwas zurück in seine Hosentasche, zog einen anderen Gegenstand hervor und machte weiter.
Drei, vielleicht auch vier Minuten vergingen, aber für Paul war es eine halbe Ewigkeit. Dann hörte man ein leichtes Klicken und der Eindringling erhob sich wieder. Vorsichtig drückte er die Tür auf und ging mit seiner Tasche in die Küche hinein.
Nein, keine Tasche. Als der Mann sich umwandte, sah Paul, was er bei sich trug. Es war ein Kanister.
Natürlich. Das war's. Im selben Augenblick wusste Paul, dass er den Brandstifter beobachtete, der das Feuer im Krankenhaus gelegt und der vermutlich auch Helens Zentralheizung manipuliert hatte. Paul holte tief Luft und bemühte sich ruhig zu bleiben. Leise schlich er zum Haus hin.
Im Inneren besprenkelte der Hotelangestellte beim schwachen Licht einer Taschenlampe Gang, Vordertür und Küche mit Benzin. Nicht unbedingt das, was zu einem Zimmerservice gehörte! Vor kurzem erst hatte dieser Mann in einem gemütlichen Pub von Wooderson Geld entgegengenommen und jetzt plante er ihn in seinem eigenen Haus umzubringen!
Paul wusste, dass er nicht viel Zeit hatte, um sich zu entscheiden. Der angeheuerte Attentäter konnte jeden Augenblick ein Streichholz anzünden und aus der Küche gerannt kommen. Dann war es zu spät, um die Familie, die im ersten Stock schlief, zu alarmieren. Aber wenn Paul jetzt einfach ins Haus stürmte, würde er dem Brandstifter am Ende noch in die Hände spielen. Vermutlich würde der die Gelegenheit nutzen und Paul wie die anderen anderen zum Schweigen bringen. Wenn die Meningitis es nicht schaffte, dann viel-

leicht das Feuer. Der Profi würde möglicherweise sogar Paul als den Täter hinstellen, der sich an dem Sicherheitschef rächen wollte, und sich dabei selbst ins Jenseits befördert hatte.

Paul fluchte leise. Er war für diesen Schlamassel verantwortlich und musste schleunigst etwas unternehmen. Nur was? Für diese Art von Arbeit war er nicht aus dem richtigen Holz geschnitzt. Er wusste alles über die heftigen chemischen Reaktionen, die das Haus der Woodersons in Asche legen würde, aber er wusste nicht, wie er es verhindern konnte.

In der Diele des Hauses machte sich der Mann jetzt am Stromverteiler zu schaffen. Dann ging er weiter zu einer Lampe. Er hielt etwas in seiner Hand, einen Schraubenzieher, und fummelte an den Elektrokabeln herum.

Natürlich! Er hatte eine Zeitschaltuhr angeschlossen. Ein Profi wie er würde doch nicht mit einem Streichholz arbeiten. Der Attentäter mit den silberfarbenen Haaren würde weit weg vom Schauplatz seines Verbrechens sein, wenn die Zeitschaltuhr die Lampe einschaltete und das defekte Kabel einen Funken versprühte, der dann das Feuer auslösen würde. In Helens Haus war es dasselbe gewesen. Die automatische Zeitschaltung des Heizungssystems hatte die Explosion ausgelöst.

Rasch verzog sich Paul in sein Versteck hinter den Büschen. Er konnte es sich leisten, zu warten, bis der Attentäter weggegangen war. Er musste keine Konfrontation riskieren. Wooderson würde den Mann später identifizieren können. Abgesehen davon ging es Paul um die dicken Fische. Aber wie lange würde es dauern, bis der Funke flog? Wie viel Zeit hatte er noch? Sekunden, Minuten oder Stunden? Nein, nicht Stunden. Bis dahin hatte sich das Benzin verflüchtigt.

Je länger die Verzögerung, desto wahrscheinlicher war es auch, dass einer der Familie aufwachte, den Benzingeruch wahrnahm und die anderen weckte. Paul hatte bestenfalls Minuten, um an den Timer zu kommen und ihn auszuschalten.

Zu seinem Schrecken sah Paul, dass die dunkle Gestalt, die aus dem Haus kam, sich erneut am Türschloss zu schaffen machte. Der Brandstifter wollte sicherstellen, dass die Woodersons in ihrem Haus eingeschlossen waren.

Sobald der Mann sich davongeschlichen hatte, kam Paul aus seinem Versteck hervor. Wie er erwartet hatte, war die Hintertür verschlossen. Er hatte keine Zeit, um lange zu überlegen. Hastig sah er sich nach einem Stein um. Nichts. Stattdessen nahm er all seinen Mut zusammen und trat in der Nähe des Knaufs gegen die Tür. Sein Fuß wurde abrupt abgebremst. Die Tür hatte dem Angriff widerstanden, aber der Lärm war sicher im ganzen Haus zu hören gewesen. Doch darum musste Paul sich keine Sorgen machen. Er würde die Woodersons ohnehin aufwecken.

Bei seinem zweiten Versuch gab es einen heftigen Ruck, doch die Tür gab noch immer nicht nach. Paul stöhnte vor Anstrengung, als er all seine Kraft zusammennahm und ein drittes Mal gegen die Tür trat. Diesmal gab die Tür nach und fiel krachend nach innen gegen eine Wand. Er rannte in die Küche. Das war der gefährlichste Moment. Falls die Zeitschaltuhr jetzt die Lampe einschaltete, würde es einen unglaublichen Funkenregen geben und Paul würde mit in die Luft gejagt werden.

Jemand rief von der Treppe herab: »Was geht hier vor?«

Paul beachtete es nicht. Er rannte in die Diele hinaus, öffnete den Verteilerkasten und unterbrach die Hauptstromleitung. Um ganz sicherzugehen, entfernte er auch noch den Timer und zog den Stecker aus der Steckdose.

»Was zum Teufel . . .«

Paul schaute auf. Auf der untersten Stufe der Treppe stand Mr Wooderson in einem Morgenmantel. Er streckte seine Hand nach dem Lichtschalter aus.

»Nein!«, rief Paul voller Angst. »Nicht einschalten. Riechen Sie nichts?«

»Benzin«, murmelte Mr Wooderson.

»Ja«, erwiderte Paul und kam auf die Füße. »Benzin. Lassen Sie die Lichter aus. Sonst explodiert es.«

»Was ist passiert?«, fragte Wooderson, der noch immer etwas verschlafen klang.

»YPI revanchiert sich dafür, dass Sie mit mir gesprochen haben.«

Eine Weile sagte Wooderson nichts. Er versuchte einen klaren Gedanken zu fassen, bemühte sich zu begreifen, was geschehen war. Schließlich sagte er: »Jemand hat versucht uns im Schlaf zu ermorden.«

»Urling-Clark.«

Der Schock verjagte auch noch die letzte Müdigkeit. »Vielleicht waren Sie es selbst.«

»Welchen Grund hätte ich dann, hier einzudringen und die Sache zu unterbrechen?«

Mr Wooderson schüttelte fassungslos den Kopf.

»Verständigen Sie die Polizei«, befahl Paul.

Vom ersten Stock war eine weibliche Stimme zu hören. Wooderson sagte: »Einen Augenblick bitte.« Er stieg die Treppe hinauf, aber schon nach einer Minute war er wieder da.

Sicher hatte er seiner Frau und seiner Tochter gesagt, sie

sollten aufstehen und, ohne Licht zu machen, das Haus verlassen. Er wollte, dass sie zu einem Nachbarn gingen – weg von einem möglichen Feuer und von einer Meningitis-Infektion.

Eilig rissen die beiden Männer sämtliche Fenster und Türen auf und schufen Durchzug, damit das Benzin sich verflüchtigen konnte. Dann warteten sie auf der menschenleeren Straße vor dem Haus.

»Ich habe Urling-Clark gesagt, dass sie ihn verpfiffen haben«, gestand Paul.

»Oh?« Wooderson war noch immer misstrauisch.

»Ja. Er hat Ihren Freund mit den silbernen Haaren zu Ihnen geschickt, zusammen mit einem Kanister Benzin. So viel hält er von Ihnen – und Ihrer Familie.«

Wooderson blieb auf Abstand. »Entweder ich muss Ihnen eine verpassen oder ich muss mich bei Ihnen bedanken. Ich weiß nur nicht, was von beiden.« Nach einer Weile fügte er hinzu: »Niemand bedroht meine Familie. Niemand.«

In der Ferne war das Heulen der Sirenen zu hören.

»Erzählen Sie der Polizei, was Sie wissen«, sagte Paul.

Der Sicherheitschef von Yttria nickte langsam. Er war vollkommen durcheinander. Pauls Worte hatten ihn noch nicht völlig überzeugt, aber etwas ließ ihm keine Ruhe.

»Ich habe in letzter Zeit viel nachgedacht.« Er stieß einen tiefen Seufzer aus. »Ich habe es satt, für Yttria die Drecksarbeit zu machen. Es ist nicht richtig. Ich habe es satt, für Urling-Clark den Fußabtreter zu spielen.«

»Dann haben Sie jetzt die Chance, das zu ändern«, sagte Paul, als die Scheinwerfer des Polizeiwagens die Dunkelheit durchschnitten.

Später, auf der Polizeistation, tauchte der Beamte, der einige Tage zuvor ungeduldig Paul Turrells Ausführungen gelauscht hatte, wieder auf. Er näherte sich Paul vorsichtig. »Mr Wooderson hat uns soeben mitgeteilt, dass Sie an Meningitis leiden. Ich habe einen Krankenwagen gerufen.«
Paul lächelte schief und fuhr sich über seine Bartstoppeln. »Nein, ich habe weder Meningitis noch sonst etwas. Aber Sie sollten ihn fragen, warum er glaubt, dass es so wäre.«
Der Polizist nickte. »Das hat er uns schon gesagt. Er hat uns eine ganze Menge gesagt.«
»Über Helen Crear?«
Der Beamte nickte wieder.
»Brandon Fleetwood?«
»Wie es aussieht, war das ebenfalls kein Unfall.«
Paul seufzte erleichtert auf.
»Einige Chefs von Yttria werden bald Besuch von uns bekommen. Außerdem haben wir auch den Namen des Täters, den YPI angeheuert hat. Laut Wooderson hat er am Steuer des Wagens gesessen, mit dem Helen Crear überfahren wurde. Ich muss zugeben«, sagte der Polizist und warf Paul einen Blick von der Seite zu, »dass alles genau so ist, wie Sie es mir am Montag geschildert haben.«
Paul spürte nur noch ein große Müdigkeit. Endlich konnte er ihr nachgeben. Er würde ein langes, ausgedehntes Bad nehmen, seine Haare waschen, sich rasieren, eine riesige Portion Rindercurry essen und schlafen. Die innere Anspannung löste sich, doch glücklich war er deswegen trotzdem nicht. Er konnte nicht zufrieden sein. Egal, was er tat, Helen würde nicht wieder lebendig werden. Außerdem hatte er zwar die faulen Äpfel bei YPI ausgelesen, aber ob das auch das Ende von SZP 19 war, konnte er nicht mit Sicherheit sa-

gen. Trotz des Skandals würde Yttria die intelligente biologische Waffe weiterentwickeln.

Den Tipp hatte die Journalistin mit den kurzen dunklen Haaren und den ausgewaschenen Jeans von einer ungewöhnlich gut informierten Quelle aus dem Verteidigungsministerium bekommen. Jetzt ging Victoria Scates die Liste der Exportlizenzen des Handelsministeriums bereits zum zweiten Mal durch. Für einen Augenblick hielt sie inne und wischte sich über die müden Augen. Als sie ihre Brille wieder aufsetzte, glitt ihr Blick zu dem einzigen verdächtig erscheinenden Eintrag. Als sie ihn zum ersten Mal gesehen hatte, musste sie lächeln. Beim zweiten Mal hatte sie die Stirn gerunzelt. Beim dritten Mal wurde sie nachdenklich und mittlerweile war sie äußerst misstrauisch. Yttria exportierte genmanipulierte Straußeneier nach Südafrika, und zwar auf eine Straußenfarm in Hartswater, die sich Knobel Industries nannte. Warum? Warum wurden Eier zu einer Farm geschickt? War es normalerweise nicht umgekehrt? Die Lieferung war mit dem Vermerk »Nur für Forschungszwecke« versehen. Seltsam. Sehr seltsam.
Victoria hatte einen ganzen Katalog von Anschuldigungen, die sich gegen Yttria richteten. Sie waren ihr von einer anonymen Quelle zugespielt worden, bei der es sich möglicherweise um die Parlamentsabgeordnete von Cambridge handelte. Immerhin gehörte sie zum Stab des Verteidigungsministers. Aber warum sollte die Abgeordnete Gerüchte verbreiten, die ein schlechtes Licht auf ihre eigene Regierung warfen? Und warum gab sie Informationen über das Schicksal von Freiwilligen preis, die bei Tests von Yttria mitgemacht hatten? Die Regierung hatte Victoria ausgebremst,

als ihr vor einiger Zeit mehr oder weniger die gleiche Story von den *Black and Asian Defenders* angetragen worden war. Vielleicht fand ein interner Grabenkampf statt. Vielleicht lagen das Verteidigungsministerium und das Wirtschaftsministerium miteinander im Streit. Egal, welches Spiel die Politiker spielten, es war Butter aufs Brot eines Journalisten.
Eine mögliche Regierungsintrige stand nicht ganz oben auf Victorias Liste. Zuerst musste sie sich mit dem Export einer rassistischen Waffe, mit gefährlichen Medikamententests und dem rücksichtslosen Ausschalten von Gegnern beschäftigen. Sie musste ihre Einschätzung bezüglich Helen Crears Tod revidieren: Es war kein Selbstmord, sondern Mord. Es ging nicht um einen Organskandal bei Säuglingen, sondern um Medikamententests. Sollten Victorias Nachforschungen bestimmte Personen im Verteidigungs- oder im Wirtschaftsministerium in Bedrängnis bringen, umso besser. Auf die Politiker kam es allerdings nicht an, sondern auf die Menschen. Genmanipulierte Straußeneier zu Forschungszwecken waren unterwegs zu einer Farm in einem Land, das sich gerade mit Streitfragen über Rasse oder Landbesitz auseinander setzte.
Die verlässliche Visa-Karte ihrer Zeitungsredaktion in der Tasche loggte Victoria sich in die Website eines Reisebüros ein und buchte einen Last-Minute-Flug von London nach Südafrika.

Kapitel 48

Das Gebäude war nicht völlig leer, aber es kam einem so vor. Max und Kyle fuhren mit dem Lift in den sechsten Stock. Die schwach beleuchteten Korridore und die Labore waren gespenstisch leer. In einigen Räumen summten und ratterten Geräte. Flüssigkeiten wurden aufgerührt, Luftblasen stiegen aus den Gärtiegeln auf, ein Roboter-Arm transportierte Probenröhrchen mit Lösungen von einem Tablett zum nächsten, Analysegeräte sammelten Daten. Weder Max noch Kyle hatten sich je so recht daran gewöhnen können, dass Roboter, anders als menschliche Arbeitskräfte, auch im Dunkeln perfekt funktionierten.

Max zog Luft durch die Nase ein und sagte: »Jemand hatte schon wieder den Stöpsel nicht auf die Ätherflasche getan.«

Die beiden Männer blieben vor Max' Labor stehen. Es war nicht ganz klar, wer der Gefangene und wer der Bewacher war, aber es war Max, der den Code eintippte, die Tür öffnete und die Leuchtstofflampen anknipste.

Kyle kniff die Augen zu und blinzelte mehrmals, bevor er sie wieder öffnete. Im harten Laborlicht wirkte er blass und schwach. Er sah aus wie das Schaf und nicht wie der Wolf, aber in gewisser Weise hatte er die Oberhand. Zumindest für den Augenblick.

»Was jetzt?«, fragte Max in feindseligem Ton.

»Du legst die Eier in einen Schutzkasten, schlägst eins nach dem anderen auf und schüttest den Inhalt in konzentrierte Schwefelsäure.«

»Du überlässt aber auch nichts dem Zufall.«

»Nein.«

»Ich möchte zuerst die E-Mail sehen«, sagte Max.

Kyle sah sich rasch um. »Okay«, sagte er. »Aber hier sind keine Computer.«
»Nebenan stehen welche.«
Kyle bemühte sich seine Enttäuschung nicht zu zeigen. »Ja, aber . . .«
»Was?«
»Warum bringst du die Eier nicht erst an einen sicheren Ort? Sie machen mich nervös.«
»Ziemlich zimperlich, was?«
»Ja«, erwiderte Kyle schroff. Er hatte keine Lust, zu reden. Er wollte die Sache einfach nur hinter sich bringen.
Kyle kam es so vor, als würde der durchdringende Geruch immer intensiver, und ihm war, als hätte er draußen ein Geräusch gehört.
Max ging zu einem Handschuhkasten, stellte seine Aktentasche am Boden ab und holte vorsichtig die Eierschachtel heraus. Dann stellte er sie in die Schleusenkammer und schloss die kleine, aber schwere Tür. Eine elektrische Pumpe sprang an und saugte die Luft ab. Mit einem Zischen versprühte sich das Sterilisationsspray und dann wurde saubere Luft zugeführt. Jetzt waren die Eier sicher verwahrt.
»Und nun zeigst du mir die E-Mail«, sagte Max. »Dann komme ich hierher zurück und zerstöre das SZP 19 mit Säure.«
Gleich neben dem Schutzkasten wurden unter einem Abzug Mikroben gezüchtet; ein Rührwerk kämpfte sich durch die trübe Flüssigkeit. Daneben befanden sich die Vorräte an destilliertem Wasser.
»Woher weiß ich, dass du sie wirklich zerstörst?«
»Weil ich es sage. Aber erst will ich diese clevere E-Mail sehen«, sagte Max. »Das ist nur fair. Ich habe die Eier in Sicherheit gebracht, du zeigst mir die Mail. Ich zerstöre SZP 19,

du die Nachricht. Ich löse meinen Teil nicht ohne Gegenleistung ein.«

»Einverstanden.«

Ein Roboter-Arm in der Mitte des Labors hob eine Nadel hoch, stach sie durch den Gummiverschluss eines Teströhrchens, zog etwas Flüssigkeit auf, schwang mit einem ungewöhnlich lauten Quietschen zur Seite und injizierte laut surrend die Flüssigkeit in einen Chromatografen.

Beide Männer sahen zu dem Apparat hin. Vielleicht entwickelte das Gerät einen Defekt, denn es roch irgendwie verbrannt. Aber weder Kyle noch Max hatten Zeit, sich darum zu kümmern.

Kyle folgte Max zum Computerraum. Er suchte fieberhaft nach einer Lösung, aber sein Verstand war dumpf vor Schmerz und Angst.

Max stieß die Tür auf. »Du kannst dich an einen von denen hier setzen. Das vorhin klang so, als hättest du eine Zugangsberechtigung der höchsten Kategorie, das heißt, du kannst von überall aus rein.«

Kyle zögerte. Er hatte immer noch keine Idee.

»Es gibt keine E-Mail.«

Max war schockiert. »Es gibt was?«

»Es gibt keine E-Mail. Ich habe gelogen.«

»Nein. Jetzt lügst du«, zischte Max. »Du versuchst mich zu täuschen.«

Kyle schüttelte den Kopf. »Tut mir Leid.«

»Dann hast du geblufft . . . Nein, das gibt es nicht!«

»Es stimmt aber.«

Der Brandgeruch wurde immer stärker.

Max drehte sich weg. Voller Zorn fegte er mit der flachen Hand alles, was auf der Arbeitsbank lag, zur Seite. Flaschen und Schalen zerschellten auf dem Fußboden. Dann holte er tief Luft und wandte sich wieder zu Kyle. »Mumm hast du, das muss man dir lassen.« Seine Hände waren zu Fäusten geballt und in seinen Augen stand der blanke Hass. Es war der Hass eines Mannes, der sich nicht für dumm verkaufen lassen wollte. »Meine Freunde werden das gar nicht mögen. Und ich auch nicht«, sagte er drohend.

Kyle zuckte nur die Schultern. Er war körperlich und seelisch am Ende. Kurz bevor Max' heftiger Faustschlag ihn k. o. schlug, hörte er etwas. Etwas sehr Lautes. Es war das Schrillen des Feueralarms.

Das Gebäude war völlig unübersichtlich und Shadow wusste nicht, wo er anfangen sollte. Es war etwas anderes als nur ein Auto oder ein Wohnhaus in Brand zu setzen. Das hier war ein Riesenjob. Aber er würde nicht aufgeben. Yttria verdiente den Platz, den es auf diesem Planeten beanspruchte, nicht, und Shadow war entschlossen, es in Schutt und Asche zu legen. Diesmal war er so wütend, so zornig, dass es ihn nicht kümmerte, ob in dem Gebäude noch Menschen waren oder nicht. Wenn sie für einen so schmutzigen Konzern arbeiteten, verdienten sie es nicht besser.

Im Irrgarten des fünften Stocks stieß er auf etwas Interessantes. Auf der Tür eines abgesperrten Raumes stand: *Flüssiglager*. Er musste keine Wissenschaftler sein, um zu wissen, was das daneben abgebildete Gefahrensymbol zu bedeuten hatte. Gelbe Flammen waren darauf zu sehen und darunter stand in schwarzen Großbuchstaben: BRENNBARE FLÜSSIGKEITEN.

Shadow lächelte.

Er nahm den schweren Feuerlöscher vom Korridor und

schleuderte ihn mit aller Kraft gegen die Tür. Das Metall gab unter der großen Wucht nach. Ein zweiter Schlag und die Tür zum Flüssiglager sprang auf. In den Regalen reihten sich dunkle Flaschen, von denen jede zweieinhalb Liter hoch entzündlicher Flüssigkeit enthielt. Shadow schraubte den Plastikverschluss der erstbesten Flasche ab und atmete den herrlichen Geruch ein. Er erinnerte ihn an Benzin. Perfekt. In dem Lager gab es sogar einen Rollwagen, mit dem man die Flaschen zu den verschiedenen Laboren transportieren konnte. Shadow machte sich sofort an die Arbeit. Er schraubte von sämtlichen Flaschen, auf deren Etiketten Warnhinweise zur Brennbarkeit und die Angabe des Flammpunkts standen, die Drehverschlüsse ab. Dann lud er den Rollwagen mit so vielen Flaschen wie möglich voll.

Niemand war auf dem Gang zu sehen. Shadow begann sein zerstörerisches Werk. Abgesehen von dem Klirren der Flaschen, waren in dem Gebäudeinneren nur wenig Geräusche zu hören. Die Wachleute waren sicher noch draußen damit beschäftigt, das Feuer zu löschen und sich mit den kleinen Präsenten zu beschäftigen, die er auf dem Parkplatz zurückgelassen hatte. Er war froh, dass er die Voraussicht gehabt hatte, ein paar verdächtig aussehende Dinge unter einige Autos zu legen. Es würde die Sicherheitskräfte längere Zeit beschäftigen – so lange, bis sie herausfanden, dass in der Schuhschachtel Steine, in der McDonald's-Tüte kalte Pommes, in der Reisetasche der verdreckte Schlafsack eines Obdachlosen und in der Plastiktüte Papierabfälle waren. Mittlerweile war sicher bereits die komplette Mannschaft ausgerückt. Er sah die Spürhunde vor sich, die Roboter, die die Pakete umkreisten, den Beobachtungsraum, der verlassen war, die Überwachungsmonitore, vor denen niemand saß.

Shadow lächelte, während er den Wagen den Gang entlangschob und hinter sich den Inhalt der Flaschen auskippte. Jedes Mal, wenn er an einem Labor vorbeikam, schüttete er reichlich Lösungsmittel hinein und warf die leere Flasche hinterher. Als er seinen ganzen Vorrat aufgebraucht hatte, ging er zurück zu dem Lagerraum und holte Nachschub.

Er hatte auch noch andere Vorsichtsmaßnahmen getroffen. Als Erstes war er in den Keller gegangen, hatte den Wasseranschluss ausfindig gemacht und ihn abgedreht. Dann, um sicherzugehen, dass das Sprinklersystem ihm nicht doch noch den Spaß verderben würde, hatte er den Hauptschalter auf Aus gestellt.

Mittlerweile hatte er den gesamten fünften Stock mit brennbaren Flüssigkeiten durchtränkt. Wahllos verschüttete er noch etwas davon auf die Treppe und in den Aufzugsschacht, damit das Feuer sich schneller über die Stockwerke ausbreiten konnte. Es stank fürchterlich. Zuerst war der Geruch verführerisch, dann widerlich gewesen und jetzt verursachten die Dämpfe ihm Übelkeit, nagende Kopfschmerzen und ein Stechen in der Lunge. Aber jedenfalls war das Gebäude bereit für das Freudenfeuer! Als Letztes kippte Shadow auch noch einige Flaschen in den Lagerraum und nahm zwei weitere mit nach oben in den sechsten Stock.

Dort blieb er plötzlich stehen. Hatte er Stimmen gehört? Nein, da war nichts, das hatte er sich nur eingebildet. Er schüttete die restliche Flüssigkeit auf dem Gang aus und rannte weg. Er brauchte dringend frische Luft: Wenn er noch länger die Dämpfe einatmete, würde er ohnmächtig werden und sich in seiner eigenen Falle verfangen. Ja, er brauchte frische Luft. Aber er brauchte auch die Flammen. Es war *Shadowtime*.

Er lief ins Erdgeschoss zu dem Fenster, das er eingeschlagen hatte. Es war sein Fluchtweg, den zum Glück noch niemand bemerkt hatte. Shadow würde die Benzinspur, die er gelegt hatte, anzünden, durch das Fenster nach draußen steigen und von einem sicheren Versteck aus das Spektakel beobachten.

Und ein Spektakel würde es wahrhaftig werden. Die Zündholzschachtel in der Hand ging er mit klopfendem Herzen auf die durchnässte Treppe zu. Ihm war schwindelig, aber innerlich war er in Hochstimmung. Das kam nicht nur von den Dämpfen, sondern vor allem von dem Reiz der Gefahr: So etwas Großes wie hier hatte er noch nie gemacht.

Er musste vorsichtig sein und durfte das entzündete Streichholz nicht in die Nähe seiner Schuhe und durchnässten Hosenbeine bringen. Andererseits durfte er auch keine Sekunde länger zögern. Der Ort war eine tickende Feuerbombe. Gerade wollte er das Streichholz anzünden, als er eine Stimme hinter sich hörte.

»Was ist hier los?«

Der überraschte Aufschrei kam von einem weißen Wachmann, der einen dicken Knüppel in der Hand hielt.

Shadow schätzte seine Chancen gegen einen durchtrainierten Wachposten, der zudem noch eine Waffe hatte, nicht sonderlich hoch ein. Um ehrlich zu sein, war er noch nie sehr gut gewesen, wenn es ums Kämpfen ging, trotz seiner Stärke. Er hatte nicht die Nerven für so etwas. Doch jetzt war sein Fluchtweg abgeschnitten und ihm blieb nur noch der Weg nach oben. Drei Stufen auf einmal nehmend, jagte

Shadow die rutschig-nasse Treppe hinauf. Seine Beine taten ihm weh, aber er vergaß seine Müdigkeit und seine Kopfschmerzen und rannte weiter. Er war schneller als der Wachmann, der in der einen Hand den Knüppel hielt und in der anderen sein Sprechfunkgerät, in das er laut und aufgeregt sprach.
Shadow atmete schwer, seine Lungen lechzten nach mehr Luft. Er musste es mit einem Trick versuchen. Es war die einzige Möglichkeit. Es hatte keinen Sinn, nach oben zu laufen, wenn der Ausgang mehrere Stockwerke tiefer war. Er musste kehrtmachen. Als er seinen Vorsprung so weit ausgebaut hatte, dass er den Wachmann hinter sich nicht mehr sah, rannte er nicht weiter, sondern bog in den Korridor des sechsten Stockes ab. Er lief in ein dunkles Labor und presste sich eng an die Wand. Mühsam rang er nach Atem und versuchte ganz still zu sein. Die Dämpfe aus der fünften Etage breiteten sich mittlerweile im ganzen Gebäude aus. Shadow konnte dem widerlichen Zeug nicht entkommen. Er wartete in der Dunkelheit und bemühte sich, nicht auf die geisterhaften Geräusche zu hören, die einige der Geräte in dem Raum machten. Es klang so, als wären sie lebendig. Wenn der Wachmann vorbeigelaufen war, würde Shadow sofort aus dem Labor rennen und über die Treppe oder den Lift nach unten fliehen.

Als Shadows Verfolger den nächsten Treppenabsatz erreicht hatte, fiel ihm auf, dass er die Schritte des Jungen nicht mehr hörte. Der Bursche war nicht weitergelaufen, sondern in den sechsten Stock geflohen. Verdammt.
Leise betrat der Wachmann den langen, düsteren Korridor.

Wo zum Teufel steckte der Kerl? Er sog die Luft ein. Was hatten die Chemiker denn jetzt wieder vor? Hier stank ja alles barbarisch – und dabei konnte er das so schlecht vertragen. Aber es half nichts. Schließlich wurde er dafür bezahlt, dass er die Sicherheit gewährleistete, und nicht, um sich Gedanken über irgendwelche Gerüche zu machen, die dem Gebräu der Wissenschaftler entstiegen.
Bei diesem trüben Licht würde er den Junge niemals finden. Er tastete nach dem Lichtschalter und schaltete ihn an.
Im selben Moment hielt er sich die Hand schützend vors Gesicht. Eine Explosion erschütterte das Stockwerk und plötzlich brannte alles um ihn herum. Der Mann schrie auf, als er von Flammen eingeschlossen wurde, die sich rasend schnell in Richtung Treppe und ins untere Stockwerk ausbreiteten. Aber die Schreie des Wachmanns wurden von dem lauten Heulen des Feueralarms übertönt.

Max öffnete die äußere Tür der Schleuse und griff hastig nach der schmalen Plastikbox. Er würde nicht gehen, ohne die Eier mitzunehmen.
Plötzlich gab es draußen einen fürchterlichen Knall und Sekunden später schrillte der Feueralarm.
Max rannte hinaus auf den Korridor und blieb unvermittelt stehen. Der Anblick, der sich ihm bot, war schrecklich: Auf dem Boden vor ihm lag der verbrannte Körper eines Menschen. Gelbe Flammen züngelten über ihn hinweg. Ungläubig nahm Max das Bild des brennenden Gangs in sich auf und sah sich dann in Windeseile nach einem Fluchtweg um. Für den armen Teufel da konnte er nichts mehr tun und außerdem musste er an seine Eier denken. In einem Notfall durfte man nicht den Aufzug benutzen, das wusste er. Also

packte Max die Eierschachtel fester und rannte in Richtung Treppenhaus. Es waren ja nur sechs Stockwerke.

Für einen Moment meinte er über das Gellen der Sirenen hinweg ein dumpfes Röhren gehört zu haben. Aber der Alarm schrillte so laut in seinen Ohren, dass er sich genauso gut verhört haben konnte. Er bog um die Ecke.

Statt eines Treppenhauses empfing ihn ein Inferno. Seine Haare knisterten, die Haut brannte und seine langen Koteletten waren in Sekundenschnelle versengt. Dann gab es eine heftige Explosion – das Flüssiglager einen Stock tiefer flog in die Luft – und die Fenster zerbarsten. Die frische Luft versorgte das Feuer mit Sauerstoff und dann kam ein Feuerball auf Max zugerast.

Es war, als blicke man in die Feuer der Hölle. Max stolperte rückwärts, die Eierschachtel fiel zu Boden und die Eier zerbrachen. Das Eiweiß färbte sich sofort weiß, als würde es in einer Pfanne gebraten, und dann kohlschwarz, bis es völlig verschmorte.

Max wandte sich um, aber er war nicht schnell genug. Seine Kleider fingen Feuer. Er rannte los, doch nach wenigen Schritten stolperte er. Mit einem schrillen Schrei stürzte er über die Leiche des Wachmanns. Dann überrollte ihn die Feuerwalze.

Um ihn herum war Dunkelheit. Über das Schrillen des Feueralarms hinweg hörte Shadow mindestens eine Explosion, vielleicht mehrere, und zwei menschliche Schreie. Nie zuvor hatte er so etwas gehört. Nie zuvor hatte er einen Menschen verletzt. Er weinte leise vor sich hin. Die Wand in seinem Rücken wurde plötzlich sehr heiß und er machte einen Satz nach vorn.

Es gab keinen Weg hinaus. Die Treppe und der Lift standen in Flammen. Er befand sich im sechsten Stockwerk. Selbst wenn er ein Fenster fände, konnte er aus dieser Höhe nicht hinausspringen. Es gab nur eine Möglichkeit: Er musste nach oben, weg von der Feuersbrunst.
Vorsichtig streckte er den Kopf durch die Tür. Auf dem Gang schlug ihm die Hitze entgegen.
Als er die beiden Körper sah, die dicht nebeneinander zwischen ihm und dem Treppenhaus auf dem Boden lagen, stöhnte er gequält. Die beiden Männer gaben kein Lebenszeichen mehr von sich. Shadow schluckte schwer. Das Farbenspiel aus Gelb und Schwarz – gelbe Flammen, die sich über verkohlten Überreste austobten – hatte seine faszinierende Pracht verloren. Er hatte nicht erwartet dem Tod so nahe zu sein, hatte ihn allenfalls aus sicherer Entfernung beobachten wollen, die die Opfer anonym bleiben ließ. Die verkohlten Gestalten, erstarrt zu grotesken Figuren, brachten sein Verbrechen ganz nah an ihn heran. Er wandte sich ab und erbrach sich. Dann wischte er sich den Mund ab und versuchte sich zusammenzureißen. Später konnte er es sich vielleicht leisten, seine Tat zu bereuen, jetzt musste er sein eigenes Leben retten.
Es hatte keinen Zweck, zum Treppenhaus oder zu den Aufzügen zu gehen. Dort wütete das Feuer, stemmte die Täfelung an den Wänden auf und ließ Paneelen zu Boden krachen. Shadow wählte die entgegengesetzte Richtung. Dichter Rauch schwärzte die Deckenwände und verwandelte den Gang in eine dunkle Höhle. Die Glühbirnen waren längst zerborsten. Es war so heiß, dass er sich wie im Inneren eines Vulkans vorkam. Er war nur wenige Schritte gegangen, als eine weitere Explosion, diesmal dicht hinter

ihm, erfolgte. Ohne lange nachzudenken, machte Shadow einen Satz und rettete sich durch eine nur leicht angelehnte Tür in einen Laborraum hinein. Sofort schlug er die Tür hinter sich zu.

Er befand sich in einem hell erleuchteten Raum. Kühlend blies er über seine rechte Hand, denn die Tür war heiß gewesen und er hatte sich verbrannt. Als er ein Stück Stoff auf einer Werkbank liegen sah, nahm er es und wickelte es um seine Verletzung. Erst dann packte er den Türgriff und öffnete vorsichtig die Tür. Dort, wo die beiden Männer lagen, wütete das Feuer. Wenn er in seinem Versteck geblieben wäre, hätte das Feuer ihn längst eingeschlossen. Der Raum, in dem er sich jetzt befand, würde das nächste Opfer der Flammen sein. Bereits jetzt quoll Rauch aus den Ritzen in der Wand.

In Panik sah Shadow sich um. Erst da entdeckte er die Person, die auf dem Boden lag und sich leicht bewegte. Ein junger Mann. Instinktiv kniete Shadow sich neben ihn. »Sind Sie okay?«, fragte er atemlos.

Der Mann murmelte etwas Unverständliches.

Shadow sah sich um. Sein Blick fiel auf einen Vorratskanister mit Wasser. Er schnappte sich einen Trinkbecher, hielt ihn unter die Hahnöffnung und ließ ihn mit Wasser voll laufen. Dann leerte er das Wasser über den Kopf des Mannes.

»Ahh!«

Shadow wiederholte die Prozedur. »Kommen Sie! Wenn wir hier lebend rauskommen wollen, sollten Sie besser aufwachen.«

Kyle setzte sich auf und wimmerte. »Was . . .«

»Es brennt und wir sind mittendrin, Mann«, rief Shadow über den Feueralarm hinweg.

»Feuer?« Kyle stöhnte und stützte sich auf den muskulösen Arm des Jungen, um aufzustehen.
»Gibt es auf dieser Seite einen Weg nach oben?« Shadow deutete auf die entgegengesetzte Seite des Treppenhauses.
»Nach oben?«
»Nach unten können wir nicht. Dort ist das Feuer. Also, gibt es einen Weg?«
»Ich weiß es nicht. Nein. Die Aufzüge sind . . .« Kyle deutete in die andere Richtung.
Er ist Engländer, dachte Shadow, als er Kyles Akzent hörte.
»Denken Sie nach. Es muss doch da etwas geben.«
»Nein . . .« Kyle zögerte. »Ja, da ist ein Warenaufzug.«
»Gut. Dann los.«
»Nein!«, rief Kyle und schüttelte mehrmals den Kopf.
»Was ist denn? Schnell!«
»Man darf doch in einem Notfall keinen Aufzug benutzen.«
»Haben Sie etwa eine bessere Idee?«
Kyle zuckte ratlos die Schultern.
»Hören Sie«, sagte Shadow. »Ich werde Sie mit Wasser überschütten und Sie mich. Einverstanden?«
»Ja . . .«
Sie kippten sich gegenseitig Wasser über den Kopf, bis sie beide tropfnass waren. Den feuchten Stofflappen um die Hand gewickelt, öffnete Shadow dann die Tür. Draußen war es wie in einem Hochofen. »Sehen Sie, das Feuer kommt immer näher. Wir müssen uns beeilen. Sie gehen voran. Sie wissen, wo der Aufzug ist.«
Kyle starrte den Jungen an, dann nickte er. »Ja.«
»Rennen Sie, als wären die Bullen hinter Ihnen her, wenn Sie nicht gegrillt werden wollen.«

Sie hetzten den Gang entlang. In ihrem Rücken spürten sie die unglaubliche Hitze und der Schweiß lief ihnen übers Gesicht.
»Schneller«, rief Shadow.
Am Ende des Ganges blieb Kyle stehen. »Da!«
Sie standen vor den großen Türen des Warenaufzugs. Shadow zog am Türgriff. Nichts. Er rüttelte mehrmals – ohne Erfolg. Der Aufzug befand sich in einem anderen Stockwerk. Nervös drückte er auf den Knopf – einmal, zweimal, immer wieder, so als könne er auf diese Weise die Fahrt des Lifts beschleunigen. Er konnte nicht hören, ob der Mechanismus in Bewegung gesetzt wurde, denn noch immer schrillte der Alarm. Verzweifelt schlug er mit der Hand gegen die Tür.
»Warte«, rief Kyle. »Es gibt eine Feuerleiter.«
»Wo?«
»Hier drüben. Vor dem Fenster, glaube ich.«
Sie schauten hinaus. Tatsächlich, an der Mauer lief eine spiralenförmige Metallstiege entlang.
»Großartig!«
Doch dann sahen sie, dass aus den zerborstenen Fenstern im Stockwerk unter ihnen eine riesige Flamme schlug. Hätte jemand in diesem Moment auf der Feuerleiter gestanden, er hätte nicht die geringste Chance gehabt.
Enttäuscht wandten sie sich ab und kehrten zum Aufzug zurück.
Wieder drückte Shadow den Knopf.
»Der Lift kommt nicht«, sagte Kyle verzweifelt.
Aber Shadow spürte ein Vibrieren. »Doch, er kommt.«
Unmittelbar vor ihnen krachte ein großes Stück der brennenden Decke zu Boden.

»Mach schnell . . .«

Eine Holzpaneele löste sich von der Wand und fiel auf Kyles Beine. Kyle taumelte gegen den Aufzug und schrie schmerzerfüllt auf. Shadow stieß Kyle grob beiseite und rüttelte erneut an der Tür.

Diesmal hatten sie Glück. Die Tür ging auf.

In der Kabine war es glühend heiß. Durch den schmalen Spalt zwischen Boden und Kabine konnte man die Flammen sehen. Der Schacht unter ihnen brannte. Shadow stieß Kyle in den Aufzug und schlug die äußere Tür zu. Das Feuer war inzwischen so nah, dass es sein Haar versengte. Ohne darauf zu achten, schloss Shadow auch die Innentür und drückte auf den Knopf in dem Bedienfeld.

Der Schwerlastenaufzug setzte sich langsam in Bewegung.

»Er fährt aufwärts.«

»Wollen Sie etwa abwärts fahren? Da unten ist die Hölle los. Fassen Sie nichts an.«

»Ich kann die Hitze durch meine Schuhe fühlen«, murmelte Kyle.

Shadow nickte. »Wir sitzen mitten in der Bratpfanne.« Er fing an zu husten. Dann fügte er ungeduldig hinzu: »Warum fährt dieses Ding nicht schneller?«

Kyle zuckte die Schultern. »Ich bin noch nie damit gefahren.«

»Wie viele Stockwerke gibt es eigentlich?«

»Ähm . . .« Kyle überlegte. »Neunzehn, glaube ich.«

Shadow schaute auf den Stockwerksanzeiger. »Hier sind nur fünfzehn angezeigt.«

»Der Aufzug ist für Laborgeräte und so weiter. Die Labore gehen nur bis zum fünfzehnten Stock.«

Der Knopf mit der Nummer neun leuchtete auf, während der Aufzug gemächlich nach oben ruckelte.

Die Luft in der Kabine war heiß, trocken und rauchig. Das Feuer war jetzt viel weiter entfernt, aber die Hitze und der Rauch folgten ihnen.
Jetzt leuchtete die Zehn, dann die Elf, dann die Zwölf. Kyle konnte den Blick nicht von der Stockwerksanzeige lösen. Plötzlich gab es einen heftigen Ruck und die Kabine sackte nach unten. Kyle und Shadow stürzten zu Boden. Ein schreckliches, schrilles Kreischen war zu hören. Es kam von den Zugseilen des Aufzugschachtes. Die beiden sahen einander an. Der Aufzug bewegte sich nicht mehr. Sie steckten fest.

Kapitel 49

Das war's dann also. Kyle konnte nicht glauben, dass ein Leben so zu Ende gehen sollte. Alles, was er geliebt hatte, war ihm entrissen worden. Seine Familie, die Musik, seine berufliche Karriere, alles hatte er verloren. Zuerst der Tod seines Bruders, dann sein eigener dummer Unfall – und nun würde das Feuer das Werk vollenden.
Der Junge neben ihm hatte die Statur eines erwachsenen Gewichthebers, aber er war trotzdem noch ein Kind. Es war bizarr, mit anzusehen, wie er das Kommando übernahm, aber Kyle hatte keine andere Wahl, so geistig erschöpft, wie er war. Seine Verletzungen an Körper und Seele waren schlimmer, als er jemals zugeben würde.
»Helfen Sie mir doch, Mann!« Mit aller Kraft zog Shadow an der Innentür und schaffte es tatsächlich, sie einen Spalt breit zu öffnen. Seine Augenbrauen und sein lockiges,

dunkles Haar waren verbrannt. Er hatte sein Sweatshirt ausgezogen und es um seine Hände gewickelt. Auf seiner dunklen Haut waren Brandblasen zu sehen und der Schweiß rann über seinen Oberkörper herab. »Klemmen Sie Ihren Fuß in den Spalt«, sagte er.

Kyle versuchte seine düsteren Gedanken zu verjagen. Er war überzeugt, dass ihre Lage hoffnungslos war, aber er schuldete es dem Jungen, ihm zu helfen.

Gemeinsam drückten sie gegen die Metalltür, bis sie ein paar Zentimeter zur Seite wich. Shadow trat noch ein paar Mal gegen das Metall, bis die Lücke breit genug war. »Das reicht«, rief er. »Da kommen wir durch.« Die Außentür von Stockwerk elf lag glücklicherweise knapp unter ihnen. Shadow beugte sich nach unten und begann sie zu bearbeiten. Diesmal brauchte Kyle keine Aufforderung mehr. Weil die Tür wie eine Ziehharmonika gefaltet war, konnte er sie mit seinem Fuß ein Stück weit zur Seite schieben. Durch eine Ritze sah man das helle Licht der elften Etage. Erleichtert stellte er fest, dass es elektrisches Licht war und keine Flammen.

»Lassen Sie mich mal«, sagte Shadow und trat zuerst mit dem rechten und dann mit dem linken Fuß dagegen.

Es war einfacher, als sie gedacht hatten. Die Tür ging auf.

Im gleichen Moment trat Stille ein. Der Feueralarm hatte aufgehört. Aber das bedeutete nicht, dass alles vorbei war. Vermutlich hatte das Feuer die zentrale Schaltanlage erreicht und die Alarmvorrichtung zerstört. Kyle und Shadow waren erleichtert, dass das schrille Geräusch verstummt war, obwohl es noch eine Weile in ihren Ohren dröhnte. Direkt unter ihnen war ein merkwürdiges Knistern zu hören. Shadow zwängte sich als Erster durch den Spalt. Dabei verbrannte er sich die bloße Brust an dem heißen Metall. Er ließ sich ungefähr einen Meter nach unten fallen. Ein Husten und Keuchen war zu hören, dann rief er: »Puh! Es ist alles okay. Und jetzt Sie.«

Auch Kyle quetschte sich durch die Öffnung, ließ los und landete auf sehr wackligen Beinen. Shadow hielt ihn fest, damit er nicht stürzte.

»Und jetzt?«, fragte Kyle.

»Gehen wir weiter nach oben.«

»Noch weiter?«

»Sie werden das Feuer noch lange nicht unter Kontrolle bekommen. Es wird sich nach oben ausbreiten. Und je höher wir gehen, desto mehr Zeit haben wir gewonnen. Aber zuerst lassen Sie uns eine Toilette suchen.«

»Wie bitte?«

Shadow dachte daran, dass er einen Teil der Wasserversorgung unterbrochen hatte. »Die Kaltwasserleitungen werden nicht funktionieren, aber vielleicht ist noch etwas im Heißwasserboiler. Oder wir benutzen das Wasser der Toilettenspülung.«

Im Schein der Notbeleuchtung tauchte Shadow sein Sweatshirt in eine Schüssel mit warmem Wasser und zog es sich über. Er ließ sämtliche Toilettenspülungen laufen, während Kyle das Wasser mit einem Krug auffing, den er in einem Büro gefunden hatte. Dann schüttete er es über sich und Shadow.

Von der Treppe her kam ein heißer Luftzug, aber durch das Wasser war er erträglich. Das galt jedoch nicht für den stechenden Geruch, der ihre Kehlen und Lungen reizte.

»Was ist in der obersten Etage?«, wollte Shadow wissen.

Kyle hustete. Seine Antwort kam zwischen keuchenden

Atemzügen. »Das Büro des Chefs und noch einiges andere, nehme ich an.«

»Dann gibt's da ein Telefon.«

Schweigend stiegen sie die Treppe hinauf. Schließlich taumelten sie in Tristan Lockharts Büro und ließen sich auf zwei Stühle sinken. Kyle hob den Telefonhörer ab, aber wie er bereits vermutet hatte, war die Leitung tot. Das Feuer sorgte dafür, dass sie vollkommen von der Außenwelt abgeschnitten waren. Lockharts Computer konnten sie nicht benutzen, um eine E-Mail zu schreiben, denn er hing am Hauptstromnetz. Kyle sah auch nirgendwo ein Mobiltelefon oder irgendein anderes Kommunikationsmittel.

»Verdammt!«

Auf dem Schreibtisch des Präsidenten lag ein versiegelter Brief, auf dem in Kyles Handschrift *Mr T. Lockhart – vertraulich* geschrieben stand. Kyle hob ihn auf, schüttelte bedauernd den Kopf und warf ihn in den Papierkorb.

Es war mitten in der Nacht. Das große Fenster gab den Blick auf vier verschwenderisch beleuchtete Türme frei, die Yttria wie vier riesige Christbäume überragten. Einer von ihnen war der Apartmentblock, in dem Max wohnte. Von der CNN-Zentrale wurde rund um die Uhr gesendet. Möglicherweise waren die Kameras gerade jetzt auf Yttria gerichtet. Die meisten der Fenster waren erleuchtet. In den wenigen, die dunkel waren, konnte man den Widerschein eines Feuers sehen. Kyle humpelte zum Fenster und sah nach unten. Er zog scharf die Luft ein.

»Was ist?«, fragte Shadow.

»Sieh selbst.«

Auf halber Höhe des Gebäudes loderte ein heftiges Feuer und ein dicke Rauchwolke trieb in den Nachthimmel hinaus. Flammen schlugen aus den geborstenen Fensterscheiben und erfassten die Außenmauer des Gebäudes. Der Brandherd war mittlerweile bis ins zehnte Stockwerk vorgedrungen und er breitete sich noch immer rasend schnell aus. Trotz des doppelverglasten Fensters konnte Kyle die Feuerwehrsirenen hören.

»Sehr beeindruckend«, murmelte Shadow.

Kyle fasste mit der Hand an das Fenster. Es war bereits unnatürlich warm, aber noch nicht heiß. Was konnten sie tun, um die Leute draußen auf sich aufmerksam zu machen? Sich ans Fenster zu stellen und zu winken war sinnlos. Niemand würde sie bemerken.

Kyle hustete heftig und fasste sich an die schmerzende Brust. »Du weißt, was passiert, nicht wahr?«

»Was?«

»Das Feuer braucht den gesamten Sauerstoff auf. Bald wird nicht mehr genug für uns übrig sein. Wenn uns also das Feuer nicht erwischt, dann . . .«

». . . ersticken wir.«

Kyle nickte. Irgendwo unterhalb ihrer Etage waren eine Explosion und das Splittern von Glas zu hören.

Shadow ließ sich in einen bequemen Sessel fallen. Am Ende des Lebens hatte man etwas Luxus verdient.

»Wie heißen Sie?«, fragte er.

»Kyle. Und du?«

Der Junge zögerte.

»Wenn du es mir nicht sagen willst . . .«

Shadow wechselte das Thema. »Warum arbeiten Sie für eine solche Firma?«

»Das frage ich mich auch manchmal.« Kyle setzte sich ebenfalls hin.

»Wenn Sie wüssten, was die hier machen, würden Sie hier nicht bleiben wollen.«
Kyle sah dem Jungen ins Gesicht und erwiderte: »Ich weiß alles, was hier vor sich geht.«
»Wirklich?«
»Nun ja, vielleicht nicht alles, aber . . . genug.« Wieder wurde er von einem rauen Husten geschüttelt. Seine Kehle brannte.
»Das, was da in Memphis passiert ist . . . Diese Firma hier steckt dahinter.«
Kyle war verblüfft. »Woher weißt du . . .?« Er brach ab. »Wer bist du?«
»Ich habe es im Netz gelesen.«
Kyle nickte langsam. »Also warst du das. Deshalb sagst du mir nicht, wer du bist. Du hast das Feuer gelegt, um dich zu rächen.«
Shadow leugnete es nicht. Warum sollte er? Keiner von ihnen würde hier lebend rauskommen.
»Die haben es auf Schwarze abgesehen. Es geht um etwas, das sich Sichelzellen-Gen nennt und das ganz viele von uns haben.«
»Ich weiß.«
»Und trotzdem arbeiten Sie hier?«, fragte Shadow ungläubig.
»Wenn dieser Tag vorbei ist, werde ich es nicht mehr«, sagte Kyle und dachte im gleichen Moment, dass das nicht ganz stimmte. Denn wenn dieser Tag vorbei war, war alles vorbei.
»Sie waren nicht überrascht, als ich Ihnen das vom Internet erzählte.«
Kyle schüttelte den Kopf. »Nein.«

»Sie haben es also auch gesehen.«
Kyle verzog das Gesicht zu einem Lächeln. »Ja, ich habe es gesehen. Und ich habe es geschrieben.«
»Sie?« Shadow setzte sich aufrecht hin und sah Kyle mit aufgerissenen Augen an. »Dann sind Sie . . . dann sind Sie . . . Sie sind okay, Mann. Ich bin froh, dass ich Sie da unten in dem Labor gefunden habe.« Er beugte sich vor und klatschte Kyles Hand ab, verzog aber gleich darauf das Gesicht. Seine verletzte Handfläche tat teuflisch weh.
Über ihnen war ein ohrenbetäubendes Krachen zu hören. Beide sprangen auf. »Was ist da los?«
Durch das Fenster sahen sie, wie von oben ein Schwall Wasser kam. Ein dumpfes Brummen war zu hören. Sie rannten ans Fenster. Ein Hubschrauber mit einem riesigen Wassertank schwebte über dem Gebäude. Die dicken Fensterscheiben dämpften die Rotoren- und Motorgeräusche.
»Sie werfen Wasser ab!«, rief Shadow.
Kyle winkte und Shadow hüpfte aufgeregt hoch. Vergeblich. Der Hubschrauber drehte ab, bis nur noch zwei blitzende Punkte am Nachthimmel zu sehen waren.
Kyle sah nach unten. Das Feuer war nur noch drei oder vier Stockwerke von ihnen entfernt. Bei seinem letzten Zusammentreffen mit Feuer hatte Kyle seine Fingerspitzen verloren. Jetzt würde es ihn sein Leben kosten.
Shadow starrte noch immer hinaus in die Dunkelheit. »Das ist es!«, sagte er plötzlich.
»Was?
»Hubschrauber. Wir müssen aufs Dach. Kommen Sie mit!«
Die Luft im Gang war stickig. Inzwischen war der Rauch bis ins oberste Stockwerk gedrungen. Sie mussten sich beeilen, bevor er ihnen völlig die Sicht nahm.

»Irgendwo muss ein Ausstieg sein«, sagte Shadow und fing sofort wieder an zu husten. »Eine Luke oder so was.«
Sie suchten alles ab, fanden aber keinen Ausgang.
Wieder donnerte es laut, als Wasser abgeworfen wurde.
Nach einer Weile sagte Shadow: »Hören Sie das auch?«
Kyle nickte. Irgendwo tropfte es. Sie sahen sich um. Von einer Deckenverkleidung am Ende des Ganges tropfte Wasser.
»Na also«, sagte Shadow. Sie hatten den Ausstieg aufs Dach gefunden. Die Lukentür war nicht dafür gebaut, solche Wassermassen auszuhalten.
»Aber wie kommen wir da hinauf?«
Shadow rannte ins Büro zurück. »Helfen Sie mir!« Er nickte in Richtung Schreibtisch. Hastig fegte er mit seinem Unterarm alles, was auf dem Schreibtisch stand, beiseite – Blumen, Papiere, Stifte, Telefon. Er blies kühlende Luft auf seine verbrannte Hand, dann packte er den Schreibtisch an der einen Seite an. Kyle ging auf die andere Seite. Gemeinsam schleppten sie das Möbelstück in den Korridor hinaus und stellten es direkt unter die Dachluke. Shadow sprang auf den Tisch und streckte sich. Er konnte die Metalltür berühren und auch den Öffnungshebel, aber er kam nicht nahe genug heran, um ihn richtig zu fassen. »Ich brauche einen Stuhl.«
Kyle holte einen und Shadow stieg hinauf. Er drückte, schob, zerrte an dem Hebel, aber der rührte sich nicht. Vielleicht war er verrostet. Da half nur brutale Gewalt. Er deutete auf einen Feuerlöscher. »Der dürfte reichen.«
»Sei vorsichtig«, warnte Kyle ihn.
Shadow stellte sich so, dass er die Balance nicht verlieren würde, wischte sich den Schweiß und das Wasser vom Ge-

sicht und rammte den schweren Metallzylinder gegen den fest sitzenden Hebel, der sich mit einem lauten Kreischen zur Seite drehte. Aber Shadow musste noch zweimal dagegenschlagen, bevor die Abdeckung sich bewegte. »Ja!« Er schleuderte den Feuerlöscher beiseite und stieß die Luke auf. Über ihm war der freie Himmel zu sehen – und ein Hubschrauber.

Diesmal waren das Röhren des Motors und das Dröhnen der Rotorblätter in voller Lautstärke zu hören. Die Klappe des gigantischen Wassertanks öffnete sich.

»Zurück!«, schrie Shadow und sprang vom Schreibtisch herunter.

Er packte Kyle und stieß ihn ins das nächstbeste Büro. Dann schlug er die Tür hinter ihnen beiden zu. Eine Sekunde später kamen die Wassermassen durch die geöffnete Luke geschossen. Der Stuhl wurde mitgerissen und der Schreibtisch schlitterte quer über den Gang.

Nach etwa zwanzig Sekunden war es vorbei.

»Okay. Wir haben ein bisschen Zeit bis zur nächsten Ladung.«

Der Teppich unter ihren Füßen war wie feuchter Morast. Sie stellten den nassen Schreibtisch wieder an seinen Platz zurück und holten den Stuhl. Shadow stieg hinauf, stemmte sich hoch und kletterte auf das flache Dach hinaus.

»Und jetzt Sie!«, rief er Kyle von oben zu.

Aber Kyle hatte Schwierigkeiten mit seinem verletzten Arm. Als er sich darauf abstützen wollte, schoss ein qualvoller Schmerz durch seine Schulter und er fiel wieder zurück. Shadow kam ihm zu Hilfe. Er legte seine Hände unter Kyles rechte Achsel und zerrte ihn hoch. Ungeschickt kroch Kyle durch die Luke nach draußen. Der Wind war so heftig, dass

Kyle für einen Moment strauchelte und erst dann die Balance fand. Eine niedrige Barriere zog sich um den Rand des flachen Daches, mehrere Satellitenschüsseln waren installiert und aus den Lüftungskästen stieg Dampf in die Luft. Alles war patschnass und glänzte. Die Wasserpfützen reflektierten das Licht der nahen Gebäude.

»Ich muss noch was holen«, erklärte Shadow und kletterte noch einmal nach unten. Er blieb nicht lange weg. Nach weniger als einer Minute tauchte er wieder auf. Trotzdem war Kyle sich schrecklich allein und verlassen vorgekommen. Shadow reichte ihm durch die Luke mehrere Lamellen einer Jalousie, die er von den Fenstern gerissen hatte, und zwei weiße Tischtücher.

Kyle klemmte sich die Sachen unter den Arm und sagte: »Okay, die Tücher sind zum Winken, aber was hast du mit den Dingern da vor?«

»Warten Sie's ab.«

Shadow stieg aufs Dach hinaus und begann sofort damit, im Abstand von zwei Schritten zwei der Lamellen auszulegen. Das Wasser auf dem flachen Dach war wie Klebstoff und verhinderte, dass der Wind sie davontrug. Eine dritte Lamelle legte er quer und formte so den Buchstaben H. Dann legte er ein I. Jetzt begriff auch Kyle und gemeinsam machten sie sich daran, HILFE auf das Dach zu schreiben.

»Wenn der nächste Hubschrauber uns nicht bemerkt . . .«

»Ich weiß«, sagte Kyle. »Die Wasserflut wird uns über den Rand des Daches spülen.«

»So was nennt man wohl alles oder nichts.«

Shadow wusste selbst nicht, ob ein Hubschrauberpilot ihre Nachricht überhaupt bemerken würde, aber er musste es einfach versuchen. Gerade war er beim F, als die Luft von

den gewaltigen Rotorblättern des Hubschraubers zu vibrieren begann. Die Maschine kam zwischen den hohen Türmen der gegenüberliegenden Gebäude hindurch auf sie zugeflogen. Der gigantische Wassertank schwankte heftig.
Kyle und Shadow griffen die beiden Tischtücher und schwenkten sie hin und her. Der Wind blähte sie wie Segel auf.
Leider sah es nicht so aus, als würde man vom Hubschrauber aus die beiden Gestalten auf dem Dach bemerken. Vielmehr bereitete sich der Pilot darauf vor, seine Ladung loszuwerden.
»Nein!«, schrie Kyle angstvoll.

Kamera 2 folgte dem Hubschrauber, wie er sich dem Firmengebäude von Yttria näherte.
»Das ist gut«, rief die Aufnahmeleiterin. »Bleib drauf.« Und zu ihrem Assistenten sagte sie: »Der Feuerwehrchef muss wohl ziemlich verzweifelt sein. Von außen Wasser auf das Haus zu schütten löscht das Feuer im Inneren nicht.«
»Vermutlich versucht er die hohen Temperaturen zu senken«, erwiderte der Assistent. »Außerdem dringt der Sprühnebel durch die geborstenen Fenster. Das hilft auch etwas.«
Die Aufnahmeleiterin wandte sich einem zweiten Monitor zu. »Dranbleiben, Kamera 4. Wir wollen sehen, wie das Wasser auf das Dach aufprallt. Hey, was ist das? Hol's mal näher ran!« Sie kniff die Augen zusammen. »Ist es wirklich das, wofür ich es halte? Doch, ja. Geh näher ran! Da ist jemand auf dem Dach. Nein, mehr als einer.« Sie beobachtete, wie die Gestalten dem herankommenden Hubschrauber zuwinkten in dem verzweifelten Bemühen, die Aufmerksamkeit des Piloten auf sich zu ziehen.

»Rasch, ans Telefon!«, befahl die Aufnahmeleiterin ihrem Assistenten. »Sag der Feuerwehr, dass sie den Hubschrauber stoppen sollen. Die Leute brauchen eine Strickleiter, kein Wasser.«

Ihr Finger schwebte bereits über dem Knopf, als die Pilotin über ihren Kopfhörer hörte, dass die Aktion gestoppt werden sollte. Um sicherzugehen, dass sie den Befehl richtig verstanden hatte, bat sie um Bestätigung.

»Fünf-Sieben an Leitstelle. Bitte bestätigen.«

»Entladung stoppen, Fünf-Sieben. Personen auf dem Dach.«

»Entladung stoppen?«

»Korrekt, Fünf-Sieben. Zwei Männer auf dem Dach. Ladung über Park abwerfen. Bestätigung?«

»Roger, Zentrale.«

»Der Park ist freigegeben. Tank dort abwerfen, Fünf-Sieben.«

»Was? Wasser *und* Tank?«, sagte die Pilotin ungläubig. »Sagt das noch mal.«

»Roger. Wasser und Tank. Nach Abkoppelung Landung auf dem Dach.«

»Das ist riskant.«

»Schaffen Sie es, Fünf-Sieben?«

Die Pilotin blickte nach unten auf das flache Dach mit seinen vielen Belüftungsschächten und Antennen. Es war einfach nicht genug Platz. »Fünf-Sieben an Zentrale. Negativ. Aber ich kann näher ran und die Rettungsleiter abwerfen.«

»Roger, Fünf-Sieben. Das ist genauso riskant. Die Entscheidung liegt bei Ihnen.«

Jetzt sah auch sie die beiden Männer, die eine Decke oder etwas Ähnliches schwenkten. Sie hatten sogar HILFE aufs

Dach zu schreiben versucht. Der Luftsog des Hubschraubers hatte das I aufgewirbelt. Die Pilotin zögerte. Die vorangegangenen Wasserladungen hatten das Feuer verlangsamt, doch noch immer breitete es sich Stockwerk um Stockwerk nach oben hin aus. Bald würde es die oberste Etage erreicht haben. Die Männer auf dem Dach hätten dann keine Chance mehr.

»Seid ihr sicher, dass der Park frei ist? Ich habe keine Zeit für besondere Manöver.«

»Schlimmstenfalls geht eine Statue zu Bruch.«

Sie flog eine Kurve, nahm Kurs auf den Centennial Olympic Park, entlud das Wasser und koppelte dann den Tank ab. Der schwere Behälter stürzte in die Tiefe. Wenige Sekunden später war sie schon wieder über dem Yttria-Gebäude. Es war ein schwieriges Manöver und sie kam dem Dach gefährlich nahe. Eine Kufe berührte die Verkleidung eines Lüftungsschachts und für einen kurzen Moment legte sich der Hubschrauber auf die Seite. Gerade hatte sie ihn wieder unter Kontrolle gebracht, da schien es, als hätte sich die zweite Kufe irgendwo verhakt. Aber das konnte nicht sein. Sie schaute nach hinten hinaus. Eine der Personen, ein Junge, hatte nicht gewartet, bis sie den Hubschrauber wieder in eine stabile Lage gebracht hatte, sondern war in die Höhe gesprungen und hatte sich an der Kufe festgeklammert. Jetzt schwang er sich gerade in die Kabine. Sie stieg etwas höher auf, damit der Hubschrauber nicht noch ein zweites Mal mit einem Lüftungskasten kollidierte. Dann drehte sie sich um und deutete auf die Rettungsleiter. Der Junge begriff sofort, was sie meinte, und warf die Leiter ab. Die Pilotin reckte bestätigend ihren Daumen hoch und rollte mit einer automatischen Winde die Leiter ganz aus.

Der Junge war so vernünftig sich flach auf den Boden der Kabine zu legen. Mit der einen Hand hielt er sich fest und mit der anderen lotste er die Pilotin in die richtige Position. Dann schaute er hoch und gab ihr ein Zeichen, in dieser Position zu verharren. Sie hielt den Hubschrauber ruhig und wartete.
Da machte der Junge mit der flachen Hand eine Bewegung nach oben. Die Pilotin nahm an, dass er ihr zu verstehen geben wollte, dass der Mann auf dem Dach die Schutzgurte angelegt hatte und jetzt bereit sei an Bord geholt zu werden. Sie rollte die Rettungsleiter ein und stieg gleichzeitig in die Höhe. Sie konnte nur hoffen, dass der Mann schwindelfrei war. Aber was war schon so ein kleiner Schwindelanfall gegen den sicheren Flammentod? Sie hielt die Maschine so gerade wie möglich und drückte auf den Knopf, damit die Winde die Leiter wieder einholte. Es dauerte eine Weile, doch dann tauchte der Kopf des Mannes am Rand der Kabine auf und der Jugendliche beeilte sich einen erschöpft aussehenden, sehr blassen Mann in die Kabine zu zerren.
Sie hob den Daumen ein zweites Mal und drehte ab in Richtung Hubschrauberplatz.

Kapitel 50

Wasser war in Hartswater das Wichtigste. Nicht Waffen, nicht die Ernte, nicht Landbesitz, Geld, Gold oder Diamanten, nicht einmal weiße Haut. Nein, das Wichtigste war das gute, klare Trinkwasser von Vaalhart.
Eugene und Pieter beugten sich über das Straußenei. In Eu-

genes Lächeln spiegelte sich die Freude an dem bösartigen Plan, der allmählich Gestalt annahm.
»Was für eine schöne Verpackung, findest du nicht? Stark und doch zart zugleich.«
Pieter interessierte sich nicht für die ästhetische Seite ihres Vorhabens, er wollte nur, dass es voranging.
»Wir tun es in ihren Tank.«
Eugen nickte. »Ja. An diesem Punkt fängt unser Forschungsprojekt an«, sagte er mit einem Grinsen. Er überflog die Transportpapiere, die mit den fünf Eiern gekommen waren. »Offensichtlich verbreitet sich das Virus gerne über die Luft, wenn es warm und windig ist. Wenn es dann keinen Wirt findet, trocknet es recht schnell aus und stirbt. Bei Wasser ist das ganz anders. In Wasser aufgelöst, hält es sich viel länger als sonst. Vor allem aber gelangt es genau da hin, wo es hinsoll.«
Pieter stand auf. »Dann lass uns anfangen.«
»Du hast keine Ahnung, was es bedeutet, den Augenblick auszukosten, nicht wahr?«
»Nein.«
»Dann entgeht dir etwas, mein Lieber.«

Victoria Scates hatte den Weg der Straußeneier bis zu Knobel Industries einer abgelegenen Farm in Hartswater, verfolgt. Sie hatte den gemieteten Landrover im Dorf der Arbeiter abgestellt – und einen Jungen namens Duma mit etwas Kleingeld bestochen, dass er auf den Wagen aufpasste. Dann war sie heimlich quer über die Maisfelder zum luxuriösen Farmhaus gegangen. Es war der einzige Weg, in die Nähe des Hauses zu kommen, ohne in einem Umkreis von drei Meilen gesehen zu werden. Für den Fall, dass man sie dennoch entdeckte, hatte Victoria sich als Wanderin mit einem Rucksack auf dem Rücken getarnt. In der Nähe des Farmhauses kauerte sie sich zwischen das hohe Getreide. Zwei Männer kamen aus der vorderen Eingangstür und steuerten auf die großen, an einer Seite des Anwesens aufgestellten Tanks zu. Beide waren von Kopf bis Fuß in eine Pseudo-Uniform in Khaki gekleidet. Sie waren zu beschäftigt, um auf den Eindringling aufmerksam zu werden.

Victoria hob ihre Digitalkamera – das Beste und Zuverlässigste, was man vom Geld ihres Nachrichtenmagazins auf dem Markt kaufen konnte – und richtete sie auf die Männer. Der größere von beiden, der einen so üppigen Haarschopf hatte, dass man damit eine Matratze hätte ausstopfen können, holte eine Leiter und stellte sie gegen die Außenwand des Tanks. Was hatte er vor? Er sah nicht aus wie einer, der zum Vergnügen eine Leiter hinaufkletterte. Trotzdem stieg er hinauf, unsicher und ungeschickt. In der einen Hand hielt er etwas. Einmal zögerte er und prompt fiel der Gegenstand herunter. Der andere Mann konnte ihn gerade noch auffangen und rief dem ersten etwas zu. Er sprach Englisch mit einem unüberhörbaren Afrikaans-Akzent, aber was er genau sagte, verstand Victoria nicht.

Was hatte er aufgefangen? Ja, es konnte sehr wohl ein Straußenei sein. Victoria war zu weit entfernt, um es erkennen zu können, trotzdem schoss sie mehrere Bilder.

Der hoch gewachsene Mann kletterte bis ganz nach oben, schob den Deckel des Tanks beiseite, setzte sich an den Rand und sah zu dem anderen Mann hinunter. Dieser kletterte jetzt ebenfalls vorsichtig nach oben und reichte seine offensichtlich wertvolle Fracht dem anderen. Während er wieder hinabkletterte, schlug der große Mann das Ei an der

Tanköffnung auf wie ein Küchenchef das Ei am Rand der Pfanne und schüttete den flüssigen Inhalt in den Wassertank.

Kopfschüttelnd sah Victoria dabei zu. Ganz gleich, was die beiden vorhatten, für irgendjemanden bedeutete es nichts Gutes. Im Maisfeld kauernd, tippte sie den Namen des Farmers, den Duma ihr genannt hatte, in ihr Handy mit Internetanschluss ein und wartete.

Es dauerte nicht lange. Victoria erfuhr, dass Pieter Fourie ein führendes Mitglied der rechtsradikalen Afrikanischen Befreiungsfront war. Unter anderem war er rechtskräftig verurteilt worden, weil er einen schwarzen Jugendlichen erschossen hatte. Sein Bruder verbüßte derzeit eine Gefängnisstrafe für den Mord an einem schwarzen Arbeiter, der die Kühnheit besessen hatte, ihn bei seinem Vornamen zu nennen. Victoria nahm an, dass es sich bei einem der Männer um Pieter Fourie handelte. Und sie hatte auch eine Vermutung, was die beiden da machten.

Sie verwarf ihren ursprünglichen Gedanken, zu ihnen hinzugehen und sie um ein Interview zu bitten. Ihre Story musste warten, denn im Moment gab es Wichtigeres zu tun. Sie verstaute Telefon und Kamera in ihrem Rucksack und schlich sich mit geducktem Kopf um das Haus herum. Sie war auf der Suche nach einer Wasserleitung. Der musste sie dann nur folgen, um herauszufinden, für wen das verseuchte Wasser gedacht war. Plötzlich gab es einen scharfen Knall. Unmittelbar links neben ihr spritzte die Erde auf und eine Maispflanze kippte um. Sie ließ sich zu Boden fallen, als auch schon ein zweiter Schuss die Erde hinter ihr aufwühlte. Jemand benutzte sie als Zielscheibe für seine Schießübungen! Am liebsten hätte sie sich zusammengerollt und nicht vom Fleck gerührt, aber der Schütze – sie nahm an, es war der Farmer selbst – wusste genau, wo sie sich in dem hohen Mais befand. Sie rückte ihre Brille zurecht, legte sich flach auf den Boden und fing an in Richtung Straße zu kriechen. Die nächste Kugel traf rechts von ihr auf. Victoria zuckte zusammen. Aber als die vierte irgendwo hinter ihr einschlug, begriff sie, dass Fourie sie nicht erschießen wollte. Er machte sich einen Spaß daraus, sie zu erschrecken. Wenn sie eine dunkle Hautfarbe hätte, würde die Sache womöglich anders aussehen.

Dann hörte sie seine Stimme. »Das ist Privatgrund. Zutritt verboten!«

Es hätte schlimmer kommen können, wenn er in ihr die herumschnüffelnde Journalistin erkannt hätte, aber ihre improvisierte Tarnung funktionierte.

Als sie sich am Rande des Feldes aufrichtete und mit den Händen abstützte, berührte sie Metall. Es war ein nicht sehr tief eingegrabenes Leitungsrohr, das neben dem Feldweg verlief. Mit noch etwas unsicheren Schritten folgte sie dem Verlauf der Leitung. Als drei weitere Kugeln in ihrer Nähe einschlugen, lief sie schneller. Danach hörten die Schüsse auf. Auch als sie schon außer Reichweite war, rannte sie weiter. Wenn sie herumtrödelte, würde Pieter Fourie sie am Ende noch in seinem Jeep verfolgen.

An einer bestimmten Stelle knickte die Leitung nach links ab und folgte einem unwegsamen Pfad. Eigentlich waren es nur tiefe Furchen, die die Traktorenräder in die Erde gegraben hatten. Er führte zum Dorf der Farmarbeiter.

Victoria blieb unvermittelt stehen. Die Wahrheit war einfach zu schrecklich. Pieter Fourie vergiftete seine eigenen Leute! Er war komplett durchgedreht und zerstörungswü-

tig. Vielleicht benutzte er seine Arbeiter für ein tödliches Experiment.
Der Schweiß lief ihr den Rücken hinab und durchtränkte ihr Jeanshemd an der Stelle, wo der Rucksack anlag. Sie beschleunigte ihre Schritte und wurde immer schneller, bis sie schließlich rannte, so schnell sie konnte.

Wieder einmal hielt Duma den Kopf unter den Hahn und stellte das Wasser an. Er füllte seinen Mund, dann ging er mit aufgeblähten Wangen zu Schwester Nummer drei und spritzte ihr das Wasser ins Gesicht. Er lachte.
»Duma!«, rief die kleine Schwester wütend, bevor sie davonrannte, um jemandem zu erzählen, was für ein schrecklicher Bruder er doch war.
Hinter ihr stand die Frau von der Nachbarhütte. Ihr Mann war gestorben und sie wollte Wasser holen, um ihre Behausung sauber zu machen. Vielleicht glaubte sie seine Krankheit und ihre Erinnerung daran fortwaschen zu können. Eine junge Frau gesellte sich zu ihr, die Wasser für ihre Hühner, Kinder und Kürbisse brauchte.
Duma füllte einen Eimer voll, lief an dem geparkten Landrover vorbei und ging, als er sicher war, dass niemand ihn beobachtete, in den Unterrichtsraum. Er hatte bereits sämtliche Löcher in der Schublade des Lehrerpults zugestopft, sodass sie wasserdicht war. Jetzt würde er die Schublade in ein kleines Schwimmbad verwandeln. Schade, dass er keine Fische hatte! Was für ein Spaß wäre das, wenn die Lehrerin die Schublade aufzöge und ein Aquarium vorfände! Aber so war es auch schon nicht schlecht.
Als er sein Werk vollendet hatte, ging Duma nach draußen und nahm seinen Wachdienst am Landrover der weißen

Frau wieder auf. Er setzte sich hinter das Lenkrad, ahmte das Brummen eines Motors nach und tat so, als würde er fahren. Leider hatte die Frau den Zündschlüssel mitgenommen.

Der Dorfälteste rollte eine Wanne auf einem zurechtgezimmerten Holzschubkarren heran und füllte sie mit Wasser. Auf der anderen Seite der Straße nahm einer der Arbeiter eine Dusche. Er war nur mit Shorts bekleidet. Neben ihm stieg sein Sohn auf eine Kiste und kippte mit einem großen Krug dem Vater das Wasser über den Kopf. Wenn man das Gesicht des Mannes sah, konnte man meinen, er sei im Paradies. »Noch mal«, sagte er. Der Junge rannte zur Wasserleitung und füllte den Krug.

Duma fühlte sich ein wenig schwindelig. Außerdem hatte er Kopfschmerzen. Die bekam er manchmal, wenn er im Sommer den ganzen Tag in der Gluthitze Traktor fuhr. Aber der Sommer war vorbei und er fuhr auch nicht wirklich, sondern tat nur so. Er ging zur Wasserleitung, hielt den Mund unter den Hahn und trank. Etwas von dem Wasser spritzte auf seine bloßen Beine und spülte den getrockneten Schmutz weg. Als er aufblickte, sah er die weiße Frau wie einen aufgeregten Riesenstrauß auf sich zukommen. Sie winkte heftig und rief ihm mit lauter Stimme etwas zu.

Die Männer beschlossen die englische Journalistin anzuhören. Sie lauschten ihren Worten und jeder zog seine eigenen Rückschlüsse daraus. Viele misstrauten ihr und hatten Angst, dass sie ihre Arbeitsplätze gefährden würde, aber manche schenkten ihr Glauben.

»Das sähe dem Baas ähnlich.«

»Warum sollten wir auf diese Frau hören?«

»Ein Gift, dass man nicht sehen oder schmecken kann?«

»Ich trinke nie mehr wieder davon.«

Sie wandten sich Rat suchend an den Dorfältesten und warteten auf sein Urteil.

Der alte Mann schaute zur Wasserleitung, in den Himmel, über die Felder und dann zurück zu den Dorfbewohnern. Er nickte.

»Sie hat Recht«, sagte er. »Man kann dem Baas niemals vertrauen – keinem Baas. Nichts hat sich hier verändert – außer der Leitung. Jetzt wissen wir, warum. Er gab sie uns, damit er uns vergiften kann. Wir dürfen sie nicht benutzen. Zumindest so lange nicht, bis wir sicher sind, dass niemand davon krank geworden ist.«

»Ich bin gerannt, so schnell ich konnte«, sagte Victoria. »So viel kann seither nicht durch die Leitung geflossen sein. Es sei denn, ihr benutzt sie ständig.«

Der alte Mann schloss die Augen und sagte: »Wir haben nur die eine. Natürlich benutzen wir sie ständig.«

Duma saß neben Victoria in ihrem Mietwagen und sah ihr mit offenen Mund zu. Er war fasziniert von der vielen Technik der jungen Engländerin. Sie speiste die digitalen Fotografien in ihren Laptop ein. Sie zoomte den Mann mit den buschigen Haaren näher heran und fragte Duma: »Ist das Pieter Fourie?«

Duma nickte. »Das ist der Baas.«

Dann vergrößerte sie den Bildausschnitt, auf dem der andere Mann zu sehen war. »Und der?«

Duma zuckte mit den Schultern.

Victoria starrte auf den Bildschirm. Aus irgendeinem Grund war sie davon überzeugt, dass er in Wirklichkeit der

Schlimmere war. Vielleicht war es dieses merkwürdige Lächeln. Sie zog die Augenbrauen hoch und schüttelte den Kopf. Da kam ihr eine verrückte Idee. Vielleicht, aber nur vielleicht . . . Mit ihrem Bildbearbeitungsprogramm verpasste sie dem Mann einen Bart. Dann entfernte sie die Brille. Das Ergebnis stellte sie noch nicht zufrieden, daher nahm sie das meiste von den Haaren weg und ersetzte es durch eine Glatze.

Sie lehnte sich zurück und betrachtete das Konterfei. Okay, er war dünner geworden und auch seine Nase war schmaler, als sie es in Erinnerung hatte, aber es gab keinen Zweifel: Sie saß vor dem Bild von Dr. Adriaan Bresson. Dr. Death persönlich. P. W. Bothas hoch geschätzter Arzt, internationaler Verbrecher und gefürchteter Rassist. Victoria konnte nicht alle Verbrechen aufzählen, die Bresson begangen hatte, aber sie wusste, dass er ein Massenmörder und Drogenboss war und dass er einmal geplant hatte Nelson Mandela zu vergiften. Darüber hinaus war er ein Experte in biologisch-chemischer Kriegsführung.

Und Yttria scheute sich nicht Geschäfte mit diesem Mann zu machen!

»Kennst du ihn?«, fragte sie Duma.

Der Junge schüttelte wieder den Kopf. Er verstand nicht, was die weiße Frau wollte. Normalerweise wäre er darauf aus gewesen, so ein Wunderspielzeug wie das der Frau in die Hände zu bekommen – als Erstes hätte er ein Foto von einem Strauß gemacht und es mit dem Kopf von Schwester Nummer drei versehen –, aber ihm war übel und er fühlte sich mit einem Mal so schwach.

»Kannst du den Ältesten, oder wie ihr ihn nennt, holen, damit er sich das hier ansieht?«

Duma stieg langsam aus und ging auf die Hütte des Dorfältesten zu. Er kam allerdings nicht sehr weit. Nach ein paar Schritten brach er zusammen.

Der alte Mann und auch alle anderen Arbeiter bestätigten es. Sie hatten sein schreckliches Gesicht auf Plakaten gesehen. Es *war* Dr. Death. Seine Gegenwart auf der Farm erklärte alles. Aber es gab nichts, was sie dagegen tun konnten. Ein paar Stöcke konnten nichts gegen die Gewehre der Weißen ausrichten.

Aber Victoria zeigte ihnen einen Weg. Sie raste nach Kimberley zurück, neben sich im Auto den bewusstlosen Duma und seine Mutter. Ihr erster Halt galt dem Krankenhaus, der zweite der Polizeistation.

Als sie sah, dass der Polizist hinter dem Schreibtisch ein Weißer war, zögerte sie.

»Ja?«, sagte er fragend.

Für einen Rückzieher war es zu spät. Sie sagte: »Ich möchte mit einem schwarzen Polizeibeamten sprechen.«

»Warum?«

Links von ihr blickte Dr. Adriaan Bresson von einem verblassten Plakat auf sie herab.

»Weil es sich um so etwas wie ein Rassenproblem handelt. Etwas für den ANC.«

Er schnaubte, war jedoch neugierig genug, um ihren Wunsch zu erfüllen. »Dann werden Sie mit uns beiden reden müssen«, sagte er und rief nach seinem Kollegen.

»Waren sie früher bei den Truppen des ANC?«, fragte sie den dunkelhäutigen Polizisten, der auf sie zukam.

Er sah die englische Frau misstrauisch an. »Und wenn?«

Victoria deutete auf das Plakat. »Ich weiß, wo er ist.«

»Was?«, riefen beide Polizisten gleichzeitig.

Victoria holte ihren Laptop hervor und zeigte ihnen das Originalbild, dass sie auf der Farm von Pieter Fourie aufgenommen hatte, und dann die veränderte Version.

»Na und?«, murmelte der weiße Polizist. »Mit ein paar von diesen Tricks könnte ich meinen eigenen Sohn so aussehen lassen.«

Aber der andere nickte nachdenklich. Der Ausdruck auf seinem Gesicht sagte Victoria alles. Wenn er die Chance hatte, Dr. Death in die Finger zu bekommen, würde er sie auch nutzen.

»Wenn das Bresson ist, was hat er dann auf Fouries Farm zu suchen?«

Victoria berichtete ihnen alles, von der undichten Stelle in der britischen Regierung bis zu dem, was sie auf der Farm gesehen hatte. Der schwarze Polizist hörte ihr aufmerksam und geduldig zu. Auch der andere lauschte ihren Worten, gab jedoch hin und wieder ein missbilligendes Schnauben von sich. Seine unterschwellige Ablehnung war deutlich zu spüren

Etwas später – Victoria schrieb bereits an ihrer Riesenstory und ein bewaffnetes Polizeikommando war auf dem Weg zu Pieter Fouries Farm – griff der weiße Polizist zum Telefon. Bis die Sicherheitskräfte Fouries Farm erreicht hätten, würde Eugene Knobel spurlos verschwunden sein. Und mit ihm die vier übrig gebliebenen Straußeneier.

Kapitel 51

Erschöpft lag Shadow in der Kabine des Helikopters und dachte nach. Seine Gier nach Feuer war erloschen, nicht jedoch seine Gier nach Freiheit. Er musste es wagen. Bei dem lauten Dröhnen des Motors und der Rotoren konnte sein neuer, völlig entkräfteter Freund ihn nicht verstehen, aber als die Maschine auf dem Hubschrauberparkplatz aufsetzte, drückte er Kyles Hand kurz ganz fest und schrie ihm ins Ohr: »Alles Gute, Mann.«

Er wartete nicht. Sobald die Kufen den Boden berührten, sprang er hinunter auf den hell erleuchten Asphalt und verschwand in der Nacht.

Kyle saß neben dem Schreibtisch des Polizeibeamten und betrachtete spöttisch dessen beeindruckendes Waffenarsenal. Sein rechter Arm war in einer Schlinge, sein Gesicht zeigte noch immer die Spuren von Max Levines Fingerknöcheln und unter seiner Hose waren beide Knie dick bandagiert.

»Und Sie sind tatsächlich sicher, dass es sich dabei nicht um den Brandstifter handelt, der unter dem Namen Shadow bekannt ist?«, fragte ihn der Polizist.

»Den aus Memphis?«

»Genau den meinen wir«, sagte ein zweiter Polizist. Er war weiß und stammte ursprünglich aus Tennessee. »Wenn Sie also irgendwelche Informationen für uns haben . . .«

»Bedaure. Ich war in dieser Situation . . . nicht ganz da«, sagte Kyle mit einem entschuldigenden Achselzucken.

»Mag sein, aber Sie müssen uns doch trotzdem sagen können, wie er aussah. Schließlich waren sie ja lange genug mit ihm zusammen. Wie alt ist er? Ist er groß? Ist er dick, dünn? Beschreiben Sie ihn mir.«

Kyle schüttelte den Kopf. »Er ist . . . schwarz.«

»Was Sie nicht sagen. Ist das alles?«

Kyle dachte nach, dann sagte er: »Tut mir Leid. Für mich sehen sie alle gleich aus.«

Beide Polizisten starrten ihn an. »Woher kommen Sie? Das ist doch nicht zu glauben. Sie schützen ihn!«

»Er hat mein Leben gerettet.«

»Sie waren ihm völlig egal. Er hat das Feuer gelegt.«

Wieder schüttelte Kyle den Kopf. Er leugnete ja gar nicht die Brandstiftung. Er musste nur andauernd darüber nachdenken, wie unwichtig das alles war. »Na und? Nach dieser Sache wird er die Finger davon lassen.«

»Er hat zwei Menschen auf dem Gewissen. Und sieben weitere wurden verletzt.«

»Man hat ihn herausgefordert«, machte Kyle einen schwachen Versuch, den Jungen zu verteidigen.

»Sie sind der beste Zeuge, den wir im Fall Shadow jemals hatten. Wie hat er ausgesehen?«, fragt der Polizist aus Tennessee hartnäckig.

»Hören Sie zu«, entgegnete Kyle bestimmt. »Mich interessiert etwas ganz anderes. Etwas, das noch viel verachtenswerter ist: Yttria und eine Substanz, die sich SZP 19 nennt.«

Kapitel 52

Victorias Zeitungsserie verursachte ein Erdbeben innerhalb der britischen Politik und der Pharmaindustrie. Nach dem ersten Artikel meldete sich ein Wissenschaftler namens Paul Turrell bei ihr. Sie besaß bereits eine Fotografie von ihm, wie er von Yttrias Sicherheitskräften abgeführt wurde. Nachdem sie seine Geschichte gehört hatte, wurden ihre Zeitungsbeiträge noch schärfer. Und als sie dann auch noch mit Kyle Proctor sprach, einem jungen Chemiker, den man in den Vereinigten Staaten des Landes verwiesen hatte, weil er sich geweigert hatte mit der Polizei zu kooperieren, zog ihr Stein im Wasser noch viel weitere Kreise.

Die britische Wirtschaftsministerin war nicht in der Lage, die Fragen des Parlaments zufrieden stellend zu beantworten, und trat, obwohl erst ein knappes Jahr im Amt, zurück. Keine einzige Kamera fing das Lächeln des Verteidigungsministers ein. Er war viel zu vorsichtig und viel zu erfahren, um seine Freude darüber, dass einer seiner Politikerkollegen Opfer eines Skandals wurde, öffentlich zu zeigen. Aber er hatte mehr getan als nur eine Rivalin aus dem Feld zu schlagen. Er hatte eine Katastrophe abgewendet und den moralischen Anspruch seiner Partei gewahrt. In Westminster machte das Gerücht die Runde, demzufolge die Parlamentsabgeordnete von Cambridge die Leitung des Wirtschaftsministeriums übernehmen würde.

Die Werkstore von YPI in Cambridge wurden belagert von einer lautstarken Gruppe von Demonstranten, die sich nicht so leicht loswerden ließen wie ein obdachloser Bettler. Victoria Scates' Enthüllungen, der Skandal in Atlanta und Woodersons Aussage erschütterten drei Manager des Konzerns so sehr, dass sie auspackten. Am Ende war Yttria Pharmaceuticals erledigt.

Urling-Clark, Ingoe und eine Reihe anderer Führungskräfte wurden festgenommen, ein gewisser Dr. Padley und der Gefängnisarzt von Westland wurden von der Polizei zu den Opfern der Jugendstrafanstalt befragt.

Der silberhaarige Mann mit dem grünen Nissan schlüpfte allerdings durch das Netz und wurde nie mehr wieder in England gesehen. Und auch die Wissenschaftler, die für YPI tätig gewesen waren und wissentlich an der Weiterentwicklung des Medikaments SZP 19 zur Waffe mitgearbeitet hatten, würden gewiss nicht lange ohne Job bleiben. Ihre Kenntnisse würden auch weiterhin von Nutzen sein bei anderen Organisationen, anderen Ländern, aber gleicher Zielsetzung.

Arsenals Stürmer schwärmte noch immer vom Toreschießen.

Die Augen hinter einer dunklen Brille verborgen, sagte Onkel Akoda leise zu Dwight: »Ich ertrage es einfach nicht länger, Mann. Da sind deine Mum und dein Dad, da ist eine ganze Welt, die auf dich wartet.« Er zog ein Bündel Geldscheine aus der Hosentasche und steckte verstohlen einen Zehner unter Dwights Kopfkissen. »Da ist noch viel mehr davon, wenn du aufwachst«, murmelte er.

Aber Dwight zeigte keinerlei Reaktion, wie immer. Akoda schüttelte den Kopf, stand auf und ging zur Tür. Er war ein paar Schritte gegangen, als er hinter sich ein ungewohntes Geräusch hörte. Es klang wie ein Stöhnen, wie ein nicht ganz gelungener Versuch, etwas zu sagen. Es hätte von je-

dem der Patienten in der Nähe kommen können, aber Akoda wusste, dass es nicht so war. Er wirbelte herum und konnte gerade noch sehen, wie Dwights Augenlider sich bewegten. Akoda machte einen Satz auf das Bett zu und rief mit lauter Stimme nach einer Krankenschwester. Der Patient, der im Bett daneben lag, fuhr erschrocken hoch.
»Er hat sich bewegt! Ich habe es genau gesehen!«
Dwights Lippen öffneten sich kaum merklich, als er fast unhörbar flüsterte: »Ist der Ball im Netz?«
»Im Netz?«, wiederholte Akoda unter Tränen. »Das ist er, mein Junge. Das ist er.«

Der Arzt wehrte ab. Er wollte den Verdienst nicht für sich in Anspruch nehmen.
»Nein, wir haben nichts dazu getan. Dwight hat es ganz alleine geschafft. Er hat es geschafft – und einige andere mit ihm.«
»Andere? Wie meinen Sie das?«, wollte Dwights Mutter wissen.
»Nun, es dauerte eine Weile, bis sein Körper herausgefunden hatte, wie man Antikörper gegen dieses Gift produziert. Sein Immunsystem hat aber schließlich doch gesiegt. Jetzt können wir aus seinem Blut ein Gegenmittel herstellen.«
»Es ist mir egal, was . . .«
Der Arzt unterbrach sie. »Wenn Sie die Nachrichten verfolgen, werden sie auch wissen, dass es noch weitere Opfer in Memphis und in Südafrika gibt. Sie haben Dwights Hilfe nötig und ich brauche dafür Ihr Einverständnis.«
»Wird es ihm weh tun?«
»Nein.«

Mr und Mrs Grants Antwort war ein Schulterzucken.
»Also gut«, sagte der Arzt. »Ich bin sicher, dass auch Dwight einverstanden wäre.«

Kapitel 53

Duma verstand nicht so recht, wie ein Junge in England ihn gesund machen konnte. Er verstand es nicht, aber dass es ihm tatsächlich besser ging, daran bestand kein Zweifel. Bereits jetzt waren die Krankenschwestern ständig auf der Suche nach Fieberthermometern, die wenig später an den unmöglichsten Stellen wieder auftauchten. Bereits jetzt zeigte die Blutdruckkurve am Fußende seines Bettes ganz unwahrscheinliche Ausschläge – und Dumas Hände verräterische Tintenflecke. Bereits jetzt waren in den Urinproben-Fläschchen ganz merkwürdige Flüssigkeiten. Kirschlimonade zum Beispiel – und das, obwohl Duma die so gern mochte. Das Vergnügen, das entsetzte Gesicht der Krankenschwester zu sehen, war ihm ein Opfer wert.
»Duma«, verkündete der Arzt mit unüberhörbarer Erleichterung in der Stimme. »Ich denke, du kannst jetzt wieder nach Hause gehen.«
»Oh.« Es war schön, wieder zu Hause zu sein, aber er würde die Kirschlimonade und das gute Essen hier vermissen. Dennoch freute er sich darauf, wieder auf der Farm zu sein. Und vielleicht freute er sich sogar ein bisschen auf seine Schwestern, und wenn auch nur, um ihnen den einen oder anderen Streich zu spielen. Man hatte ihm gesagt, dass der Tank und die Wasserleitung wieder sauberes Wasser ent-

hielten und dass der Baas im Gefängnis saß. Seine Mutter hatte ihm erzählt, dass das National Land Committee daran dachte, das Land von Hartswater neu zu verteilen. Vielleicht würde sein Traum in einigen Jahren doch wahr werden. Vielleicht hätte er dann sein eigenes Stück Land.

Kapitel 54

Johan wusste, dass es Waffen gab, die nicht einfach wieder verschwanden – so wie auch die Atombombe nicht aus der Geschichte der Menschen ausradiert werden konnte. Einmal hergestellt, war das Wissen vorhanden. Gesetze mochten die Waffe zwar ächten, aber das vorhandene Wissen konnte sie jederzeit wieder auferstehen lassen.

Als Dr. Johan Uys, wie er sich jetzt nannte, im mittleren Osten ankam, hatte er vier Straußeneier in der Tasche, die eine intelligente biologische Waffe enthielten. Eine Waffe, die sich gegen jede Nation der Welt richten ließ, die eine schwarze Bevölkerungsgruppe hatte. Im Gegenzug dafür verlangte Dr. Uys nicht viel mehr als ein Labor, in dem er seine eigene Arbeit fortsetzen konnte. Dass es Regierungen gab, die diesen Handel mitmachen würden, war keine Frage. Dass es Industrieunternehmen gab, die ihn mit offenen Armen empfangen würden, ebenso wenig. Sie alle würden den rothaarigen Mann mit dem liebenswürdigen Lächeln willkommen heißen.